21 世纪普通高等教育基础课系列教材
齐齐哈尔大学教材建设基金资助出版

大学物理实验

罗旺　王欢　张韬　主编

机 械 工 业 出 版 社

本书根据《理工科类大学物理实验课程教学基本要求》而编写，分为绪论，第1章实验数据处理的基本知识，第2章测量方法、操作技能及仪器简介，第3章实验选题。第3章共编入36个实验，包括力学、热学、电磁学、光学和近代物理相关内容，每个实验后有预习思考题和课后讨论题。另外，根据大学物理实验的发展趋势，书中还专门增加了设计性实验和物理演示实验的相关内容，使其在内容体系上更加适应普通高等院校的教学实际需求。

本书可作为高等理工科院校非物理类专业学生的大学物理实验课程教材，也可作为其他各类大专院校物理实验课程的教学参考书。

图书在版编目(CIP)数据

大学物理实验/罗旺，王欢，张韬主编．—北京：机械工业出版社，2022.2（2023.1重印）
21世纪普通高等教育基础课系列教材
ISBN 978-7-111-69848-7

Ⅰ.①大… Ⅱ.①罗…②王…③张… Ⅲ.①物理学－实验－高等学校－教材 Ⅳ.①O4-33

中国版本图书馆CIP数据核字(2021)第253228号

机械工业出版社（北京市百万庄大街22号 邮政编码100037）
策划编辑：张金奎　　责任编辑：张金奎
责任校对：郑　婕　王明欣　封面设计：王　旭
责任印制：郜　敏
北京盛通商印快线网络科技有限公司印刷
2023年1月第1版第2次印刷
184mm×260mm・14印张・342千字
标准书号：ISBN 978-7-111-69848-7
定价：43.00元

电话服务　　网络服务
客服电话：010-88361066　机　工　官　网：www.cmpbook.com
010-88379833　机　工　官　博：weibo.com/cmp1952
010-68326294　金　书　网：www.golden-book.com
封底无防伪标均为盗版　机工教育服务网：www.cmpedu.com

前　　言

本书是根据《理工科类大学物理实验课程教学基本要求》，并结合齐齐哈尔大学的实际，在以往出版的几个《大学物理实验》版本的基础上编写而成的。在编写过程中，考虑到物理实验课独立设课的特点，本着健全课程自身体系和突出教学目的的原则，编者精心选择了实验内容，目的是使学生能在有限的学时内，通过对本课程的学习，掌握系统的实验知识、基本实验方法和实验技能，了解科学实验的主要过程，为今后的学习和工作奠定良好的实验基础。

实验教学历来依靠集体的力量，实验教材的编写也不例外，无不凝聚着全体实验教师和技术人员的智慧与劳动。本书第1章介绍了实验数据处理的基本知识；第2章归纳总结了一些基本实验方法和实验技能的知识，并介绍了一些常用的实验仪器；第3章编入了36个实验，内容包括力学、热学、电磁学、光学和近代物理等，各实验中的习题分为预习思考题和课后讨论题。

参加本书编写工作的有齐齐哈尔大学罗旺、王欢、张韬、张存华、蔡成江、白绍太、刘洋、李星月，全书由罗旺统稿并定稿。具体编写分工为：罗旺负责绪论、第1章、第2章、实验10～21、36的编写，王欢负责实验22～31的编写，张韬负责实验1～9的编写，张存华、蔡成江、白绍太、刘洋、李星月负责其他内容的编写。本书获得齐齐哈尔大学教材建设基金资助出版，并得到了机械工业出版社及齐齐哈尔大学教材科有关同志的热情支持，在此表示衷心感谢。同时也要衷心感谢曾经为我校大学物理实验课程建设做出贡献的各位教师。

由于编者水平有限，书中难免有误，希望广大读者提出宝贵的意见和建议。

编　者

目　　录

绪　论

1. 物理实验课的地位与作用

物理学是一门实验科学。物理学的形成和发展是以实验为基础的。物理实验的重要性，不仅体现在通过实验发现物理定律，而且物理学中的每一项重要突破，都与实验密切相关。例如，托马斯·杨的干涉实验使光的波动学说得以确立；赫兹的电磁波实验使麦克斯韦的电磁场理论获得普遍承认；卢瑟福的 α 粒子散射实验揭开了原子的秘密；近代的高能粒子对撞实验使人们深入到物质的最深层（原子核和基本粒子内部）来探索其规律性。实践证明，物理实验是物理学发展的动力，在物理学发展的进程中，物理实验和物理理论始终是相互促进、相互制约、相得益彰的，没有实验的物理理论是空洞的，没有理论指导的实验是盲目的。

物理实验在探索和开拓新的科技领域的过程中，在推动其他自然科学和工程技术的发展中都起着重要的作用。在大学阶段，物理实验课是对学生进行科学实验基本训练的一门重要且独立的必修基础课程，是学生在大学里接受系统实验技能训练的开端。它在培养学生运用实验手段去分析、观察、发现乃至研究、解决问题的能力方面，在提高学生科学实验素质方面，都起着重要的作用。可以说，物理实验课是在大学里学习或从事科学实验的起步。同时，它也将为学生今后的学习和工作奠定良好的实验基础。

2. 物理实验课的任务

物理实验作为一门独立的基础课程，有以下三方面的任务。

（1）学生通过对实验现象的观察分析和对物理量的测量，可以进一步掌握物理实验的基本知识、基本方法和基本技能，并能运用物理学原理、物理实验方法来研究物理现象和规律，从而加深对物理原理的理解。

（2）培养与提高学生的科学实验能力，其中包括：

① 自学能力——能够自行阅读实验教材或参考资料，正确理解实验内容，做好实验前的准备；

② 动手实践能力——能够借助实验教材和仪器说明书，正确调整和使用常用仪器；

③ 思维判断能力——能够运用物理学理论，对实验现象进行初步的分析和判断；

④ 表达书写能力——能够正确记录和处理实验数据，绘制图线，说明实验结果，撰写合格的实验报告；

⑤ 简单的设计能力——能够根据课题要求，确定实验方法和条件，合理选择仪器，拟定具体的实验程序。

（3）培养和提高学生从事科学实验的素质。要求学生具有理论联系实际和实事求是的科学作风，严肃认真的工作态度，不怕困难、主动进取的探索精神，遵守实验操作规程、爱护公共财物的优良品德，以及在实验过程中培养相互协作、共同探索的协同心理。

物理实验是一门实践性课程，学生是在自己独立操作的过程中增长知识、提高能力，因而上述教学目的能否达到，在很大程度上取决于学生自己的努力。

3. 怎样学好物理实验课

物理实验课是学生在教师指导下独立进行实验的一种实践活动，为了达到开设物理实验课的目的，学生应重视物理实验课的三个重要的环节。

（1）实验前的预习。实验教材是进行实验的指导书，它对每个实验的目的与要求、实验原理都做了明确的阐述。为了在规定的时间内高质量地完成实验，每次实验前都要认真阅读实验教材，做好预习，预习时间一般不少于课内时间的 1.5 倍，预习内容主要包括以下几个方面。

1）弄懂实验原理。教材中的每个实验都用一定篇幅介绍了该实验的原理。学生必须认真阅读，必要时还应查阅理论物理教材或其他参考书，充分了解实验的理论依据和条件。

2）熟悉实验仪器。每一实验均列出了该实验所用的仪器或用具，其中对一些较为常见的基本仪器集中做了介绍，学生应根据本实验的需要认真查阅。

3）了解实验步骤。明确本次实验测什么、怎么测、测几次，哪些量是已知的（或由实验室给出的）、哪些量是待测的、哪些量是待求的，做到心中有数、有的放矢。

在完成上述预习要求的基础上，写出预习报告，预习报告内容包括：实验名称、实验目的、实验仪器、实验原理和实验内容等。书写预习报告时必须注意：

1）预习报告一律写在统一印制的实验报告纸上；

2）要求语言通顺、字迹工整、图表美观；

3）实验原理部分要求在理解的基础上用自己的语言简述有关物理内容（不能照抄教材），并列出测量和计算所依据的公式，明确公式中各量的物理意义及公式的适用条件；

4）写出实验过程的主要步骤和安全注意要点。

只有在充分了解实验内容的基础上，才能在实验操作中从容地观察现象、思考问题，减少操作中的忙乱现象，提高学生学习的主动性，所以每次实验前，学生必须完成规定的预习内容，教师要检查学生的预习情况，并评定预习成绩，没有预习的学生不允许做实验。

（2）课堂实验。学生进入实验室后应自觉遵守实验室规章制度，仔细阅读有关仪器使用的注意事项或仪器说明书，在教师指导下正确使用仪器，爱护仪器，稳拿妥放，防止仪器损坏。对于电磁学实验，必须由指导教师检查电路的连接正确无误后，方可接通电源进行实验。

做好实验记录是科学实验的一项基本功。在观察、测量时，要做到正确读数，实事求是地记录客观现象和数据。在实验记录纸上，写明实验日期、同组人，必要时还应注明天气、室温、大气压、温度等环境条件。要记下实验所用仪器装置的名称、型号、规格、编号和性能情况，以及被测量样品的号码或者其标记，以便以后需要时可以用来重复测量和利用仪器的准确度来校核实验结果的误差。切勿将数据随意记录在草稿纸上，不可事后凭回忆“追忆”数据，更不可为凑数据而将实验记录做随心所欲的涂改。

误差与数据处理知识是物理实验的特殊语言。实验做得好与差，两种方法测量同一物理量其结果是否一致，这些都不能凭感觉，而必须用实验数据和实验误差来区分。

实验结束，要把测得的数据交给指导教师检验，对不合理的或者错误的实验结果，经分析后还要补做或重做。离开实验室前要整理好使用过的仪器，做好清洁工作。

（3）完成实验报告。书写实验报告的目的是为了培养和训练学生用书面形式总结工作或报告科学成果的能力。实验报告是实验成果的文字报道，所以最起码应该做到字迹清楚，语言通顺，图表正确，数据完备和结论明确。实验报告一般应写在专用的实验报告纸上，其内容应包括：实验名称、实验目的、实验仪器、实验原理简述、实验步骤、实验数据记录、数据处理与结果，以及讨论等。

总之，物理实验课有着自身的特点和规律，要学好这门课不是一件容易的事情。希望同学们在学习过程中不断提高对它的兴趣，打好基础，注意培养自己，早日成为一位优秀的科学技术人才。

4. 实验室规则

（1）学生进入实验室须带上记录实验数据的表格及课前的预习实验报告，经教师检查同意方可进行实验。

（2）遵守课堂纪律，保持安静的实验环境。

（3）使用电源时，务必经教师检查线路后才能接通电源。

（4）爱护仪器。进入实验室不能擅自搬弄仪器，实验过程中要严格按仪器说明书操作，如有损坏，照章赔偿。公用工具用完后应立即归还原处。

（5）做完实验，学生应将仪器整理还原，将桌面和凳子收拾整齐。经教师审查测量数据和仪器还原情况并签字后，方能离开实验室。

（6）实验报告应在实验后一周内交实验室。

第1章　实验数据处理的基本知识

1.1　测量　误差　不确定度的基本概念

1.1.1　测量

1. 测量和测量值的单位

在科学实验中，一切物理量都是通过测量得到的。测量是物理实验的基础。所谓**测量**，就是用一定的工具或仪器，通过一定的方法，直接或间接地将待测量与法定标准单位的同类物理量进行比较的过程，其比较的结果（即倍数）称为该物理量的**测量值**。测量值由数值和单位两部分构成。只有做到选择合理的测量方法、满足一定的实验条件、正确使用仪器和细心观测数据，才能得到正确的测量值。

2. 直接测量、间接测量、等精度测量

测量可分为直接测量和间接测量。能用测量仪器直接获得测量结果的测量称为**直接测量**。例如，用米尺测量物体长度。另一类是利用直接测量结果，根据待测量与直接测量值的函数关系求出待测量的测量值，这类测量称为**间接测量**。例如，测量圆柱形物体的密度，应先直接测量圆柱体的质量（m）、直径（d）和高度（h），再根据$\rho=4m/(\pi d^2h)$计算出圆柱形物体的密度。

仪器的不同、方法的差异、测量条件的改变以及测量者素质的高低都会造成测量结果的变化。这样的测量是不等精度测量。而同一个人，用同样的方法，使用同样的仪器并在相同的条件下对同一物理量进行的多次测量，叫作**等精度测量**。尽管各测量值可能不相等，但没有理由认为哪一次（或几次）的测量值更可靠或更不可靠。实际上，一切物质都在运动中，没有绝对不变的人和事物。只要其变化对实验的影响很小乃至可以忽略，就可以认为是等精度测量。以上所述各项，如有一项发生变化，导致明显影响实验结果，即为不等精度测量。以后说到对一个量的多次测量，如无另加说明，都是指等精度测量。

1.1.2　误差及其分类

在一定的客观条件下，被测量的物理量具有一个客观的真实数值，称为该物理量的“真值”，在测量过程中受各种条件的限制，使得测量工作不可能获得真值，只能得到与真值存在一定差异的近似值。长期以来，人们用误差来表示测量结果可信程度的好坏。定义误差为测量值与“真值”的差值，即：误差=测量值-真值。但“真值”是无法确定的，它只是一个理想值或约定值。在消除系统误差的情况下，高准确度仪器的测量值就是低准确度仪器的相对真值。误差存在于一切科学实验之中，任何一个测量值都有误差，测量者应分析误差的来源和性质，有针对性地采取适当措施，尽可能地减小测量误差。

根据误差的来源和性质，通常将误差分为系统误差、偶然误差和过失误差。

系统误差和偶然误差往往同时存在于实验中。对测量结果的准确性有所影响，有时主要的因素是偶然误差，有时主要因素是系统误差。因此，对每个实验要做具体的分析，而测量结果的总误差应当是偶然误差和系统误差的总和。

同一条件下（方法、仪器、环境和观察者等均相同）多次测量同一物理量时，测量误差的大小和符号始终保持恒定或按一定规律变化，这种误差称为系统误差。系统误差的特征是有其确定性，系统误差决定了测量结果的准确度。其来源主要有以下几个方面：

（1）仪器误差。是仪器本身缺陷或未经校准或没有按规定条件使用而产生的误差。

（2）理论误差。由于测量所依据的实验理论、实验方法及实验条件不符合要求而产生的误差。

（3）环境误差。在测量过程中，由于温度、湿度、压强、振动、电源电压和电磁场等外界条件按一定规律变化所产生的误差。

（4）观测误差。由观测者生理或心理特点导致的误差。使读数总是习惯偏大或偏小。

系统误差是一些实验误差的主要来源，由系统误差的确定性所决定，不能用增加测量次数的方法来发现或减少系统误差。必须通过分析研究，查清误差的来源，采取相应的措施来修正或消除系统误差。

在同一条件下，多次测量同一物理量，误差的绝对值和符号以不可预测的方式随机变化，这类误差称为偶然误差，也叫随机性误差。

产生偶然误差的主要原因有：

（1）仪器误差。由于测量仪器精度的起伏和不稳定性产生的误差。

（2）人员误差。由于观测者感觉器官的灵敏度无规律的微小变化产生的误差。

（3）环境误差。由于温度、湿度、气压及电磁场等外界条件的起伏产生的误差。

（4）被测量物体本身的起伏和不稳定性产生的误差。

对一物理量进行一次测量，其偶然误差的出现没有任何规律，但在相同条件下进行多次测量，偶然误差的分布就会表现出明显的统计规律性，一般服从正态分布。具有如下特性：

（1）单峰性。绝对值小的误差出现的概率比绝对值大的误差出现的概率大。

（2）有界性。绝对值很大的误差出现的概率趋于零。

（3）对称性。绝对值相等的正负误差出现的概率相同。

（4）抵偿性。由对称性可知，当测量次数足够多时，正负误差的代数和为零。

由偶然误差的上述特性可以证明，误差的算术平均值随着测量次数的增加而趋于零。因此人们常采取增加测量次数的方法来减少偶然误差。

过失误差是由于测量者粗心大意、疲劳或不按操作规范测量，或者是由于仪器失灵、外界环境突变等原因产生的，是应该而且能够避免的误差，我们不做详细讨论。

1.1.3　测量的准确度、精密度和精确度

反映测量结果与真值的接近程度一般用如下三个量来表示。

（1）精密度：反映偶然误差的大小。

（2）准确度：反映系统误差的大小。

（3）精确度：反映偶然误差和系统误差合成后的大小，亦即综合误差的大小精确度简称精度，它和误差大小相对应。误差大则精确度低，误差小则精确度高。

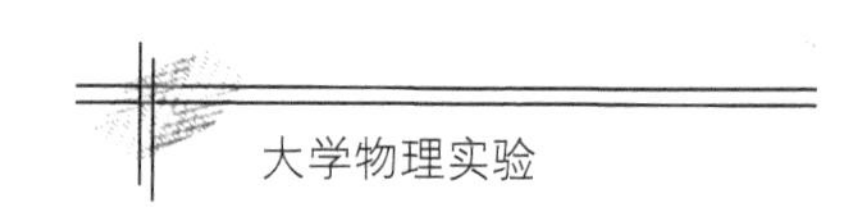

以打靶为例，其成绩由枪的校准程度、射击者状态和周围环境所决定。子弹中靶的情况有三种，如图 1-1-1 所示。图 1-1-1a 反映偶然误差大而系统误差小，精密度低而准确度高；图 1-1-1b 反映偶然误差小而系统误差大，精密度高而准确度低；图 1-1-1c 反映偶然误差和系统误差均小，即综合误差小，精确度高。

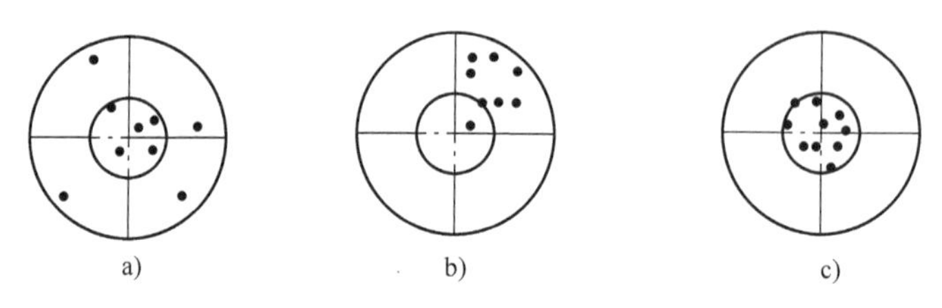

图 1-1-1　精密度、准确度和精确度示意图

由此可见，对于具体的测量，精密度高的准确度不一定高，准确度高的精密度不一定高，只有两者都高才能保证精确度高。

1.1.4　测量的不确定度

测量不确定度是与测量结果相关联的参数，用以表示测量值可信赖的程度，也就是因测量误差存在而对被测量不能肯定的程度，因而是测量质量的表征。测量不确定度分为 A 类不确定度和 B 类不确定度。前者由测量列统计分析评定，也称统计不确定度；后者不按统计分析评定，也称非统计不确定度。

1.2　直接测量误差的估计

1.2.1　单次测量结果的误差估计

在实验中，有时由于条件不允许，或测量精度要求不高，或测量条件和待测对象比较稳定等原因，常对被测量只进行一次测量。

单次测量结果的最大误差由仪器的精度和测量条件等因素决定。一般来说，可取仪器误差（仪器的最大允差或示值误差）$\Delta N_{仪}$作为单次测量的最大误差（极限误差）。对一般分度仪表，当没有给出仪器误差时，可用分度值（或分度值的一半）作为单次测量的最大误差。当测量条件不允许进行正确测量时，单次测量的误差应比仪器误差适当取大些，由观测者凭经验确定一个估计误差作为单次测量的最大误差。单次测量的标准误差为

$$\sigma=\frac{\Delta N_{仪}}{\sqrt{3}}$$

1.2.2　等精度多次测量结果的偶然误差估计

设在相同的条件下对某物理量 N 做了 k 次等精度测量，测量值分别为 N_1，N_2，…，N_k。

（1）算术平均值 $\overline{N}$：算术平均值的计算公式为

$$\overline{N} = \frac{1}{k}(N_1 + N_2 + \cdots + N_k) = \frac{1}{k}\sum_{i=1}^{k} N_i \tag{1-2-1}$$

式中，$\sum_{i=1}^{k}$ 表示从 $i=1$ 到 $i=k$ 求和。

理论上可以证明，当 $k \to \infty$ 时，算术平均值趋于真值。因此，可以把算术平均值 $\overline{N}$ 作为多次测量结果的最佳值或称为近真值。

（2）偏差 ΔN_i：测量值与算术平均值之差称为偏差，即

$$\Delta N_i = N_i - \overline{N}$$

（3）算术平均误差$\overline{\Delta N}$：算术平均误差的计算公式为

$$\overline{\Delta N} = \frac{1}{k}\sum_{i=1}^{k} |N_i - \overline{N}| \tag{1-2-2}$$

（4）标准误差 σ：设某一物理量的真值为 N_0，对其等精度测量 k 次，所得的 k 次测量结果称为一个测量列，各次测量值为 N_i（$i = 1, 2, 3, \cdots$），对应的偶然误差为 $\delta_i = N_i - N_0$，则测量列的标准误差定义式为

$$\sigma = \sqrt{\frac{1}{k}\sum_{i=1}^{k} (N_i - N_0)^2} \tag{1-2-3}$$

通常我们只知道偏差 $\Delta N_i = N_i - \overline{N}$，而不知道误差 $\delta_i = N_i - N_0$，需用偏差来代替误差计算标准误差，可以证明当测量次数有限时式（1-2-3）变为

$$\sigma = \sqrt{\frac{1}{k-1}\left[\sum_{i=1}^{k} (N_i - \overline{N})^2\right]} \tag{1-2-4}$$

这就是常用的测量列（或测量列中任一次测量）的标准误差计算公式。理论上可以证明，任一次测量值 N_i 的偏差落在$[-\sigma, +\sigma]$区间内的概率为 68.3%；落在$[-2\sigma, +2\sigma]$区间内的概率为 95.4%；落在$[-3\sigma, +3\sigma]$区间内的概率为 99.7%。绝对值大于 3σ 的偏差可认为是测量失误，应给予剔除。

在实际工作中，人们往往关心的不是测量列的数据散布特性，而是测量结果即算术平均值的离散程度。我们设想进行了有限的 k 次测量后，得到了一个最佳值 $\overline{N}$（算术平均值），这个测量列的任一次测量值 N_i 的误差落在$[-\sigma, +\sigma]$区间内的概率为 68.3%。如果我们增加测量次数，可得到另一个最佳值$\overline{N'}$，继续增加测量次数，可以发现算术平均值 $\overline{N}$ 也是一个随机变量。由概率论可以证明，测量列的算术平均值的标准误差计算公式为

$$\sigma_{\overline{N}} = \sqrt{\frac{1}{k(k-1)}\left[\sum_{i=1}^{k} (N_i - \overline{N})^2\right]} \tag{1-2-5}$$

式中，k 为测量次数。

（5）最大误差 ΔN：直接测量结果的最大误差是测量列的算术平均误差$\overline{\Delta N}$与测量仪器误差 $\Delta N_{仪}$ 相比较后，在两者中取数值较大者。

1.2.3　相对误差 E

以上讨论的 ΔN 及 σ 都和测量值有相同的单位，有时也称其为绝对误差。为评价测量结

果的优劣，还要看测量量本身的大小，为此引入了相对误差的概念。它定义为测量量的绝对误差与测量量的测量值之比（相对误差是一个比值，没有单位），表示为

$$E=\Delta N/N\times 100\% \tag{1-2-6}$$

$$E=\sigma/N\times 100\% \tag{1-2-7}$$

如果待测量有理论值或公认值，也可以用百分误差来评价测量结果的优劣，即

$$E=\frac{|\text{测量值}-\text{公认值}|}{\text{公认值}}\times 100\% \tag{1-2-8}$$

1.2.4 测量次数问题

根据算术平均值的误差比单次测量值小和偶然误差的抵偿性质可知，增加测量次数能够提高测量精度，由于测量精度与次数的平方根成反比（$\sigma_x/\sigma=1/\sqrt{n}$），如图1-2-1所示，当$n<5$时误差随$n$下降很快，但当$n>10$时，误差下降得很缓慢。因此，再靠增加测量次数去提高精度必须付出巨大的劳动。所以在一般情况下，测量不超过10次即可。另外，测量次数增多也不容易保持等精度的测量条件，而且次数多，粗差出现的机会也会增大。

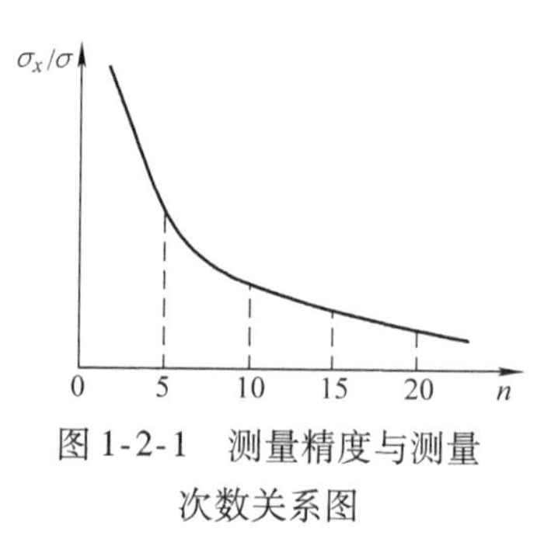

图1-2-1 测量精度与测量次数关系图

1.3 间接测量结果的偶然误差估计及误差传递与合成

在物理实验中，多数物理量的测量是间接测量。由于各直接测量值有误差，所以间接测量的结果也具有误差。由诸直接测量值的误差估算间接测量值误差的关系式称误差传递公式。

设待测的间接测量值为N，与之有关的各独立的直接测量值为x，y，z，…，它们之间的函数关系为

$$N=f(x,y,z,\cdots) \tag{1-3-1}$$

1. 间接测量结果的误差公式

在精确测量中，可以把误差看作无限小量而用微分法进行分析，对式（1-3-1）求全微分

$$\mathrm{d}N=\frac{\partial f}{\partial x}\mathrm{d}x+\frac{\partial f}{\partial y}\mathrm{d}y+\frac{\partial f}{\partial z}\mathrm{d}z+\cdots$$

将上式中的微分符号改为误差符号（增量符号），考虑到最不利的情况，应把上式右端各项取绝对值相加，即得间接测量结果的误差传递公式，如果每个直接测量量的误差选用的是最大误差，即得间接测量结果的最大误差传递公式

$$\Delta N=\left|\frac{\partial f}{\partial x}\Delta x\right|+\left|\frac{\partial f}{\partial y}\Delta y\right|+\left|\frac{\partial f}{\partial z}\Delta z\right|+\cdots \tag{1-3-2}$$

对应的相对误差传递公式是对式（1-3-1）两端取自然对数，得

$$\ln N=\ln f(x,y,z,\cdots)$$

求全微分，得

$$\frac{\mathrm{d}N}{N}=\frac{\partial \ln f}{\partial x}\mathrm{d}x+\frac{\partial \ln f}{\partial y}\mathrm{d}y+\frac{\partial \ln f}{\partial z}\mathrm{d}z+\cdots$$

再将上式右端各项取绝对值并将微分符号改为误差符号，即得间接量的相对误差传递公式

$$\frac{\Delta N}{N}=\left|\frac{\partial \ln f}{\partial x}\Delta x\right|+\left|\frac{\partial \ln f}{\partial y}\Delta y\right|+\left|\frac{\partial \ln f}{\partial z}\Delta z\right|+\cdots \tag{1-3-3}$$

2. 间接测量结果的标准误差公式

由各部分的分误差组合成总误差，称为误差合成。误差传递公式（1-3-2）和式（1-3-3），实际上也已经包括了误差的合成。如果组成间接测量量的各个分量是互相独立的，且这些分量的测量结果的误差是用标准误差表示的，可以证明，它们的合成是方和根合成，N 的标准误差由下式计算：

$$\sigma_N=\sqrt{\left(\frac{\partial f}{\partial x}\right)^2\sigma_x^2+\left(\frac{\partial f}{\partial y}\right)^2\sigma_y^2+\left(\frac{\partial f}{\partial z}\right)^2\sigma_z^2+\cdots} \tag{1-3-4}$$

对应的相对误差传递公式为

$$\frac{\sigma_N}{N}=\sqrt{\left(\frac{\partial \ln f}{\partial x}\right)^2\sigma_x^2+\left(\frac{\partial \ln f}{\partial y}\right)^2\sigma_y^2+\left(\frac{\partial \ln f}{\partial z}\right)^2\sigma_z^2+\cdots} \tag{1-3-5}$$

表 1-3-1 列出了几种常用函数的最大误差传递公式；表 1-3-2 列出了几种常用函数的标准误差传递公式。

为简化计算，在实际计算间接测量结果的误差时，如果间接量和各直接量的函数关系式是和或差的关系，应先计算绝对误差；如果是积或商的关系则先计算相对误差，然后由绝对误差和相对误差的关系 $E=\Delta N/N$ 求出绝对误差。

表 1-3-1　常用函数的最大误差传递公式

函数表达式	绝对误差 ΔN	相对误差 E
$N=x+y$	$\Delta x+\Delta y$	$\frac{\Delta x+\Delta y}{x+y}$
$N=x-y$	$\Delta x+\Delta y$	$\frac{\Delta x+\Delta y}{x-y}$
$N=kx$（k 为常数）	$k\Delta x$	$\frac{\Delta x}{x}$
$N=xy$	$x\Delta y+y\Delta x$	$\frac{\Delta x}{x}+\frac{\Delta y}{y}$
$N=xyz$	$xz\Delta y+yz\Delta x+xy\Delta z$	$\frac{\Delta x}{x}+\frac{\Delta y}{y}+\frac{\Delta z}{z}$
$N=x^n$（n 为常数）	$nx^{n-1}\Delta x$	$n\frac{\Delta x}{x}$
$N=\frac{x}{y}$	$\frac{y\Delta x+x\Delta y}{y^2}$	$\frac{\Delta x}{x}+\frac{\Delta y}{y}$
$N=\ln x$	$\frac{\Delta x}{x}$	$\frac{\Delta x}{x\ln x}$
$N=\sin x$	$\cos x\cdot\Delta x$	$\cot x\cdot\Delta x$
$N=\cos x$	$\sin x\cdot\Delta x$	$\tan x\cdot\Delta x$

表 1-3-2 常用函数的标准误差传递公式

函数表达式	绝对误差 σ_N	相对误差 σ_N/N
$N=x+y$	$\sqrt{\sigma_x^2+\sigma_y^2}$	$\sqrt{\frac{\sigma_x^2+\sigma_y^2}{(x+y)^2}}$
$N=x-y$	$\sqrt{\sigma_x^2+\sigma_y^2}$	$\sqrt{\frac{\sigma_x^2+\sigma_y^2}{(x-y)^2}}$
$N=xy$	$\sqrt{y^2\sigma_x^2+x^2\sigma_y^2}$	$\sqrt{\left(\frac{\sigma_x}{x}\right)^2+\left(\frac{\sigma_y}{y}\right)^2}$
$N=\frac{x}{y}$	$\sqrt{\frac{y^2\sigma_x^2+x^2\sigma_y^2}{y^4}}$	$\sqrt{\left(\frac{\sigma_x}{x}\right)^2+\left(\frac{\sigma_y}{y}\right)^2}$
$N=kx$（k 为常数）	$k\sigma_x$	$\frac{\sigma_x}{x}$
$N=\sqrt[k]{x}$（k 为常数）	$\frac{1}{k}\cdot x^{\frac{1}{k}-1}\cdot\sigma_x$	$\frac{1}{k}\cdot\frac{\sigma_x}{x}$
$N=x^n$（n 为常数）	$nx^{n-1}\sigma_x$	$n\frac{\sigma_x}{x}$
$N=\ln x$	$\frac{\sigma_x}{x}$	$\frac{\sigma_x}{x\ln x}$
$N=\cos x$	$\lvert\sin x\rvert\sigma_x$	$\lvert\tan x\rvert\sigma_x$
$N=\sin x$	$\lvert\cos x\rvert\sigma_x$	$\lvert\cot x\rvert\sigma_x$

1.4 不确定度与测量结果表述

1.4.1 大学物理实验中测量不确定度表达

参照国际计量大会等组织制定的具有国际指导性的《测量不确定度表达指南》和我国计量标准部门的要求，结合大学物理实验实际，拟采用一种简化的方法来进行不确定度表达。

通常，不确定度由几个分量构成。按数值的估计方法不同，可分成 A 类分量和 B 类分量。

A 类分量是在一系列重复测量中，用统计方法计算的分量，它的表征值用测量列的标准误差（严格讲用测量列算术平均值的标准误差）表示，即

$$u_A=\sigma=\sqrt{\frac{1}{k-1}\left[\sum_{i=1}^{k}(N_i-\overline{N})^2\right]} \tag{1-4-1}$$

需要指出，另外还有一个表征值，称为自由度数，在此简略。

B 类分量是用其他方法计算的分量。如用统计分析无法发现的固有系统误差，就要用 B 类分量来描述。B 类分量应考虑到影响测量准确度的各种可能因素，这要通过对测量过程的仔细分析，根据经验和有关信息来估计。有关信息包括过去积累的测量数据，对测量对象与仪器性能的了解，一般仪表的技术指标，仪器调整的不理想等因素引入的附加误差，检定证书提供的数据以及技术手册查到的参考数据的不确定度等。为简化起见，在本课程中通常主

要考虑的因素是仪器误差 $\Delta N_{仪}$，在仅考虑仪器误差的情况下，B 类分量的表征值为

$$u_B = \frac{\Delta N_{仪}}{C} \tag{1-4-2}$$

式中，C 是一个大于 1 的，且与误差分布特性有关的系数。若仪器误差的概率密度函数是遵循均匀分布规律的，则 $C=\sqrt{3}$。本课程所用测量仪器和仪表多数属于这种情况。

A 类和 B 类分量采用方和根合成，得到合成的不确定度为

$$u = \sqrt{u_A^2 + u_B^2} \tag{1-4-3}$$

1.4.2　单次测量的不确定度估计

在实验中，有时由于条件不允许，或某一量的不确定度对整个测量的总不确定度影响甚微，因而只进行一次测量。这时，对于此量的不确定度只能根据实验仪器、测量方法、测量条件以及实验者的技术水平等实际情况，进行合理估计，不能一概而论。在大学物理实验中一般进行简化，初步认为在仪器误差（仪器的最大允差或示值误差）$\Delta N_{仪}$范围内，误差服从均匀分布，即在 $\Delta N_{仪}$范围内，各种误差出现的概率相同。因此，单次测量的不确定度估计为

$$u_B = \frac{\Delta N_{仪}}{\sqrt{3}} \tag{1-4-4}$$

式中，$\Delta N_{仪}$为仪器误差。

1.4.3　多次测量的不确定度估计

A 类分量为

$$u_A = \sigma_{\overline{N}} = \sqrt{\frac{1}{k(k-1)}\left[\sum_{i=1}^{k}(N_i - \overline{N})^2\right]}$$

在大学物理实验中可简化为

$$u_A = \sigma = \sqrt{\frac{1}{k-1}\left[\sum_{i=1}^{k}(N_i - \overline{N})^2\right]}$$

B 类分量为

$$u_B = \frac{\Delta N_{仪}}{\sqrt{3}}$$

不确定度为

$$u = \sqrt{u_A^2 + u_B^2}$$

1.4.4　间接测量量的不确定度传递与合成

间接测量量的不确定度传递公式与其标准误差传递公式形式完全相同，它们同样是方和根合成，只要将式（1-3-4）和式（1-3-5）中的标准误差 σ 改写成不确定度 u，便可得到间接测量量 N 的不确定度传递公式：

$$u_N = \sqrt{\left(\frac{\partial f}{\partial x}\right)^2 u_x^2 + \left(\frac{\partial f}{\partial y}\right)^2 u_y^2 + \left(\frac{\partial f}{\partial z}\right)^2 u_z^2 + \cdots} \tag{1-4-5}$$

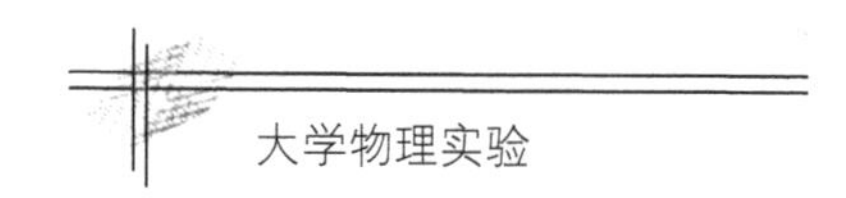

对应的相对不确定度传递公式为

$$\frac{u_N}{N}=\sqrt{\left(\frac{\partial \ln f}{\partial x}\right)^2 u_x^2+\left(\frac{\partial \ln f}{\partial y}\right)^2 u_y^2+\left(\frac{\partial \ln f}{\partial z}\right)^2 u_z^2+\cdots} \tag{1-4-6}$$

常用函数的不确定度传递公式，如表 1-4-1 所示。

表 1-4-1　常用函数的不确定度传递公式

函数表达式	不确定度 u_N	相对不确定度 u_N/N
$N=x+y$	$\sqrt{u_x^2+u_y^2}$	$\sqrt{\frac{u_x^2+u_y^2}{(x+y)^2}}$
$N=x-y$	$\sqrt{u_x^2+u_y^2}$	$\sqrt{\frac{u_x^2+u_y^2}{(x-y)^2}}$
$N=xy$	$\sqrt{y^2u_x^2+x^2u_y^2}$	$\sqrt{\left(\frac{u_x}{x}\right)^2+\left(\frac{u_y}{y}\right)^2}$
$N=\frac{x}{y}$	$\sqrt{\frac{y^2u_x^2+x^2u_y^2}{y^4}}$	$\sqrt{\left(\frac{u_x}{x}\right)^2+\left(\frac{u_y}{y}\right)^2}$
$N=kx$（k 为常数）	ku_x	$\frac{u_x}{x}$
$N=\sqrt[k]{x}$（k 为常数）	$\frac{1}{k}\cdot x^{\frac{1}{k}-1}\cdot u_x$	$\frac{1}{k}\cdot\frac{u_x}{x}$
$N=x^n$（n 为常数）	$nx^{n-1}u_x$	$n\frac{u_x}{x}$
$N=\ln x$	$\frac{u_x}{x}$	$\frac{u_x}{x\ln x}$
$N=\cos x$	$\lvert\sin x\rvert u_x$	$\lvert\tan x\rvert u_x$
$N=\sin x$	$\lvert\cos x\rvert u_x$	$\lvert\cot x\rvert u_x$

1.4.5　测量结果的表示

一个完整的测量结果不仅要给出该量值的大小（即数值和单位），同时还应给出它的不确定度。如测量值为 $\overline{N}$，测量不确定度为 u，相对不确定度为 u_E，测量结果一般写成如下形式：

$$\begin{cases} N=(\overline{N}\pm u)\text{单位} \\ u_E=\left(\frac{u}{\overline{N}}\right)\times 100\% \end{cases} \tag{1-4-7}$$

1.5　有效数字

1.5.1　可靠数字与可疑数字

用分度值为 1mm 的米尺来测量物体的长度时，使物体的一端和米尺的“0”刻线对齐，另一端处于 32 和 33 两刻线之间，这样从米尺上可以准确地读出 32mm，测量者一般还可以读出毫米以下数值，根据实际情况可估读到分度值的 1/10、1/5 或 1/2。前例中如果处于 32 和 33mm 两刻线的 4/10 处，则应记录物体长度 $L=32.4$mm，此时再往下估读一位就无意义

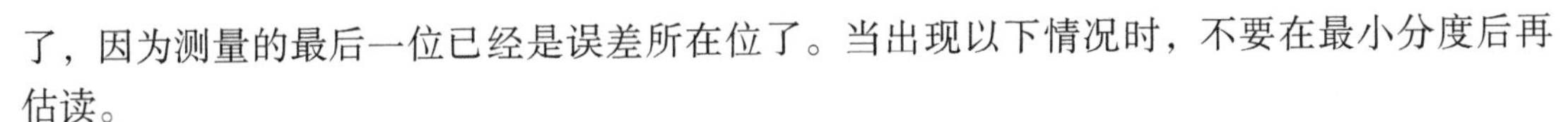

了，因为测量的最后一位已经是误差所在位了。当出现以下情况时，不要在最小分度后再估读。

（1）仪器本身不能估读，如游标卡尺；

（2）待测对象较粗糙；

（3）测量方法较粗糙；

（4）仪器的分度值优于仪器误差。

依据仪器刻线准确地读出的数字为可靠数字，估读的数字为可疑数字。可疑数字虽然可靠性较差，但它还是在一定程度上反映了实际情况，因此也是有意义的。也可以说测量数据中不出现误差的数字是可靠数字，出现误差的数字是可疑数字。

1.5.2　有效数字

实验所处理的测量结果中有两种数值。一种是准确值（如测量的次数、公式中的常数），另一种是测量值。测量值总有不确定度，它的数值不应无休止地写下去。例如，测量值 $L=32.0423\text{mm}$，其不确定度 $u_L=0.02\text{mm}$。可见测量值小数点后第二位数字“4”是可疑数字，它后面的数字也就没有再表示出来的必要。其结果应写成 $L=(32.04\pm0.02)\ \text{mm}$。我们把这个测量值中的前三位“3”“2”“0”称为可靠数字，而最后一位与不确定度对齐的数字“4”称为可疑数字。又如用分度值为1mm 的米尺测长度的结果为 $L=52.5\text{mm}$。这三位数字中，前两位“5”“2”是准确读出来的，因此是可靠的，即为可靠数字，而最后一位数字“5”是估读出来的，换了另一个人可能会估读为“4”或“6”，即为可疑数字。

通常规定，数值的可靠数字与所保留的一位（或两位）可疑数字，统称为有效数字。上述的第一个例子的测量值为 4 位有效数字，第二个例子的测量值为 3 位有效数字。

1.5.3　几点说明

（1）有效数字中的“0”。用来表示小数点位置的“0”不算有效数字，不是用来表示小数点位置的“0”应算有效数字。如 1.30mm = 0.130cm = 0.00130m，无论单位如何变化，均为 3 位有效数字。

（2）科学记数法。若上例中的 1.30mm 若转换成以微米为单位则应变为 1300μm，显然它夸大了测量精度，因而应改为科学记数法，写成有效数字乘以 10 的指数形式，这在表示很小或很大的数字时非常方便。如：$1.30\text{mm}=1.30\times10^3\mu\text{m}=1.30\times10^6\ \text{nm}$。

（3）π、e、$\sqrt{2}$等常数。参与运算时的常数应比其他数的有效数字多取 1～2 位。

（4）测量结果的不确定度仅提供了测量值的不准确程度，它可以决定测量值的有效数字位数。其本身的位数一般只取 1 位有效数字。相对不确定度取 1 或 2 位有效数字。在计算过程中不确定度和相对不确定度都取 2 位。

（5）根据 GB/T 8170—2008《数值修约规则与极限数值的表示和判定》，对需要修约的各种数值尾数采取“四舍，六入，五看左右”法则处理。

如在数字 54805643 中舍去“43”时，$4<5$，则应为 548056，我们称为“四舍”。如在数字 54805643 中舍去“643”时，$6>5$，则应为 54806，我们称为“六入”。如在数字 54805643 中舍去“5643”时，$5=5$，其右边的数字并非全部为零，则进一，应为 5481；若其右边的数字全部为零时，拟保留的末位数字为奇数则进一，若为偶数（包括 0）则不进，如在数字548050中拟舍去“50”时，5=5，其右边的数字全部为零，拟保留的末位数字为偶数（包括0）则不进，故此时应为5480，我们称为“五看左右”。

上述规定可概述为：舍弃数字中最左边一位数小于五则舍；大于五则入；为五时，则看五后，若为非零的数则入，若为零则往左看拟保留数的末位数为奇数则入，为偶数（包括0）则舍。

还要指出，在修约最后结果的不确定度时，为确保其可信性，往往还要根据实际情况执行“宁大勿小”或称“只入不舍”的原则。

1.5.4 有效数字运算规则

（1）几个数进行加减运算时，运算结果的有效数字以参加运算的各数中最大的可疑数的位置为准取齐。

例1 $20.\underline{1}+4.17\underline{8}=24.\underline{2}\,\underline{7}\,\underline{8}=24.\underline{3}$ ← 最大可疑位为十分位。

（2）几个数进行乘除运算时，运算结果的有效数字的位数与各数中有效数字位数最少的相同。

例2 $4.17\underline{8}\times 10.\underline{1}=42.\underline{1}\,\underline{9}\,\underline{7}\,\underline{8}=42.\underline{2}$ ← 有效数字位数最少的为3位。

（3）对某数取对数，运算结果的小数部分的位数与真数的有效数字位数相同。

例3 $\lg 1.983=0.297322714$，取成0.2973；

$\lg 1983=3.297322714$，取成3.2973。

（4）指数e^x、10^x的运算结果，小数点前留一位数，小数部分的位数与x的小数点后面的位数相同（包括小数点后相邻的“0”）。

例4 $10^{6.25}=1778279.41$，取成1.78×10^6；

$10^{0.0035}=1.00809161$，取成1.0081。

（5）某数x开平方，其平方根的有效数字位数与x的有效数字位数相同。

例5 $\sqrt{24.32}=4.9315312$，取成4.932。

（6）用分度值为$1'$的分光仪测角度时，三角函数可取4位有效数字。

应当指出，所有以上规则都是近似的，按照上述规则计算，有时会出现比有效数字多一位或少一位的情况。

1.5.5 研究有效数字的意义

测量结果的数值位数不能随意取，因为测量值的最后一位是不确定度出现的位。将有效数字的定义与不确定度结合起来，可得如下关系：

（1）正确确定测量值有效数字位数的依据是不确定度或绝对误差。

（2）确定测量结果位数的方法是将测量值的末位数对照不确定度或绝对误差末位数取齐。

上述方法对单次测量、多次测量和间接测量都适用。因此，在计算间接测量结果时，可以按有效数字运算规则初步确定测量值的位数，待不确定度计算出来后，再用不确定度最后确定测量结果有效数字位数。

例6 用分度值为0.05g的物理天平测得某圆柱体的质量$m=55.38\text{g}$（$\Delta m=0.05\text{g}$），用分度值为0.02mm的游标卡尺测得高h（单位：mm）为39.92，39.90，39.94，39.98，39.88，39.86，39.84，39.96，39.86，39.82。用分度值为0.01mm的螺旋测微器（又称千分尺）测得直径d（单位：mm）为14.920，14.929，14.924，14.927，14.925，14.926，

14.920，14.922，14.928，14.922，零点读数 $d_0 = -0.001\text{mm}$，求圆柱体的密度 ρ，计算相对不确定度 E_ρ 及不确定度 u_ρ 并给出测量结果。

解　(1) 计算各个直接量的不确定度。

① 圆柱体的质量为单次测量：

$$u_m = \frac{0.05\text{g}}{\sqrt{3}} = 0.03\text{g},\ m \pm u_m = (55.38 \pm 0.03)\text{g}$$

② 圆柱体的高：

$$\bar{h} = \frac{1}{10}\sum_{i=1}^{10} h_i = 39.90\text{mm}$$

$$u_{\text{A}h} = \sigma_h = \sqrt{\frac{1}{9}\left[\sum_{i=1}^{10}(h_i - \bar{h})^2\right]} = 0.05\text{mm}$$

$$u_{\text{B}h} = \frac{0.02}{\sqrt{3}}\text{mm} = 0.012\text{mm}$$

$$u_h = \sqrt{u_{\text{A}h}^2 + u_{\text{B}h}^2} = \sqrt{0.05^2 + 0.012^2}\text{mm} = 0.05\text{mm}$$

所以

$$h \pm u_h = (39.90 \pm 0.05)\text{mm}$$

③ 圆柱体的直径 d：

$$\bar{d} = \frac{1}{10}\sum_{i=1}^{10} d_i = 14.924\text{mm}$$

$$d = \bar{d} - d_0 = [14.924 - (-0.001)]\text{mm} = 14.925\text{mm}$$

$$u_{\text{A}d} = \sigma_d = \sqrt{\frac{1}{9}\left[\sum_{i=1}^{10}(d_i - \bar{d})^2\right]} = 0.004\text{mm}$$

$$u_{\text{B}d} = \frac{0.004\text{mm}}{\sqrt{3}} = 0.002\text{mm}$$

$$u_d = \sqrt{u_{\text{A}d}^2 + u_{\text{B}d}^2} = \sqrt{0.004^2 + 0.002^2}\text{mm} = 0.004\text{mm}$$

所以

$$d \pm u_d = (14.925 \pm 0.004)\text{mm}$$

(2) 计算圆柱体的密度：

$$\rho = \frac{4m}{\pi d^2 h} = \frac{4 \times 55.38 \times 10^{-3}}{3.1416 \times 14.925^2 \times 10^{-6} \times 39.90 \times 10^{-3}}\text{kg/m}^3 = 7.933 \times 10^3\text{kg/m}^3$$

(3) 计算合成不确定度。

① 相对不确定度：

$$E_\rho = \frac{u_\rho}{\rho} = \sqrt{\left(\frac{\partial \ln\rho}{\partial m}\right)^2 u_m^2 + \left(\frac{\partial \ln\rho}{\partial d}\right)^2 u_d^2 + \left(\frac{\partial \ln\rho}{\partial h}\right)^2 u_h^2}$$

$$= \sqrt{\left(\frac{u_m}{m}\right)^2 + \left(2\,\frac{u_d}{d}\right)^2 + \left(\frac{u_h}{h}\right)^2}$$

$$= \sqrt{\left(\frac{0.03}{55.38}\right)^2 + \left(2 \times \frac{0.004}{14.925}\right)^2 + \left(\frac{0.05}{39.90}\right)^2} = 0.05\%$$

② 合成不确定度：

$$u_\rho=\rho E_\rho=(7.933\times10^3\times0.05\%)\text{kg/m}^3=0.004\times10^3\text{kg/m}^3$$

（4）测量结果：

$$\rho=(7.933\pm0.004)\times10^3\text{kg/m}^3,\ E_\rho=0.05\%$$

1.6　测量数据的处理方法

物理实验中常用的数据处理方法有列表法、作图法、逐差法和最小二乘法。

1.6.1　列表法

列表法就是将一组实验数据中的各变量按一定的顺序一一对应地在表格中排列出来。

列表法的优点是容易进行比较，可以初步分析变量间的关系。

列表法的要求：表格要尽量简明，写清楚表的名称、表格中所列物理量的符号及单位。表格中的有效数字应与所用仪器的精度一致。数据书写应整齐清晰。

例 7　用伏安法测某电阻的实验数据如表 1-6-1 所示。

表 1-6-1　伏安法测某电阻的实验数据

U/V	0.00	1.00	2.00	3.00	4.00	5.00	6.00	7.00
I/mA	0.0	10.2	19.8	30.3	40.1	49.8	59.9	70.1

1.6.2　作图法

1. 作图法的特点

用作图法处理实验数据的优点是直观、简明和形象，绘出的图线有对多次测量取平均值的效果。缺点是精度低，作图本身还会给实验结果引入附加误差。

2. 实验图线的用途

实验图线可以用来深入研究物理量之间的关系及特性，验证物理定律，寻求经验公式，进行物理量的求值，等等。

3. 作图规则

（1）选坐标纸。作图一定要用坐标纸，可根据具体情况选用直角坐标纸、半对数坐标纸和全对数坐标纸等。

（2）选坐标轴。一般用横轴代表自变量，纵轴代表因变量，并在坐标轴末端旁边标明物理量的符号及单位。

（3）选坐标轴的分度值。坐标轴分度值选取的要求是，原则上不应丢失测量数据的有效数字。即坐标纸上最小格应与仪器的分度值相当。分度值选取应便于读数和标记，并能使图线大体上充满坐标纸。

为了便于标记和读图，选好坐标轴的分度值后，在坐标轴上每隔 10 或 20 小格等间距地标出各坐标分度所代表的整数数值。

（4）标点。实验点可用“×”“·”“○”等符号标出，符号大小应与测量的误差相适应。一般情况下为 1 ~ 2mm。

（5）连线。用透明直尺或曲线板，根据不同情况把实验数据点连成直线或光滑曲线。

一般说来，连线时应尽量使图线紧贴所有数据点通过。但图线本身不一定通过所有数据点，应尽量使不在图线上的数据点以大体相同数目均匀分布在图线的两侧。

（6）写图名。在图纸下方写出简明的图名。一般将因变量写在前面，自变量写在后面，中间用符号“－”连接。在图名下方注明实验条件和必要的说明。

例 8　将表 1-6-1 所列伏安法测电阻的数据在直角坐标上作图，如图 1-6-1 所示。

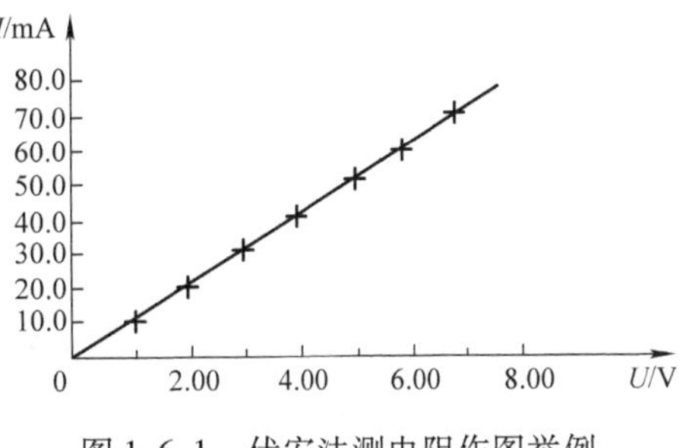

图 1-6-1　伏安法测电阻作图举例

4. 物理量的求值

许多物理量可以从直线的斜率和截距求得。若图线类型为直线方程式

$$y = kx + b$$

可在图线上任取相距较远的两点 $P_1(x_1, y_1)$ 和 $P_2(x_2, y_2)$（注意：不得使用原始实验数据，必须从图线上找两点），于是得到

$$y_1 = kx_1 + b,\ y_2 = kx_2 + b$$

解上述方程组可得直线斜率 k 和截距 b。

由于直线是能够最精确绘制的图线，因此许多非线性函数关系可以通过取对数、半对数或倒数等方法变换为线性关系（见表 1-6-2），即把曲线变成直线，称为直线法。改直以后，也可以通过求直线的斜率和截距来进行物理量的求值。

表 1-6-2　可以线性化的函数形式

函数式	变量代换	变换后的关系式
$y^2 = 2px$（p 为常数）	$X = x^{\frac{1}{2}}$，$Y = y$	$Y = \sqrt{2p}X$
$y = ax^2$（a 为常数）	$X = x^2$，$Y = y$	$Y = aX$
$y = a\frac{1}{x^2} + b$（a、b 为常数）	$X = \frac{1}{x^2}$，$Y = y$	$Y = aX + b$
$y = ae^{bx}$（a、b 为常数）	$X = x$，$Y = \ln y$	$Y = bX + A(A = \ln a)$
$y = ax^b$（a、b 为常数）	$X = \ln x$，$Y = \ln y$	$Y = bX + A(A = \ln a)$

1.6.3　逐差法

如果两个物理量之间满足线性关系（$y = kx + b$），而且自变量（x）是等间距变化的，可以采用逐差法来处理实验数据。

逐差法的特点是充分利用多次测量的实验数据，起到减小测量误差的作用。

逐差法计算程序如下。

（1）将测量数据列表；

（2）将因变量按测量先后次序分成两组：

$$y_1, y_2, \cdots, y_n$$

$$y_{n+1}, y_{n+2}, \cdots, y_{2n}$$

（3）将对应项相减：

$$\begin{aligned}\Delta y_1 &= y_{n+1} - y_1\\ \Delta y_2 &= y_{n+2} - y_2\\ &\vdots\\ \Delta y_n &= y_{2n} - y_n\end{aligned}$$

（4）求差值的平均值：

$$\overline{\Delta y} = \frac{1}{n}\sum_{i=1}^{n}\Delta y_i = \frac{\Delta y_1 + \Delta y_2 + \cdots + \Delta y_n}{n} \tag{1-6-1}$$

（5）求算术平均误差：

$$\overline{\Delta(\overline{\Delta y})} = \frac{|\Delta y_1 - \overline{\Delta y}| + |\Delta y_2 - \overline{\Delta y}| + \cdots + |\Delta y_n - \overline{\Delta y}|}{n} \tag{1-6-2}$$

逐差法数据处理的实例可参见实验3。

1.6.4 最小二乘法

最小二乘法是一种比较精确的曲线拟合方法。它的主要原理是：若能找到一条最佳的拟合曲线，那么各测量值与这条拟合曲线上对应点之差的平方和应是最小的。为了方便，通常总是假定自变量是准确的，因变量的各个值带有测量误差。现以直线方程为例，应用最小二乘法求直线的斜率和截距。通常称之为一元线性回归。

设实验测得的一组数据是 x_i、$y_i(i=1,2,\cdots,n)$，拟合后最佳直线的斜率为 k，截距为 b。对应每一个 x_i，在直线上有一点 $y_i'=kx_i+b$，则测量值 y_i 与直线上的对应点 y'_i 的偏差为

$$d_i = y_i - y'_i = y_i - (kx_i + b) \tag{1-6-3}$$

令偏差 d_i 的平方和为 Q，则

$$\sum d_i^2 = \sum (y_i - kx_i - b)^2 = Q$$

根据最小二乘法原理，应使该偏差的平方和最小，即

$$\begin{cases}\dfrac{\partial Q}{\partial k} = -2\sum (y_i - kx_i - b)x_i = 0\\[2ex] \dfrac{\partial Q}{\partial b} = -2\sum (y_i - kx_i - b) = 0\end{cases} \tag{1-6-4}$$

式（1-6-4）称为一元线性回归的正规方程，将其联立后，得

$$\begin{cases}k = \dfrac{\sum x \sum y - n\sum xy}{\left(\sum x\right)^2 - n\sum x^2}\\[3ex] b = \dfrac{\sum xy \sum x - \sum y \sum x^2}{\left(\sum x\right)^2 - n\sum x^2}\end{cases} \tag{1-6-5}$$

式中，$\sum x$ 和 $\sum y$ 等都已省略了脚标 i；n 为测量次数。

得到直线的斜率 k 和截距 b 后，有时为了验证 x 与 y 之间是否符合线性相关，还要进一步求出相关系数，其表达式为

$$r=\frac{\sum xy-\frac{1}{n}\sum x\sum y}{\sqrt{\left[\sum x^2-\frac{1}{n}\left(\sum x\right)^2\right]\cdot\left[\sum y^2-\frac{1}{n}\left(\sum y\right)^2\right]}}$$

相关系数 r 值在 +1 和 −1 之间。r 的绝对值接近 1，说明线性好；r 越接近零，表明 x 与 y 间线性相关越差，必须用其他关系式重新试探。

例 9　用伏安法测电阻所得实验数据如表 1-6-3 所示。现用最小二乘法求斜率 k、截距 b 和相关系数 r。

表 1-6-3　伏安法测电阻所得实验数据

次数	1	2	3	4	5	6
电流 I/A	0.082	0.094	0.131	0.170	0.210	0.260
电压 U/V	0.87	1.00	1.40	1.80	2.30	2.80

解　设其经验方程为 $y=kx+b$，现将电流 I 作为自变量 x，电压 U 作为因变量 y，如表 1-6-4 所示。

表 1-6-4　用最小二乘法计算过程

n	x	y	x^2	y^2	xy
1	0.082	0.87	0.0067	0.76	0.071
2	0.094	1.00	0.0088	1.00	0.094
3	0.131	1.40	0.0172	1.96	0.183
4	0.170	1.80	0.0289	3.24	0.306
5	0.210	2.30	0.0441	5.29	0.483
6	0.260	2.80	0.0676	7.84	0.728
$\sum$	0.947	10.17	0.1733	20.09	1.865

$$k=\frac{\sum x\sum y-n\sum xy}{\left(\sum x\right)^2-n\sum x^2}=10.79\Omega$$

$$b=\frac{\sum xy\sum x-\sum y\sum x^2}{\left(\sum x\right)^2-n\sum x^2}=-0.05\mathrm{V}$$

再求相关系数

$$r=\frac{\sum xy-\frac{1}{n}\sum x\sum y}{\sqrt{\left[\sum x^2-\frac{1}{n}\left(\sum x\right)^2\right]\cdot\left[\sum y^2-\frac{1}{n}\left(\sum y\right)^2\right]}}=0.99998$$

说明 x 与 y 是符合线性关系的。

用最小二乘法处理实验数据，在理论上比较严格和可靠。当函数形式确定后，结果不会因人而异，且能用相关系数来检验所设函数关系是否合理。但是由于这种方法计算繁杂，尤其是在待定系数较多或非线性相关时，非要借助计算机不可。所以，只有在精度要求较高时才采用。

1.7 研究误差的意义

1.7.1 误差分析的任务

通过对误差分析的研究，我们明确了误差分析的任务如下：

（1）设法使测量值的误差减至最小；

（2）求出在一定测量条件下被测量的最佳值；

（3）估计最佳值的可靠程度。

1.7.2 误差分析对实验的指导作用

1. 分析改进实验的措施

分析改进实验的措施就是通过误差分析找出主要误差来源，采取适当措施，减小测量误差，以达到提高精度的目的。一般程序是：利用误差计算公式计算直接测量值的误差对间接测量值误差的贡献大小，如果某直接测量值的相对误差比其他各直接测量值的相对误差大，说明该直接测量值的误差是实验的主要误差项。

在正确进行测量的前提下，由于测量产生误差的原因可能是测量仪器精度低、被测量不易测准等，相应的改进措施有选择精密仪器、适当加大被测量、改进测量方法。

2. 指导仪器精度的选择

仪器精度的选择就是根据测量任务对测量结果的精度要求，利用误差分配原则选择合适的仪器。为此，我们采用分配的等作用原则，所谓等作用原则就是认为各个直接测量值对间接测量值的总误差的贡献大小相等，即

$$\left|\frac{\partial f}{\partial x_1}\Delta x_1\right| = \left|\frac{\partial f}{\partial x_2}\Delta x_2\right| = \cdots = \left|\frac{\partial f}{\partial x_k}\Delta x_k\right| = \frac{\Delta N}{k}$$

或

$$\frac{1}{N}\left|\frac{\partial f}{\partial x_1}\Delta x_1\right| = \frac{1}{N}\left|\frac{\partial f}{\partial x_2}\Delta x_2\right| = \cdots = \frac{1}{N}\left|\frac{\partial f}{\partial x_k}\Delta x_k\right| = \frac{1}{k}\left(\frac{\Delta N}{N}\right)$$

等作用原则是分配的一种较好方法，但对不同测量来讲，不一定合理，因为有些物理量要进行精密测量比较容易，而有些物理量要进行精密测量却很难实现。因此，在实验设计时，应根据现有仪器情况、实验条件及技术水平等因素来考虑误差的合理分配，对那些难以精密测量的物理量分配较大的误差，对那些比较容易测得精密的物理量则分配较小的误差。

例 10 测得某铜圆柱体的密度，要求$\frac{\Delta\rho}{\rho}=1.0\%$，被测量的估计值为 $d\approx1.5\text{cm}$，$h\approx 3\text{cm}$，$m\approx45\text{g}$。

解 密度计算公式为

$$\rho = \frac{4m}{\pi d^2 h}$$

相对误差计算公式为

$$\frac{\Delta\rho}{\rho}=\frac{\Delta m}{m}+\frac{2\Delta d}{d}+\frac{\Delta h}{h}$$

按等作用分配原则有

$$\frac{\Delta m}{m}=\frac{2\Delta d}{d}=\frac{\Delta h}{h}=\frac{1}{3}\times 1.0\%=0.33\%$$

$$\frac{\Delta m}{m}=0.33\%,\ \Delta m=0.15\text{g}$$

$$\frac{2\Delta d}{d}=0.33\%,\ \Delta d=0.0025\text{cm}$$

$$\frac{\Delta h}{h}=0.33\%,\ \Delta h=0.01\text{cm}$$

选用分度值为0.1mm游标卡尺测高h，选用分度值为0.02mm的游标卡尺测量直径d，选用分度值为0.05g的物理天平测质量，则可满足要求。

3. 确定实验的最有利条件

确定实验测量的最有利条件，就是求出使测量误差最小所需要的条件。从数学的角度来看，就是求函数的极小值。一般说来，并不是所有函数都有极小值。因此，在处理实际问题时，可根据具体情况，选择一些寻求函数极小值的方法，找出使误差最小的实验条件。

习　　题

1. 用螺旋测微器测量10次钢球的直径d（单位：mm），得到的数据是12.005，12.007，11.997，11.998，11.998，11.995，12.003，12.002，12.000，12.005。试计算：

（1）d的平均值$\overline{d}$；

（2）d的算术平均误差$\overline{\Delta d}$；

（3）d的一次测量值的标准误差σ；

（4）$\overline{d}$的标准误差$\sigma_{\overline{d}}$。

2. 求$g=4\pi^2\dfrac{L}{T^2}$的绝对误差和相对误差公式（用最大误差表示）。

3. 求$v=\sqrt{2gR(1-\cos\varphi)}$（设$g$、$R$为常数）的标准误差传递公式。

4. 求$I_1=\dfrac{R_2}{R_1+R_2}I$的最大误差。

5. 求$n=\dfrac{\sin\left(\dfrac{D+A}{2}\right)}{\sin\left(\dfrac{A}{2}\right)}$的最大误差。

6. 写出下列各题中$A+B$、$A-B$、$A\times B$和$A\div B$的结果表示。

（1）$A=231.2\pm0.2$，$B=121.5\pm0.5$；

（2）$A=231.2\pm0.2$，$B=22.15\pm0.05$。

7. 下面记录的一些实验数据的写法是否符合要求，如有错误，请改正。

（1）（13.251 ±0.02）mm；

（2）（7254 ±100）mm；

（3）8.9m =890cm =0.0089km；

（4）216.5 −1.32 =215.18；

（5）$12.0 \times 4.00 = 48$；（6）$120 \div 4.00 = 30$。

8. 一物体由静止开始沿一直线做匀加速运动，测得路程全长 $s = (80.0 \pm 0.3)$ cm，用时 $t = (9.80 \pm 0.05)$ s，由 $a = 2s/t^2$ 计算物体运动的加速度。设给出的绝对误差是标准误差，计算 a 时也用标准误差。

9. 试用有效数字运算规则计算下列各式：

（1）$123.50 - 2.5$；（2）$8.80 \times 10^3 - 20$；

（3）$\dfrac{86.000}{43.000 - 2.0}$；（4）$\dfrac{100 \times (3.5 + 6.512)}{(69.00 - 68.0) \times 10.000} + 110.0$；

（5）已知 $y = \lg x$，$x \pm \sigma_x = 1220 \pm 2$，求 y；

（6）已知 $y = \sin\theta$，$\theta \pm \sigma_\theta = 45°30' \pm 0°02'$，求 y。

10. 一弹簧下端悬挂重物，在重物作用下弹簧伸长。当重物质量不同时，弹簧下端的指针在竖直刻度上有不同的读数。实验中记录的数据如下：

重物质量/g	191.0	239.5	288.0	336.5	385.0	433.5
指针读数/mm	310	276	243	210	178	145

试用作图法求出：把弹簧伸长 10mm 要加多大的力？

11. 用最小二乘法以及习题 10 中的数据求弹簧的劲度系数 k。

第 2 章　测量方法、操作技能及仪器简介

本章对物理实验课程中常用的测量方法进行了汇总归纳。介绍了实验操作的基本原则和常用的部分仪器。另有一些仪器放到各实验中介绍。本章的学习可结合具体的实验内容进行。

2.1　常用测量方法简介

在物理实验中常用的测量方法有转换测量法、放大测量法和补偿测量法。

2.1.1　转换测量法

根据物理量之间的定量关系和各种效应把不易测量的物理量转换为容易测量的物理量的方法，称**转换测量法**。

电学实验中的检流计、电压表、电流表等磁电式电表就是利用了通电线圈在永久磁铁磁场中受磁力矩作用而将直流电流的大小线性地转换成表头指针偏转的角度，使我们很容易测出各种电学量；热电偶（实验 11）则可以将温度差值转换成电动势的变化；利用霍尔效应（实验 19）可进行从磁学量到电学量的转换。

在大量的物理实验中都运用了转换测量法，如等厚干涉（实验 17）以及双棱镜干涉（实验 16）等光学实验将小到看不见的光程差的周期变化转换成观察屏上可测量的圆环形或直线形干涉条纹，使我们能够测出光源的波长。在每个具体实验中，应用转换测量法进行测量的实例屡见不鲜，读者可自行总结归纳。

2.1.2　放大测量法

为了使微小物理量变得足以测量，或是为了提高精度，可以设计相应的装置或方法将被测量放大或叠加若干倍，然后再进行测量。

例如，用电子秒表测量三线摆的一个周期 $T=1.8\mathrm{s}$，设用手按秒表给测量带来的误差 $\Delta T=0.2\mathrm{s}$，则有相对误差 $E=\Delta T/T=11\%$；如果用秒表测量出 50 个周期的时间 $T'=90\mathrm{s}$，则由于 $\Delta T=0.2/50$，有 $E=0.2\%$。这样就大大降低了误差，提高了精度。

又如在用拉伸法测金属丝弹性模量的实验中，采用光杠杆法将长度的微小变化加以放大，使十分之一毫米的变化量变成厘米数量级的明显变化（参见实验 3）。

此外，在螺旋测微器及游标卡尺（实验 1）的原理中，我们也能找到放大测量法的应用。

2.1.3　补偿测量法

采用各种方式，将测量系统所受到的影响或不平衡尽量加以补偿或抵消的方法，称为补

偿测量法。

例如，电位差计就是利用补偿原理来精确测量电动势的仪器（实验11）。又如，用天平测质量则是将待测物与砝码分别放置在等臂横梁下方的两个托盘上，通过平衡指针我们可以判断哪边偏重，然后人为调整砝码使两者平衡后，即可由砝码值得出待测物的质量。

以上是采用补偿测量法测量的两个例子，此外在电桥（实验10）的设计中也采用了补偿测量法，在此不再详细分析。

2.2 基本操作技能简介

基本操作技能包括正确使用仪器、零点调整、电学仪器的连接、光学实验中同轴等高的调整及消除视差。在实验过程中应按照先定性观察，再定量测量的原则一步一步进行测量。

2.2.1 零点调整

对于配有零位调整校正器的测量仪器（如电流表、电压表等）应调整校正器，使仪器在测量前处于零位。对于没有零位校正器的测量仪器（如螺旋测微器、读数显微镜、测微目镜等），则在测量前应记下初始位置（零点读数），并始终向同一方向转动手轮，中途不能反向，最后取首末位置的差值，才能消除空程和零点误差。

2.2.2 电学仪器的连接

连接电路时，必须有规整的电路图，应明确电路各部分的作用，参照电路图将它们分布到实验台上，注意安全并能很方便地进行观察、操作和读数。连线时，应将电路分为主回路和支路，从电源一端开始沿主回路按顺序进行，其次为支路，主回路中必须有开关（先断开）。连接完毕后要复查电源正负极性是否正确，务必经指导教师检查或允许后才能接通电源，绝对不允许未经仔细检查电路就通电试试看。对多功能、多量程的仪表，要调到合适的功能状态和量限，对灵敏度可调的仪器要先调到灵敏度最低的状态。实验仪器显示不正常或实验中途调换仪器、改变接线等操作时，要先切断电源。实验结束时，将仪器调到最安全的状态再切断电源，经指导教师检查测量数据合格后才可拆除连线，整理好仪器和导线。

2.2.3 光学实验中同轴等高的调整

先将各光学元件和光源的中心光轴调成大致等高，使各元件基本上相互平行且铅直。移动光学元件，依据透镜的成像规律，判断像的偏离方向，然后再调整元件使像反向移动一半，继续移动和判断。这样反复多次调整之后，可以使像不会上下左右移动，完成同轴等高的调整。

2.2.4 消除视差

在望远镜、显微镜等光学仪器的调整中，消除视差是提高测量精确度的前提条件。必须精心调整目镜和物镜，使分划板的细十字叉丝达到最清晰（不同的观察者视力不同，换人观察需重新调整），且使得观察者的眼睛移动时，像与分划板叉丝无相对移动，此时即完成消除视差的调整。

2.3　力学及热学测量仪器简介

2.3.1　温度计

实验中使用的玻璃温度计有水银（汞的俗称）和有机液体（如酒精）两种。温度计的分度值一般为 0.1℃、1℃、2℃。温度计的仪器误差与玻璃的材质、毛细管的均匀性、液泡大小、环境温度均有关。一般将温度计的最小分度值作为仪器误差。

使用时注意温度计容易折断，而水银温度计底部的水银泡更容易破碎，水银逸出还会造成污染，所以要保护好温度计，避免任何撞击。另外，在选用温度计之前，应了解被测量对象的温度及温度变化范围，以便正确选择温度计。

2.3.2　石英液晶计时器

石英液晶计时器又称为电子秒表，其机芯由电子元器件组成。D7－2 型石英振荡器的振荡频率为 32768Hz，平均日差小于 ±0.5s/日。表壳上配有三个按钮，如图 2-3-1 所示。S_1 为调整按钮，S_2 为变换按钮，S_3 为秒表按钮。基本显示状态为计时显示，即“时、分、秒”。按 S_1 可显示日历，即“月、日、星期”，松开 S_1 则自动恢复计时显示。按住 S_3 不放，两秒钟后即可呈现秒表功能，即“分、秒、百分之一秒”。按 S_1 开始自动计秒，再按 S_1 秒计数即停。若需恢复正常计时显示，按住 S_3 两秒钟，复零后，即恢复计时显示。

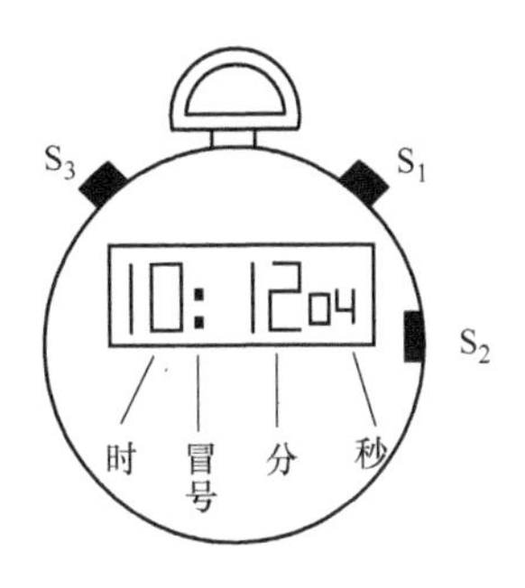

图 2-3-1　石英液晶计时器

2.3.3　物理天平

物理天平的结构如图 2-3-2 所示。天平的横梁上有 3 个刀口：中间刀口（主刀口）向下，由玛瑙刀垫支承，是杠杆的支点；两侧刀口向上，用以挂秤盘。横梁中部装有一根与之垂直的指针，天平起动后，它可以沿立柱下部的标尺左右摆动，用以判断天平是否平衡。立柱内部装有制动器，通过底部旋钮来实现中间刀口的承重或架空，用以保护刀口。底座上装有圆形气泡水准器，用以判断天平是否水平。以 WL－0.5 型物理天平为例，游码移动一个分度格，相当于在盘中加上（或减去）0.02g 的砝码，此即天平的分度值（感量）。它的最大称量为 500g，仪器误差为 0.02g。

物理天平的调整与使用：

（1）调整水平。转动底板上的两个底脚螺钉，使水准器的气泡处于中心位置。注意气泡在哪边，说明哪边脚高。

（2）调整零点。将游码移到零刻线处，支起横梁，观察天平是否平衡。调节平衡螺母，使指针在标尺中线附近做等幅摆动。

（3）称衡。将被测物体放在左秤盘中，砝码放在右秤盘中，进行称衡。当天平平衡

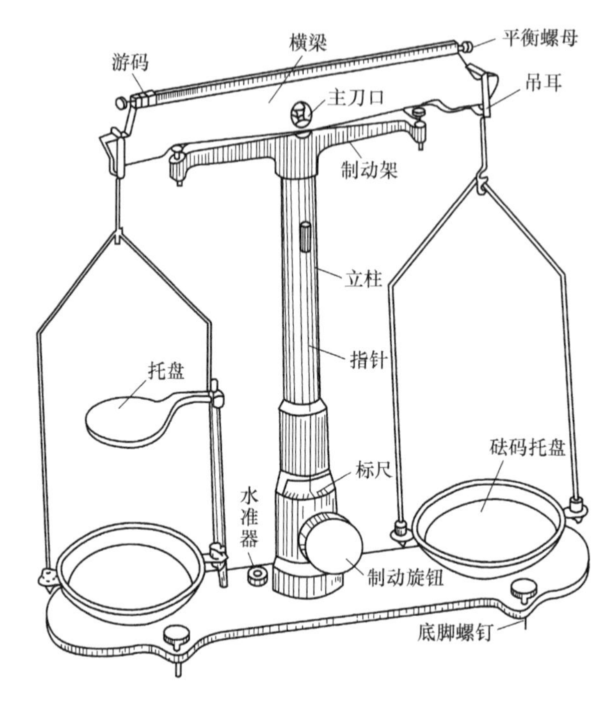

图 2-3-2　物理天平的结构

时，有

$$物体的质量 = 砝码的质量 + 游码的读数$$

（4）为了保护刀口，取放物体、取放砝码、移动游码以及调节平衡螺母等操作均需在天平制动情况下进行。

（5）拿取砝码一定要用镊子。

2.4　电学仪器简介

2.4.1　电源

电源是把其他形式的能量转变为电能的装置，分为交流和直流两类。所用任何电源都要防止过载，更不能使输出端短路，对直流电源应注意正负极性，不能接反。

1. 交流电源

我国市电电压为 220V，频率为 50Hz，用交流稳压电源可以稳定交流电压。如果要用低于 220V 的交流电源，则需要用变压器将其降压。交流电源在使用时应注意安全用电，防止触电。

2. 直流稳压电源

直流稳压电源是将交流电变为稳定的直流电的装置。输出电压基本不随交流电压的波动和负载电流的变化而有所起伏，内阻也较小。实验室常用的直流稳压电源一般具有两组输出，输出电压可在 0 ~ 30V 范围连续可调。使用时要将稳压电源的输入线接到 220V 交流电源上，将电表选择开关拨向所选电源输出的一侧，调节改变电压旋钮，使输出电压由零开始调整到所需大小。

3. 电池

电池是将化学能转变为电能的装置。常用的干电池在使用过后，化学材料被消耗不能复原。使用时应使工作电流小于额定放电电流。1 号电池的电动势为 1.5V，额定放电电流为 300mA，内阻很小，是理想的低压直流电源。

2.4.2　电表

磁电式电表的表头主要由永久磁铁和可动线圈组成。如图 2-4-1 所示，当被测电流流过处在永久磁场中的可动线圈时，它与磁场相互作用产生转动力矩，带动指针偏转。在磁通密度、线圈面积、线圈匝数和游丝扭转系数一定时，线圈偏转的角度与通入的电流的大小成正比。当转动力矩与游丝的反作用力矩平衡时，指针便停止摆动，指示出被测量的数值。

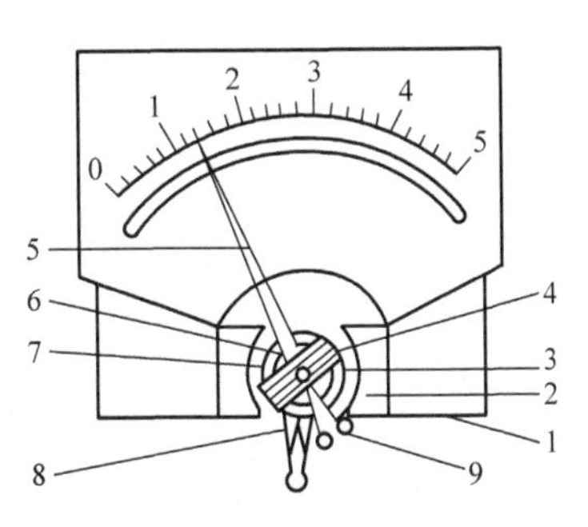

图 2-4-1　磁电式电表的表头构造
1—永久磁铁　2—极掌　3—圆形铁心
4—线圈　5—指针　6—游丝
7—半轴　8—调零螺杆　9—平衡锤

1. 直流电流表

在表头线圈两端并联一个阻值很小的分流电阻就构成了直流电流表。直流电流表主要包括安培表（A）、毫安表（mA）和微安表（μA）。

2. 直流电压表

在表头线圈上串联一个高阻值的分压电阻就构成了直流电压表。直流电压表主要包括伏特表（V）和毫伏表（mV）。

3. 准确度等级

磁电式电表的仪器误差是由准确度等级及电表的量程决定的。设 a 为准确度等级，X_{m} 为电表的量程，则电表指针指示任一测量值所包含的基本误差的允许值为

$$\Delta X = X_{\mathrm{m}} \cdot a\% 。$$

例如，量程为 10mA 的 1.0 级毫安表，在该量程范围内可能出现的最大绝对误差为

$$\Delta X = X_{\mathrm{m}} \cdot a\% = 10\mathrm{mA} \times 1.0\% = 0.1\mathrm{mA}。$$

按国家标准规定，准确度等级分为 0.1、0.2、0.5、1.0、1.5、2.5、5.0 共七个等级。电表的主要技术性能也有一定的规定，常以符号标记在仪表的面板上。表 2-4-1 给出了一些常见电表面板上的标记。

4. 万用表

在生产、调试、计量和维修工作中，万用表被广泛应用。由于它集中了欧姆表、电流表、电压表，因此用途很广泛。在物理实验中，万用表是必不可少的仪器。

万用表主要由表头、测量线路和转换开关等组成。表头是一个微小量程的直流电流表，测量线路可将各种被测量转换成适合表头测量的直流电流，转换开关则用于选择与被测量相适应的测量线路。

万用表主要规格包括准确度级别、测量范围和灵敏度。万用表种类繁多，型号不同，这里只介绍使用它们时的共同之处。

表 2-4-1　常见电表面板上的标记

名称	符号	名称	符号
安培表	A	毫培表	mA
微安表	μA	伏特表	V
毫伏表	mV	千伏表	kV
欧姆表	Ω	兆欧表	MΩ
负端钮	-	正端钮	+
公共端钮	*	磁电式电表	∩
直流	—	交流	~

使用时先用表头面板上的机械调零器调零。选择测试插孔，红表笔接“+”插孔，黑表笔接“-”插孔，正负极性不能接错。测电阻时，将转换开关旋至适当的欧姆档，短接红、黑表笔调零电位器，使指针指示零欧姆。在测量时要注意根据被测量的种类和范围选择读数标尺。使用完毕时，应将转换开关旋到空档或交流电压最高档。

2.4.3　滑线变阻器与电阻箱

电阻（又称电阻器）是电学实验中经常使用的元件，它的性能指标主要包括电阻值、准确度、额定功率等。常用固定的电阻有碳膜电阻、金属膜电阻和线绕电阻等，阻值从几欧到几兆欧，功率由零点几瓦至几瓦不等。可变电阻一般包括电位器、微调电阻、滑线变阻器及电阻箱等。下面主要介绍物理实验中使用的滑线变阻器及电阻箱。

1. 滑线变阻器

滑线变阻器的结构如图 2-4-2 所示，其主要部分为缠绕在瓷管上的粗细均匀的金属电阻丝。电阻丝的两端分别与接线柱 A、B 相连，电阻丝表面涂有绝缘层。滑动触头的触点恒与电阻丝紧密接触，且接触处电阻丝的绝缘层均已去除。因此，沿滑杆移动滑动触头的位置，即可改变 AC（或 BC）间的电阻值。

滑线变阻器主要用来连续调节电路中的电流或电压，在电路中有限流接法和分压接法两种基本接法。

限流接法：如图 2-4-3a 所示，将滑线变阻器中的任一固定端（如 A 端）和滑动端 C 串接于电阻中（B 固定端悬空）。滑动 C 时，相应地改变了串接于电路部分的电阻 R_{AC} 的阻值，

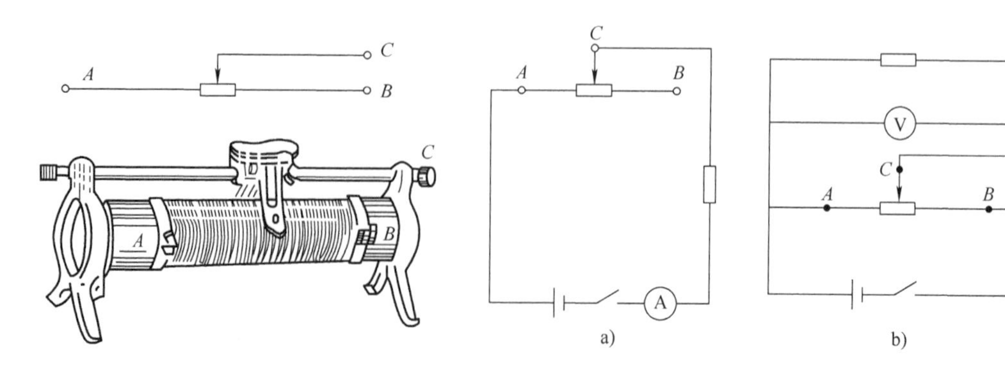

图 2-4-2　滑线变阻器的结构

图 2-4-3　滑线变阻器的接法
a）限流接法　b）分压接法

从而起到改变电路电流的作用。

分压接法：如图 2-4-3b 所示，滑线变阻器的两个固定端 A、B 分别与电源的两极相连。AC 间输出的电压 U_{AC} 随滑动触头 C 的位置改变而改变。显然，当滑动触头 C 滑至 B 端时，输出电压最大（$U_{CB}=\mathscr{E}$）；当滑动触头 C 滑至 A 端时，输出电压为零。

选用滑线变阻器时，要注意它的电阻值和额定电流值，以合理使用。此外，为了保护电路中其他仪表的安全，在接通电源前，对于限流接法，滑动触头 C 应置于使其电阻最大的位置；对于分压接法，滑动触头 C 应置于使输出电压最低的位置。

2. 电阻箱

电阻箱是用来获得比较精确的电阻值的可变十进位步进电阻。它由若干个数值准确的固定电阻元件（用高稳定锰铜合金绕制）组合而成，并按一定的方式连接于转换开关上，转动旋钮，即可得到不同的阻值，每个旋钮标有倍率。其内部是由锰铜丝绕制的大小不同的标准电阻串联而成。

电阻箱的规格用总电阻、额定功率和级别来表示。符合国际规定的电阻箱，其仪器误差为

$$\Delta R = \sum (a_i\% \cdot R_i)$$

式中，a_i 为电阻箱第 i 档级别指数；R_i 为电阻箱第 i 档示值。按国家标准生产的 ZX21 型电阻箱的规格如表 2-4-2 所示。

表 2-4-2　ZX21 型电阻箱规格

步进值/Ω	×0.1	×1	×10	×100	×1000	×10000
级别 a_i	5	0.5	0.2	0.1	0.1	0.1

若电阻箱各旋钮取值为 87654.3Ω，则测量仪器误差为

$$\Delta R = \pm(80000\times0.1\% + 7000\times0.1\% + 600\times0.1\% + 50\times0.2\% + 4\times0.5\% + 3\times5\%)\Omega$$
$$= \pm87.735\Omega \approx \pm9\times10\Omega。$$

使用时应注意工作电流不能超过额定电流。另外，为了减少旋钮的接触电阻和接线电阻的影响，电阻箱的接线柱一般应多于两个。在测小电阻时，应选用小范围接线柱。

2.4.4　函数发生器

S101 函数发生器可以产生 1Hz～1MHz 的正弦波、方波、三角波信号，具有体积小、使用方便的特点。刻度盘精度如下。

1Hz～100kHz：$< \pm5\%$（读数值）；

100kHz～1MHz：$<5\%$（满度值）。

该仪器采用恒流充放电方法产生三角波，同时产生方波，再通过波形变换电路将三角波变换成正弦波。详细电路参见技术说明书，使用要点如下。

（1）波形选择开关：根据需要选择正弦波、方波、三角波输出，只要按下相应波形的按键即可得到所输出波形。

（2）“频率倍乘”开关：选择输出频率量程，有 6 个频段可供选用。频率由面板右侧刻度盘下面的拨盘调节并由刻度盘指示数值确定。例如，按下“频率倍乘”开关的“1k”按键，度盘指示数为“5”时，则输出频率即为 5kHz。

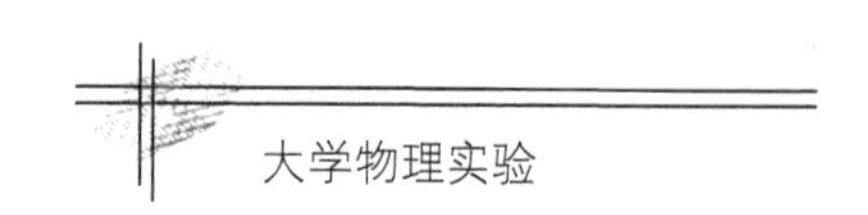

（3）信号输出幅度：可以通过“衰减”开关以10dB作为步进级来选择适当的衰减量。通过调节“输出幅度”旋钮，可对输出幅度进行连续调节。

2.4.5 示波器

示波器由示波管、垂直和水平放大器、扫描发生器、同步电路等成。它的详细电路可参见仪器技术说明书，这里简单介绍一下示波管显示波形的基本原理，其他部分的原理请参见实验13。

示波管中的电子枪可产生很细的电子束。电子束在垂直和水平偏转系统的控制下轰击到荧光屏内表面的荧光粉上，从而产生明亮的小光点。由于荧光粉发光后能保留一段时间而不立刻消失，因此小光点的轨迹能在荧光屏上持续显示，经过周期性扫描并且同步后，光点的轨迹就形成可观测到的稳定波形。

2.5 光学仪器简介

2.5.1 光源

实验常用光源有汞灯、钠灯和氦-氖激光器等。

1. 汞灯

汞灯是利用汞蒸气放电而发光的光源。按其工作时灯泡内汞气气压的高低，又分为低压汞灯和高压汞灯等。

通常在一个大气压下（或以下）工作的汞灯称为低压汞灯。在可见光区汞灯辐射的特征谱线波长分别为579.0nm（黄）、577.0nm（黄）、546.1nm（绿）、435.8nm（蓝紫）、404.7nm（紫），可作为分光计的单色光源使用。由于汞灯还可以发出紫外线，使用时应注意避免直视光源。

2. 钠灯

钠灯在可见光区域有两条极强的黄色特征谱线，波长分别为589.0nm和589.6nm，通常取它们的平均值589.3nm作为黄光的标准波长，许多光学常数都以它作为基准。在分辨率要求不高的情况下，钠灯是实验室常用的单色光源之一。

钠灯和汞灯在开始使用时会发热，一旦关掉电源必须在冷却后起动，所以不要频繁开闭钠灯和汞灯。

3. 氦-氖激光器

氦-氖激光器是一个气体放电管，管内充有氦和氖的混合气体，两端用镀有多层介质膜的反射镜封固，构成谐振腔。光在两镜面之间进行多次反射，形成持续振荡。它的发光机理是受激发射而发光。激光的特点是沿一定方向传播、光束的发射角很小、单色性好，此外它的输出功率虽然有限，但由于光束细，功率密度很大。氦-氖激光经常用作定向光源和单色光源。波长为632.8nm。

实验时应避免直视光源，它会伤害眼睛，最好戴好防护眼镜。

2.5.2　测微目镜

测微目镜可用来测量微小距离，其结构如图2-5-1所示。旋转传动丝杆，可推动活动分划板上刻有双线和叉丝的玻璃，使其移动方向垂直于目镜的光轴。固定分划板上刻有短的毫米刻度线。测微器鼓轮上有100个分格，每转一圈，活动分划板移动1mm，因此，鼓轮每转一分格，则活动分划板移动1/100mm。使用测微目镜时，应先调节目镜，看清叉丝，然后转动鼓轮，推动分划板，使叉丝的交点或双线与被测物的像重合，便可得到一个读数。转动鼓轮，使叉丝的交点或双线移到被测物像的另一端，又可得一个读数。两个读数之差即被测物的尺寸。

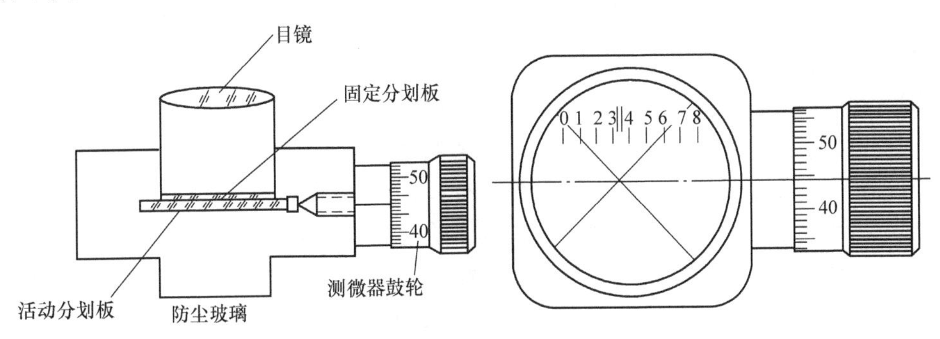

图2-5-1　测微目镜结构

测微目镜的读数方法与螺旋测微器相似，双线和叉丝交点位置的毫米数由固定分划板上读出，毫米以下的位数则由测微器鼓轮读出。它的测量准确度为0.01mm，可以估读至0.001mm。

2.5.3　读数显微镜

读数显微镜的结构如图2-5-2所示。它是由显微镜和读数装置组成的。显微镜由目镜、分划板、物镜、测量工作台、反光镜等组成。目镜可相对于分划板上下移动，以适应不同视力的观察者看清叉丝，镜筒可沿齿条滑槽上下移动，使被测物在分划板上的像清晰。分划板上刻有叉丝线，作为读数基准线。读数装置为螺旋测微器形式。

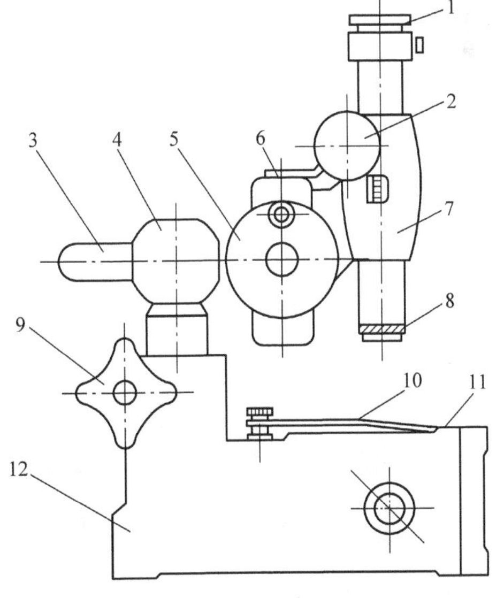

图2-5-2　读数显微镜的结构

1—目镜　2—调焦旋钮　3—方轴　4—接头轴　5—测微手轮　6—标尺　7—镜头支架　8—物镜　9—锁紧手轮　10—弹簧压片　11—载物台　12—底座

使用时，将被测物安置在测量工作台上，调节反光镜角度，转动显微镜调焦手轮，找出清晰明亮的视场；调整目镜，使叉丝清晰；沿一定方向旋转测微器；使目镜中的十字叉丝与被测物一端重合，记下水平（或垂直）读数，作为初始读数，然后继续旋转测微器，使被测物沿同一方向缓慢移动，直至十字叉丝与被测物另一端重

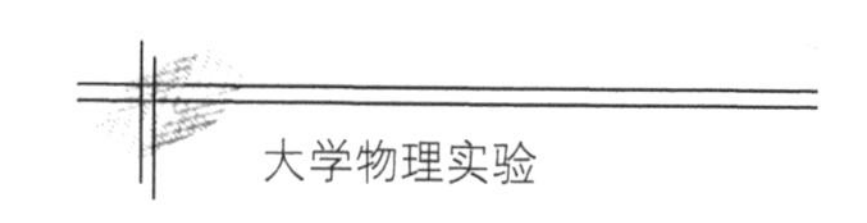

合，读出末了读数，始末读数之差即所测物体的长度。

使用时应注意，不允许镜筒移离待测物体，以防止物镜触压被测物体；在整个测量过程中，十字叉丝的任一条丝都要和主尺平行。

2.6 计算机在物理实验中的应用

计算机以其成本低、体积小、使用方便的特点，已逐渐成为物理实验室的常用仪器之一。

2.6.1 计算机在物理实验中的主要应用

1. 用计算机进行实验数据的处理

在物理实验中，可以利用计算机进行数据的自动采集、实时控制与测量。在实验过程中，有些物理量是快速、连续变化的，人工无法快速、准确地采集数据，因此，必须利用计算机。用计算机收集处理实验数据，不但可以提高工作效率，而且还大大提高了实验数据处理的准确性，根据不同实验对数据处理的要求，确定相应的算法，然后将算法用计算机语言（如 BASIC、PASCAL、C 语言）进行描述——编写程序。运行程序时，显示器的屏幕上会出现提示，按要求输入实验数据。根据输入的实验数据，计算机会很快在显示屏上输出实验结果。

2. 利用计算机进行实验相关数据的收集与统计

在实验教学过程中，通过对原始数据、实验完成时间、问题点的收集，可以了解学生实验中存在的问题，通过相关问题的统计分析，有利于教师改进教学工作，提高学生的学习兴趣。

3. 利用计算机辅助物理实验教学

通过计算机辅助教学，学生可以提前进行相关实验仪器使用的基本训练，通过在计算机上模拟操作，了解实验的基本内容以及仪器的使用方法，以加强学生的感性认识，不但提高学生的实验能力，同时可以降低实验仪器的维修率。

4. 互联网的发展将对实验教学产生深远的影响

互联网使整个地球变成了一个“地球村”，学生可以运用互联网，主动地收集与实验相关的信息，同时，也可以针对某一问题同其他地方的学生及教师进行深入的研究，这种主动性及广泛性是传统实验教学所无法比拟的。

2.6.2 使用计算机注意的问题

在应用程序的开发过程中，教师与学生的相互合作是必不可少的，应鼓励学生积极参加应用程序的开发。学生要进行相关程序的开发，其前提是其已全面、深刻地理解了全部实验内容，否则，将无从下手。因此，这种方式有利于提高学生主动学习的积极性，是传统教学办不到的。

为加强教学改革，提高教学质量，实验室自行开发的“大学基础物理实验数据采集与分析系统”已部分投入使用，该系统可以完成对学生原始实验数据的记录和分析，并可以对指定时间内的学生做实验的准确性、实验所用时间、每个实验的平均用时等信息进行统计分析。开发该系统的主要目的是，一方面督促学生认真、独立完成实验，杜绝编造实验数据现象，另一方面为教师改进教学提供原始数据。

“大学基础物理实验数据采集与分析系统”所提供的人机界面非常方便，学生只需在第一次使用时输入学生编号，在之后的实验中，只要根据相应的实验题目输入原始数据即可，计算机只会给出所做的实验数据是否符合实验室要求的提示，数据处理的全部过程仍要学生在实验报告中写出。而计算机可以根据学生输入的原始数据进行处理，供教师批改实验报告、复核成绩时使用。

第3章　实验选题

实验1　长度的测量

长度的测量是一切测量的基础，是最基本的物理测量之一。测量长度的器具有很多，最常用又简单的有米尺、游标卡尺和螺旋测微器（千分尺）。这三种测量长度仪器的量程和准确度各不相同，需要视测量对象和条件加以选用。当长度在 10^{-3}cm 以下时，需用更精密的长度测量仪器（如比长仪）或者采用其他的方法（如利用光的干涉或衍射等）来测量。

【实验目的】

1. 学习游标卡尺、螺旋测微器的测量原理和使用方法。
2. 掌握一般仪器的读数规则。
3. 巩固有效数字和误差的基本概念。

【实验仪器】

游标卡尺、螺旋测微器、空心圆柱体、钢球等。

【实验原理】

1. 游标卡尺

游标卡尺的结构如图3-1-1所示。它由尺身（又称主尺）、游标、外测量爪、内测量爪和深度尺（又称尾尺）组成。尺身为钢制毫米分度尺，游标上有刻度，并且可在尺身上滑动。外测量爪用来测量物体的外部尺寸，内测量爪用来测量物体内部尺寸，深度尺则用来测量深度。紧固螺钉用来固定游标尺，便于读数。

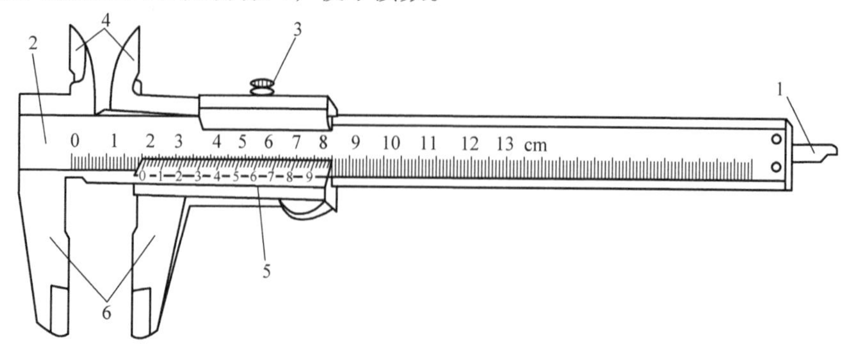

图3-1-1　游标卡尺

1—深度尺　2—尺身　3—紧固螺钉　4—内测量爪　5—游标　6—外测量爪

用 a 表示尺身上最小分度的长度，用 b 表示游标上一个分度的长度，用 n 表示游标的分度数。游标卡尺设计有两类，一类使游标的 n 个分度的长度与尺身的（$n-1$）个最小分度的长度相等，即

$$nb=(n-1)a \tag{3-1-1}$$

尺身最小分度与游标分度的长度差，称为游标尺的分度值，设分度值为 δ，则有

$$\delta=a-b=a/n \tag{3-1-2}$$

另一类使游标的 n 个分度的长度与尺身的（$2n-1$）个最小分度的长度相等。游标卡尺的分度值为 δ，则有

$$\delta=2a-b=a/n \tag{3-1-3}$$

即游标卡尺的分度值只与尺身上最小分度的长度 a 和游标的分度数 n（格数）有关，尺身最小分度 a 一般为 1mm，常用的游标有 10 分度、20 分度和 50 分度三种，其分度值分别为 0.1mm、0.05mm 和 0.02mm。

游标卡尺的仪器误差，如表 3-1-1 所示。

表 3-1-1　游标卡尺的仪器（示值）误差　　单位：mm

<table>
<tr><th rowspan="2">测量长度</th><th colspan="3">仪器（示值）误差 $\Delta N_{仪}$</th></tr>
<tr><th>分度值为 0.02</th><th>分度值为 0.05</th><th>分度值为 0.1</th></tr>
<tr><td>0 ~ 150</td><td>±0.02</td><td rowspan="2">±0.05</td><td rowspan="4">±0.1</td></tr>
<tr><td>>150 ~ 200</td><td>±0.03</td></tr>
<tr><td>>200 ~ 300</td><td>±0.04</td><td rowspan="2">±0.08</td></tr>
<tr><td>>300 ~ 500</td><td>±0.05</td></tr>
<tr><td>>500 ~ 1000</td><td>±0.07</td><td>±0.10</td><td>±0.15</td></tr>
<tr><td>测量深度 20mm</td><td>±0.02</td><td>±0.05</td><td>±0.1</td></tr>
</table>

使用游标卡尺测量物体长度时，读数分为两步：

（1）由游标零线左边最靠近该零线的那根尺身刻线，读出尺身上的毫米整数 m；

（2）如果游标零线右边第 n 条刻线与尺身某一刻线对齐，那么游标零线与尺身上左边的相邻刻线的长度为 $n\delta$。两者相加就是待测物体长度 l 的测量值，即

$$l=m+n\delta \tag{3-1-4}$$

如图 3-1-2 所示 50 分度游标卡尺，游标零线左边最靠近该零线的那根尺身刻线是 22mm，游标零线右边第 9 条刻线与尺身某一刻线对齐，待测物体长度的测量值为 22.18mm。

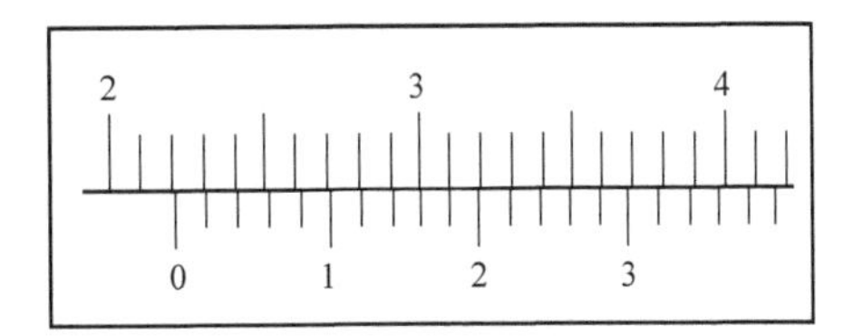

图 3-1-2　游标卡尺的读数

游标卡尺是最常用的精密量具，使用时应注意维护。推游标时不要用力过大；测量中不要弄伤刀口和钳口；用完后应立即放回盒内，不许随便放在桌上，更不许放在潮湿的地方。只有这样才能保持它的准确度，延长使用的期限。

在一些仪器上还使用一种测角度的游标（如实验 15 中用到的分光计），称为角游标。

2. 螺旋测微器（千分尺）

螺旋测微器又称千分尺，它是比游标卡尺更精密的仪器，是利用螺旋测微原理制成的，

其结构如图 3-1-3 所示。

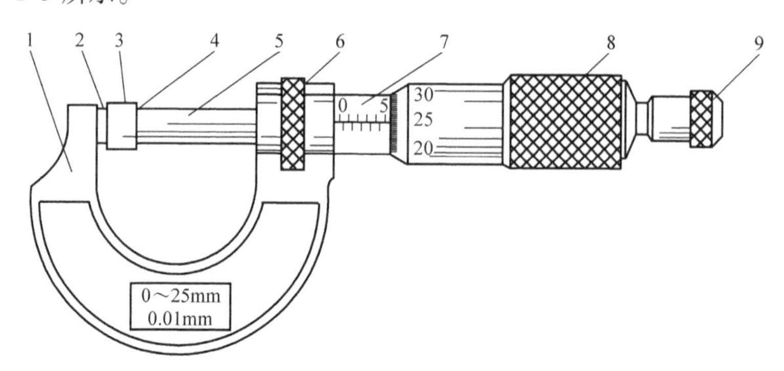

图 3-1-3　螺旋测微器（千分尺）

1—尺架　2—测砧测量面Ⅰ　3—待测物体　4—测砧测量面Ⅱ　5—测微螺杆　6—缩紧装置　7—固定套管　8—微分筒　9—测力装置

它的主要部分是由测微螺杆、固定套管、微分筒、测力装置等组成。测微螺杆是一根螺距为 0.5mm 的精密螺杆，在固定套管上有一条和测微螺杆轴线平行的水平线，水平线两侧交错地刻有毫米刻度线和半毫米刻度线。测微螺杆、微分筒、测力装置是连在一起的，当微分筒相对于固定套管转过一周时，测微螺杆前进或后退 0.5mm。微分筒上一周刻有 50 个分度，所以微分筒每转一个分度时，测微螺杆就会沿轴线方向移动 0.01mm，即此螺旋测微器的分度值是 0.01mm，读数时可估读到 0.001mm，它的量程一般为 25mm。

读数时先以微分筒的棱边为准线，从固定套管上读出整毫米数和半毫米数，再以固定套管的水平线为准线，从微分筒上读出半毫米内小数部分，两者相加就是测量值。读数时应估计微分筒棱边与最接近的那根毫米刻线之间的距离是否大于半毫米。例如，图 3-1-4a 的读数为 4.534mm，图 3-1-4b 的读数为 4.484mm，图 3-1-4c 的读数为 -0.004mm，图 3-1-4d 的读数为 0.005mm。

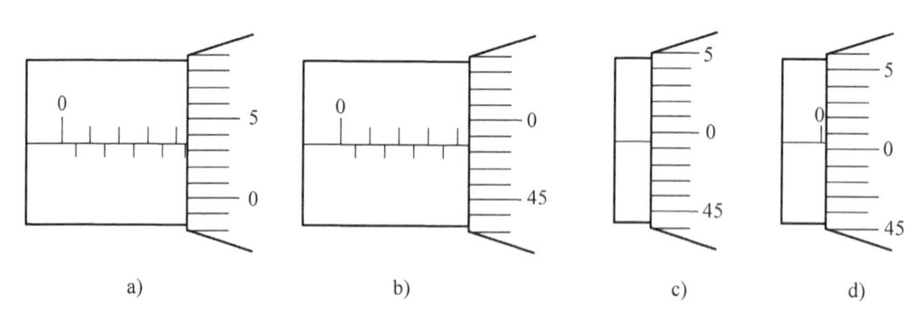

图 3-1-4　螺旋测微器的读数

螺旋测微器的仪器误差如表 3-1-2 所示。

表 3-1-2　螺旋测微器的仪器（示值）误差　　单位：mm

测量范围	仪器（示值）误差
0～25，0～50	0.004

螺旋测微器是精密仪器，使用时必须注意下列事项：

（1）测量前应检查零点读数是否指零。零点读数就是当测量面刚好接触时固定套管上和微分筒上的读数。如果零点读数不是零，就应将数值记下来。进行测量时，测出的读数应减去这一零点读数。如果零点读数是负值，在测量时同样要减去（实际上就是加绝对值）这一零点读数。

（2）测量面和被测物体间的接触压力应当微小。旋转微分筒时，必须利用测力装置，它是靠摩擦带动微分筒的，当螺杆接触物体时，它会自动打滑，发出“咔咔”响声。

（3）测量完毕后，应使测量面间留出一个间隙，以避免因热膨胀而损坏螺纹。

【实验内容】

1. 用游标卡尺测量空心圆柱体的外径、内径和高。

（1）记下游标卡尺的分度值和零点读数。

（2）分别测量空心圆柱体的内径 D_1、外径 D_2 和高 H，每个量各在不同位置测 5 次。

2. 用螺旋测微器测钢球的直径。

（1）记下螺旋测微器的分度值和零点读数。

（2）用螺旋测微器测钢球的直径 D，在不同位置测 5 次。

3. 记录原始数据（见表 3-1-3）。

表 3-1-3 原始数据 单位：________

次数	内径 D_1	外径 D_2	高 H	钢球直径 D
1				
2				
3				
4				
5				

游标卡尺：

分度值 $\delta=$ ________ mm，零点读数 $D_0=$ ________ mm，仪器误差 $\Delta N_{仪}=$ ________ mm。

螺旋测微器：

分度值 $\delta=$ ________ mm，零点读数 $D_0=$ ________ mm，仪器误差 $\Delta N_{仪}=$ ________ mm。

【数据处理】

1. 计算各测量值的算术平均值［使用式（1-2-1）］和不确定度［使用式（1-4-1）～式（1-4-3）］。

2. 用各测量值的算术平均值减去仪器的零点读数以修正测量值。

$D_1=\overline{D_1}-D_0=$ ________ mm，$H=\overline{H}-D_0=$ ________ mm，

$D_2=\overline{D_2}-D_0=$ ________ mm，$D=\overline{D}-D_0=$ ________ mm。

3. 给出测量结果。

外径：$D_1\pm u_{D_1}=$ ________ mm，$E_{D_1}=\dfrac{u_{D_1}}{D_1}\times 100\%=$

内径：$D_2\pm u_{D_2}=$ ________ mm，$E_{D_2}=\dfrac{u_{D_2}}{D_2}\times 100\%=$

高：$H \pm u_H =$ ________ mm，$E_H = \dfrac{u_H}{H} \times 100\% =$

钢球直径：$D \pm u_D =$ ________ mm，$E_D = \dfrac{u_D}{D} \times 100\% =$

4. 计算空心圆柱体的体积，并给出结果。

体积：$V = \dfrac{\pi}{4}(D_2^2 - D_1^2)H$

相对不确定度：$E = \sqrt{\left(\dfrac{2D_2}{D_2^2 - D_1^2}u_{D_2}\right)^2 + \left(\dfrac{-2D_1}{D_2^2 - D_1^2}u_{D_1}\right)^2 + \left(\dfrac{u_H}{H}\right)^2}$

不确定度：$u_V = E \cdot V$

实验结果：$\begin{cases} V \pm u_V = \\ E = \left(\dfrac{u_V}{V}\right) \times 100\% = \end{cases}$

【预习思考题】

1. 一游标卡尺，游标上有 50 格，尺身最小一格为 1mm，此卡尺的最小分度值是多少？用它测量物体长度时，读数的末位可否出现 1、3、5、7、9 这样的数？

2. 用螺旋测微器测物体长度时要注意哪些问题？

【讨论题】

1. 试确定表 3-1-4 中几种游标卡尺的分度值，并将结果填入表中。

表 3-1-4　几种游标卡尺的分度值

主尺最小分度值/mm	1	1	1	1	1
游标分度数（格）	10	10	20	20	50
与游标分度数对应的主尺读数/mm	9	19	19	39	49
游标卡尺的分度值/mm					

2. 分别用 10 分度游标卡尺、50 分度游标卡尺和螺旋测微器测量直径约为 1.5mm 的细丝直径，各可测得几位有效数字？

3. 图 3-1-5 所示角的读数应是多大？

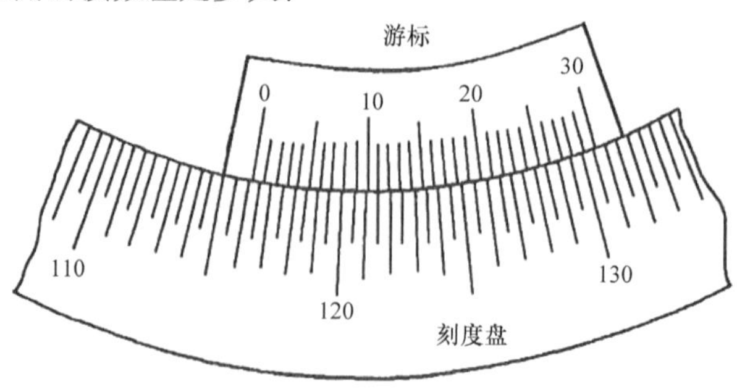

图 3-1-5　讨论题 3 用图

实验2 物体密度的测定

密度是物质的基本特性之一，它与物质的纯度有关。因此，工业上常通过测定物体的密度来进行原料成分的分析和纯度鉴定等。测量物体质量时，需使用天平。我们通过对物体密度的测量来熟悉物理天平的使用。

【实验目的】

1. 学会正确使用物理天平。
2. 学会测定规则物体的密度。
3. 用流体静力称衡法测定不规则物体的密度。
4. 用比重瓶法测量液体的密度。

【实验仪器】

物理天平、铜圆柱体、不规则物体、纯水、烧杯、待测液体、比重瓶、游标卡尺等。

【实验原理】

1. 测定规则物体的密度

若一物体的质量为 m，体积为 V，密度为 ρ，则按密度定义有

$$\rho = \frac{m}{V}$$

当待测物体是一直径为 d、高度为 h 的圆柱体时，其体积为

$$V = \frac{1}{4}\pi d^2 h$$

其密度为

$$\rho = \frac{m}{V} = \frac{4m}{\pi d^2 h} \tag{3-2-1}$$

只要测出圆柱体的质量 m、直径 d、高度 h，代入式（3-2-1）就可以算出该圆柱体的密度。

2. 用流体静力称衡法测不规则物体密度

设物体的质量为 m_1、体积为 V，则其密度为

$$\rho_1 = \frac{m_1}{V} \tag{3-2-2}$$

测定 m_1 及 V 就可以得到 ρ_1。本实验用物理天平测 m，用流体静力称衡法间接地解决 V 的测量问题。对于测定不规则物体的密度，常用这种方法。

如果不计空气的浮力，物体在空气中的重量 $W_1 = m_1 g$ 与它全部浸入液体中时的视重 $W_2 = m_2 g$ 之差即为它在液体中所受到的浮力：

$$F = W_1 - W_2 = (m_1 - m_2)g \tag{3-2-3}$$

m_1 和 m_2 分别为该物体在空气中及全部浸入液体中称衡时相应的天平砝码质量。根据

阿基米德原理，物体在液体中所受的浮力等于它所排开液体的重量，即

$$F=\rho_0 Vg \tag{3-2-4}$$

式中，ρ_0 是液体的密度；V 是物体全部浸入液体中时排开液体的体积，亦即物体的体积。由式（3-2-2）~式（3-2-4），可得

$$\rho_1=\frac{m_1}{m_1-m_2}\rho_0 \tag{3-2-5}$$

本实验中液体使用水，ρ_0 即水的密度。不同温度下水的密度见本书附录 C。

3. 用比重瓶法测量液体密度

设比重瓶的质量为 m_0，比重瓶装满密度为 ρ_0 的液体（水）后总质量为 m_3，则比重瓶的容积（体积）为

$$V_0=\frac{m_3-m_0}{\rho_0} \tag{3-2-6}$$

比重瓶中的液体（水）换成待测密度为 ρ' 的液体（酒精）后总质量为 m_4，显然，被测液体（酒精）的质量为 m_4-m_0，其相应体积为

$$V_0=\frac{m_4-m_0}{\rho'} \tag{3-2-7}$$

由式（3-2-6）和式（3-2-7）得待测液体（酒精）的密度为

$$\rho'=\frac{m_4-m_0}{m_3-m_0}\rho_0 \tag{3-2-8}$$

【实验内容】

1. 调整物理天平

物理天平的调整参见第 2 章 2.3.3 节（物理天平）。

2. 测量规则物体的密度

（1）用天平称铜圆柱体的质量 m（将被称物体放于左盘，砝码放于右盘），记下天平的分度值。

（2）用游标卡尺测量铜圆柱体的直径 d 和高 h。在不同位置重复测 5 次。记下游标卡尺的分度值及零点读数。

3. 用流体静力称衡法测不规则物体密度

（1）用天平称出不规则物体在空气中的质量 m_1。

（2）将烧杯盛满水，放在天平托架上。

（3）用尼龙线将物体系好，挂在天平挂钩上，并使物体完全没入水中。

（4）称出不规则物体全部浸入水中的质量 m_2。

4. 用比重瓶法测量液体密度

（1）称出比重瓶的质量为 m_0。

（2）将比重瓶装满密度为 ρ_0 的液体（水）后称出总质量 m_3。

（3）将比重瓶中的液体（水）换成待测密度为 ρ' 的液体（酒精）后称出总质量 m_4。

5. 记录原始数据（见表 3-2-1）。

表 3-2-1 原始数据

测量值	测量次数					平均值
	1	2	3	4	5	
d/mm						
h/mm						

天平分度值 = ________ g，游标卡尺分度值 = ________ mm，零点读数 D_0 = ________ mm，m = ________ g，m_1 = ________ g，m_2 = ________ g，m_0 = ________ g，m_3 = ________ g，m_4 = ________ g，水温：________℃，ρ_0 = ________ g/cm^3。

【数据处理】

1. 计算各测量值的算术平均值和不确定度（参考第1章例6）。
2. 测量值的修正：用各测量值的算术平均值减仪器的零点读数。

$d=\bar{d}-D_0$ = ________ mm，$h=\bar{h}-D_0$ = ________ mm。

3. 计算铜圆柱体的密度及合成不确定度（参考第1章例6）。

密度：$\rho=\dfrac{4m}{\pi d^2 h}$ = ________ g/cm^3

① 相对不确定度：

$$E_\rho=\frac{u_\rho}{\rho}=\sqrt{\left(\frac{\partial \ln\rho}{\partial m}\right)^2 u_m^2+\left(\frac{\partial \ln\rho}{\partial d}\right)^2 u_d^2+\left(\frac{\partial \ln\rho}{\partial h}\right)^2 u_h^2}$$

$$=\sqrt{\left(\frac{u_m}{m}\right)^2+\left(2\frac{u_d}{d}\right)^2+\left(\frac{u_h}{h}\right)^2}$$

② 不确定度：$u_\rho=\rho E_\rho$

③ 测量结果：$\rho\pm u_\rho$ = ________ g/cm^3

$$E_\rho=\frac{u_\rho}{\rho}\times 100\%=$$

4. 计算不规则物体的密度ρ_1、待测液体（酒精）密度ρ'及不确定度和相对不确定度。
5. 不规则物体的相对不确定度的计算公式：

$$E_{\rho_1}=\sqrt{\left(\frac{u_{m_1}}{m_1}\right)^2+\left(\frac{u_{m_1}}{m_1-m_2}\right)^2+\left(\frac{u_{m_2}}{m_1-m_2}\right)^2}$$

6. 液体（酒精）的相对不确定度计算公式：

$$E_\rho=\sqrt{\left(\frac{u_{m_0}}{m_3-m_0}\right)^2+\left(\frac{u_{m_3}}{m_3-m_0}\right)^2+\left(\frac{u_{m_0}}{m_4-m_0}\right)^2+\left(\frac{u_{m_4}}{m_4-m_0}\right)^2}$$

7. 分别写出不规则物体和液体（酒精）的测量结果。

【注意事项】

1. 不规则物体应完全浸入水中，且不能接触杯底。
2. 当天平横梁支起时，不允许加减砝码和移动游码。

【预习思考题】

1. 物理天平的操作规则是什么？操作步骤是什么？

2. 测不规则物体密度时，将体积的测量归结为质量的测量，它的优点是什么？条件是什么？怎样在实验中予以保证？

【讨论题】

1. 用流体静力称衡法测定固体的密度时，用来拴重物的线的粗细对实验结果有何影响？
2. 如果天平两臂不完全相等，应如何称量物体的质量才可以消除它对测量结果的影响？
3. 假如待测固体比水的密度小，现欲采用流体静力称衡法测定此固体的密度，应该怎样做？试扼要回答。
4. 如何测定液体的密度？

实验3　金属丝弹性模量的测定

弹性模量是描述固体材料抵抗形变能力的重要物理量，也是选定机械构件材料的依据之一，是工程技术中常用的参数。

【实验目的】

1. 学习用拉伸法测量金属丝弹性模量的方法。
2. 掌握用光杠杆法测量微小长度变化量的原理和方法（测量装置见图3-3-1）。

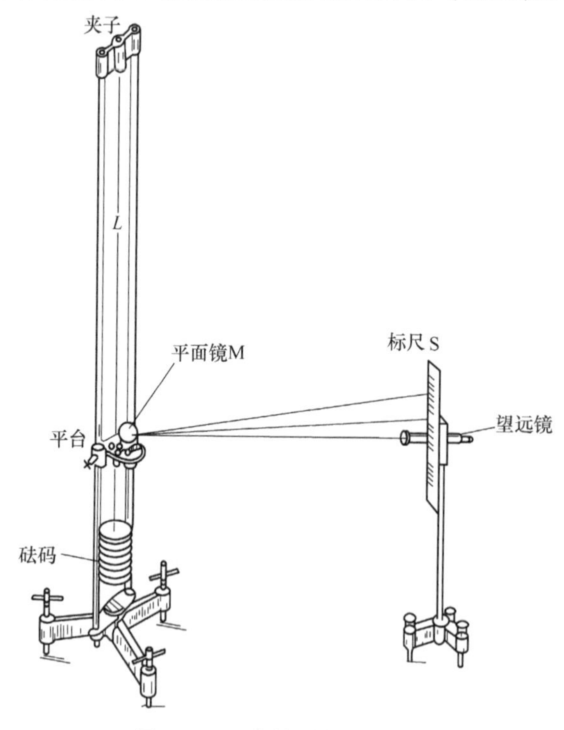

图3-3-1　测弹性模量装置图

3. 学会用逐差法处理实验数据。

【实验仪器】

弹性模量仪、螺旋测微器、游标卡尺、米尺等。

【实验原理】

1. 弹性模量

设长为 L、横截面面积为 S 的均匀直金属丝，在受到沿长度方向的外力 F 的作用下伸长为 ΔL。比值$\frac{F}{S}$是单位截面面积上的作用力，称为应力；而比值$\frac{\Delta L}{L}$是金属丝的相对伸长量，称为应变。根据胡克定律，在弹性限度内应变与应力成正比，即

$$\frac{F}{S}=E\frac{\Delta L}{L}$$

或

$$E=\frac{\frac{F}{S}}{\frac{\Delta L}{L}}=\frac{FL}{S\cdot\Delta L} \tag{3-3-1}$$

式中，E 称为弹性模量（也称杨氏模量）。实验证明，弹性模量与外力 F、物体长度 L 以及截面积 S 的大小无关，仅取决于材料本身的性质，它是表征固体性质的一个物理量。

式（3-3-1）中，F、L、S 都容易测出，只有微小伸长量 ΔL 用通常测长度的仪器不易测准确。为此，本实验用光杠杆原理测量 ΔL，下面介绍光杠杆原理。

2. 光杠杆原理

用光杠杆测量微小长度 ΔL 的装置如图 3-3-2a 所示，其原理如图 3-3-2b 所示。设开始时平面镜 M 的法线 On_0 在水平位置上，位于标尺 S 上的标度线从 n_0 发出的光通过平面镜 M 反射后进入望远镜并被观察到。当金属丝伸长后，光杠杆的后足随金属丝下落 ΔL，带动 M 转一角度 α 而至 M′，法线 On_0 也转同一角度 α 至 On_1。根据光的反射定律，从 n_0 发出的光将反射至 n_2，且 $\angle n_0On_1=\angle n_2On_1=\alpha$。由光线的可逆性，从 n_2 发出的光经平面镜反射后进入望远镜而被观察到。

设镜面到标尺 S 的距离为 D，光杠杆后足至两前足连线的垂直距离为 b，则

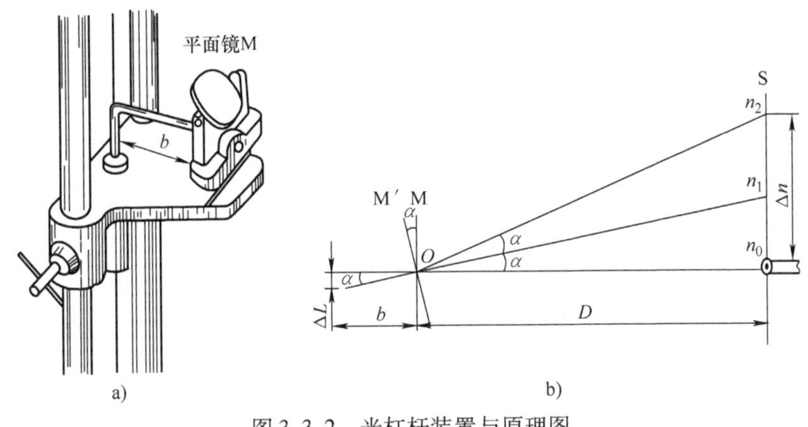

图 3-3-2 光杠杆装置与原理图

$$\tan\alpha = \frac{\Delta L}{b},\ \tan2\alpha = \frac{\Delta n}{D}\quad (\Delta n = \overline{n_2 n_0} - \overline{n_1 n_0})$$

因为 $\Delta L \ll b$，且 α 很小，故有

$$\alpha = \frac{\Delta L}{b},\ 2\alpha = \frac{\Delta n}{D}$$

所以

$$\Delta L = \frac{b \cdot \Delta n}{2D} \tag{3-3-2}$$

又

$$S = \frac{1}{4}\pi d^2 \quad (d\ 是金属丝的直径)$$

故

$$E = \frac{FL}{S \cdot \Delta L} = \frac{8FLD}{\pi d^2 b \cdot \Delta n} \tag{3-3-3}$$

式（3-3-3）是测量金属丝弹性模量的公式。

【实验内容】

1. 调整三脚架底脚螺钉，使平台水平（由水准器检验）。

2. 挂上砝码托（在测量计算中不计其重量），使钢丝拉直。检查钢丝下端与平台孔是否能自由滑动。

3. 将光杠杆放在平台上，两前足放在平台前面的横槽内，后足放在夹子上，使平面镜铅直。

4. 调节标尺铅直，望远镜水平，且使望远镜与平面镜基本等高。使望远镜与光杠杆平面镜之间的距离为 1.5m 左右，并对准平面镜。从望远镜外沿镜筒方向观察平面镜，看平面镜中是否出现标尺的像，若没有出现则将支架做整体移动，直至平面镜中出现标尺的像为止。

5. 调节望远镜目镜和物镜，使十字叉丝清晰，成像清晰。而且当眼睛上下移动时，十字叉丝与标尺像之间没有相对移动。记下十字叉丝水平线对准的标尺刻度。

6. 每次增加一个砝码（1kg），逐次记下相应的标尺读数，然后每次减少一个砝码，记下相应的标尺读数（见表 3-3-1）。

7. 用米尺及游标卡尺的深度尺测量钢丝的长度。钢丝长度分三段，L_1、L_3 用游标卡尺的深度尺测量，L_2 用米尺测量，$L_1 + L_2 + L_3 = L$。用米尺测量平面镜到标尺的距离 D。

8. 将光杠杆放在纸上压出印痕，用游标卡尺测量后足至两前足连线的垂直距离 b。

9. 用螺旋测微器测钢丝直径 d，并重复测量 5 次（见表 3-3-2）。

表 3-3-1　记录标尺读数

砝码质量/kg	标尺读数/cm		
	增加砝码 n_i	减少砝码 n'_i	平均值 $\overline{n_i}$

表 3-3-2 记录 d、b、L、D 等数据

测量值	测量次数					平均值
	1	2	3	4	5	
d/mm						
b/mm						
L/cm						
D/cm						

【数据处理】

1. 用逐差法处理标尺读数。
2. 计算各直接测量量的平均值和不确定度（参考第1章例6）。
3. 计算弹性模量、相对不确定度、不确定度，给出测量结果。

① 弹性模量：$E=\dfrac{8FLD}{\pi d^2 b\cdot\Delta n}=$________ Pa

② 相对不确定度：

$$E_E=\frac{u_E}{E}=\sqrt{\left(\frac{\partial\ln E}{\partial L}\right)^2u_L^2+\left(\frac{\partial\ln E}{\partial D}\right)^2u_D^2+\left(\frac{\partial\ln E}{\partial b}\right)^2u_b^2+\left(\frac{\partial\ln E}{\partial d}\right)^2u_d^2+\left(\frac{\partial\ln E}{\partial\Delta n}\right)^2u_{\Delta n}^2}$$

$$=\sqrt{\left(\frac{u_L}{L}\right)^2+\left(\frac{u_D}{D}\right)^2+\left(\frac{u_b}{b}\right)^2+\left(2\frac{u_d}{d}\right)^2+\left(\frac{u_{\Delta n}}{\Delta n}\right)^2}$$

③ 不确定度：$u_E=EE_E$

④ 测量结果：$E\pm u_E=$________ Pa

$$E_E=\frac{u_E}{E}\times100\%=$$

【注意事项】

1. 待测金属丝应夹紧，而且要保证铅直，夹子能够随金属丝的伸长而自由移动。
2. 加减砝码要特别小心，勿使夹子发生转动或振动。
3. 光杠杆应正确放置（后足放在夹子的孔中，且不能与金属丝相碰），防止跌落。
4. 实验完毕，应将砝码取下，避免金属丝疲劳。

【预习思考题】

1. 本实验中哪一个直接测量量的误差对测量结果的影响最大，为什么？
2. 实验中测量 L、D、d、b 和 ΔL 时为什么要选用不同的测量工具？
3. 为什么在实验中进行增重测量后，还要进行减重测量，然后求平均值？

【讨论题】

1. 本实验应满足哪些实验条件？
2. 用光杠杆测量微小变化的原理和优点是什么？

3. 怎样用作图法求出$\overline{\Delta n}$？
4. 用逐差法处理数据的优点是什么？为什么能够用逐差法处理数据 n_i？

实验4　转动惯量的测定

转动惯量是刚体在转动中惯性大小的量度，它与刚体的总质量、形状大小和转轴的位置有关。对于形状较简单的刚体，可以通过数学方法计算出它绕特定轴的转动惯量。但是，对于形状较复杂的刚体，用数学方法计算它的转动惯量会非常困难，大都采用实验方法测定。因此，学会刚体转动惯量的测定方法，具有重要的实际意义。

【实验目的】

1. 掌握三线摆法测量转动惯量的原理和方法。
2. 学会正确测量长度、质量和时间方法。

【实验仪器】

三线摆、游标卡尺、米尺、秒表、水平尺、待测物体等。

【实验原理】

三线摆（见图3-4-1）是将两个半径不同的圆盘，用三条等长的线连接而成。上盘和下盘的系线点的连线都构成等边三角形。下盘可绕中心扭转，扭转周期与其转动惯量的大小有关，三线摆法就是通过测量摆动周期来测定转动惯量。

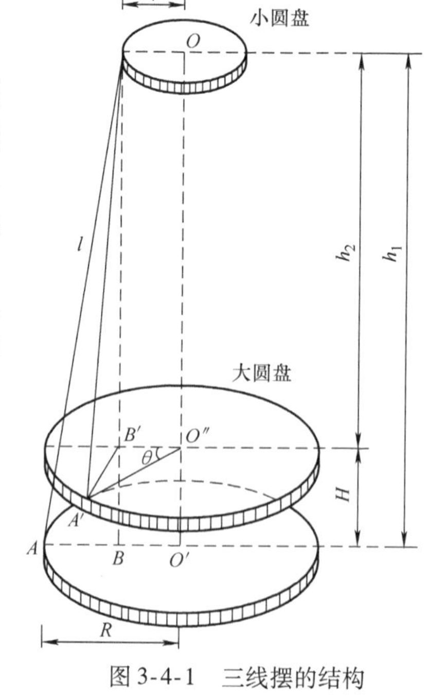

图3-4-1　三线摆的结构

设悬线长为 l，大、小圆盘的半径分别为 R、r。当大圆盘相对于小圆盘转过某一小角度 θ 时，A 点移到 A' 位置，大圆盘上升一高度 H。

由图3-4-1可以看出

$$h_1^2 = l^2 - \overline{AB}^2 = l^2 - (R - r)^2$$

$$h_2^2 = l^2 - \overline{A'B'}^2 = l^2 - (R^2 + r^2 - 2Rr\cos\theta)$$

当摆线 l 很长、摆角 θ 很小时，H 也很小，于是我们可以近似认为

$$h_1 + h_2 = 2l$$

故上升高度 H 为

$$H = h_1 - h_2 = \frac{h_1^2 - h_2^2}{h_1 + h_2} = \frac{Rr}{l}(1 - \cos\theta)$$

上式两边对 θ 求导数，得

$$\frac{\mathrm{d}H}{\mathrm{d}\theta} = \frac{Rr}{l}\sin\theta \tag{3-4-1}$$

若忽略空气阻力及摆线弹力，并认为平衡位置重力势能为零，则系统机械能守恒。对大圆盘（即下圆盘）有

$$\frac{1}{2}I\omega^2+\frac{1}{2}mv^2+mgH=mgH_0 \tag{3-4-2}$$

式中，ω 是大圆盘转至 H 时的角速度，$\omega=\frac{\mathrm{d}\theta}{\mathrm{d}t}$；当达到最大摆角时，$H_0$ 为大圆盘转到最大转角 θ_0 时上升的最大高度；m 是大圆盘质量；I 是大圆盘绕中心轴线的转动惯量；$v=\frac{\mathrm{d}H}{\mathrm{d}t}$。由于 $l>>R$，且 θ 很小（$\leqslant 5°$），则 H 很小，故平动速度 v 也很小，可忽略平动动能，式（3-4-2）变为

$$\frac{1}{2}I\omega^2+mgH=mgH_0\ (=常量)$$

将上式对时间 t 求导，则

$$I\frac{\mathrm{d}\theta}{\mathrm{d}t}\frac{\mathrm{d}^2\theta}{\mathrm{d}t^2}+mg\frac{\mathrm{d}H}{\mathrm{d}t}=0$$

$$\frac{\mathrm{d}^2\theta}{\mathrm{d}t^2}=-\frac{mg\frac{\mathrm{d}H}{\mathrm{d}t}}{I\frac{\mathrm{d}\theta}{\mathrm{d}t}}=-\frac{mg}{I}\frac{\mathrm{d}H}{\mathrm{d}\theta} \tag{3-4-3}$$

将式（3-4-1）代入式（3-4-3）中，可得

$$\frac{\mathrm{d}^2\theta}{\mathrm{d}t^2}=-\frac{mg}{I}\frac{Rr}{l}\sin\theta$$

当 $\theta\leqslant 5°$时，展开 $\sin\theta$，取一级近似，有 $\sin\theta\approx\theta$，上式变为

$$\frac{\mathrm{d}^2\theta}{\mathrm{d}t^2}=-mg\frac{Rr}{Il}\theta \tag{3-4-4}$$

此式为谐振动方程，圆频率 $\omega_0^2=mg\frac{Rr}{Il}$，周期为 T，所以

$$T^2=\frac{4\pi^2}{\omega_0^2}=\frac{4\pi^2Il}{mgRr}$$

得转动惯量

$$I=\frac{mgRr}{4\pi^2 l}T^2 \tag{3-4-5}$$

上式中的右侧各量均可直接测出，这样就可由此式确定圆盘本身和放在其上的物体的转动惯量。

在实验中，由于三条摆线并不是系在上、下两圆盘的边缘，而是系在离边缘很近的三点，因此各圆盘三个系点所组成等边三角形的同心圆的等效半径 R、r 并不等于圆盘的实际半径，要通过间接测量获得，通过测量下圆盘的两系点之间的距离 a，可计算出 R，如图 3-4-2 所示：

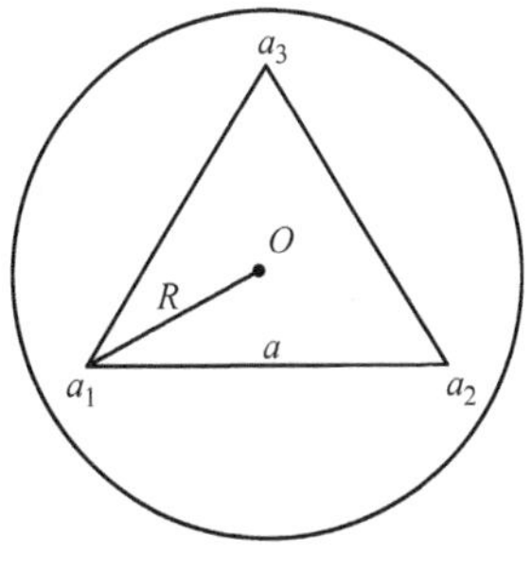

图 3-4-2 边长与半径的关系

$$R=\frac{a}{\sqrt{3}}$$

对上圆盘同理，有

$$r=\frac{b}{\sqrt{3}}$$

其中，b 为上圆盘两系线点间的距离。将以上两式代入式（3-4-5），得

$$I=\frac{mgab}{12\pi^2 l}T^2 \tag{3-4-6}$$

式（3-4-6）即为实验的最终实验式，它的适用的条件如下：

（1）摆角很小，一般要求 $\theta<5°$；

（2）摆线 l 很长，三条线要求等长，张力相同；

（3）上、下圆盘水平；

（4）转动轴线是两圆盘中心的连线。

【实验内容】

1. 调底脚螺钉使三线摆的上圆盘水平（用水平尺判断）。

2. 调节上圆盘上的螺钉使三根悬线的长度相等，并使大圆盘处于水平（用水平尺判断）。

3. 选择下圆盘上的某个点或一根悬线作为标记，并与平衡位置对齐，且保持下圆盘处于静止。

4. 给上圆盘一个小角度来回扭转的外力，带动下圆盘小角度来回扭转。

5. 从下圆盘标记经过平衡位置时刻开始记录，连续数 50 个周期所用的时间 $50T$，重复三次。

6. 把金属圆环放在下圆盘上，使两者中心轴线重合。按上述步骤 3 ~ 5 测两个物体整体的转动 50 个周期所用的时间 $50T_0$，重复三次。

7. 用游标卡尺分别测出上、下圆盘的两根悬线间的距离 a、b；用米尺测悬线的长度 l。每个量测三次。

8. 用游标卡尺测出圆盘的直径 $D_{盘}$，圆环的内、外直径 $D_{环内}$、$D_{环外}$，每个量测量三次。记下圆盘的质量 m 和圆环的质量 $m_{环}$。

参考数据表格如表 3-4-1 所示。

表 3-4-1　原始数据

次数	$50T$/s	$50T_0$/s	l/mm	a/mm	b/mm	$D_{盘}$/mm	$D_{环内}$/mm	$D_{环外}$/mm	m/g	$m_{环}$/g
1										
2										
3										

【数据处理】

1. 计算各测量值的算术平均值。

2. 分别计算圆盘和圆环转动惯量的测量值和理论值。

3. 将圆盘和圆环的转动惯量的测量值与它们各自的理论值进行比较，分别求出它们的

相对误差。公式为

$$E=\frac{|I_{理论}-I_{测量}|}{I_{理论}}\times 100\%$$

4. 分别求出圆盘和圆环的绝对误差，并给出测量结果。

圆盘转动惯量的理论值计算式：$I_{盘理论}=\frac{1}{8}mD_{盘}^2$

圆环转动惯量的理论值计算式：$I_{环理论}=\frac{1}{8}m_{环}\left(D_{环内}^2+D_{环外}^2\right)$

5. 分别写出圆盘和圆环的测量结果：

$$\begin{cases}I\pm\Delta I=\\E_I=\end{cases}$$

【注意事项】

1. 摆角应尽量小，一般要求 $\theta<5°$。
2. 摆线 l 要长且三条线等长。
3. 大、小圆盘应保持水平，扭转中避免下盘晃动。
4. 转动轴线是两圆盘中心的连线。
5. 测量周期时，应从圆盘通过平衡位置时开始计时。

【预习思考题】

1. 在本实验中哪个量的测量误差对结果的影响较大？如何才能使测量更精确些？
2. 如何测任意形状物体绕特定轴转动的转动惯量？
3. l、R、r、a、b 各选用什么仪器测？它们都是从何处到何处？

【讨论题】

1. 实验时用的三线摆是上盘小、下盘大，是否可以两盘大小相等或上盘大、下盘小？为什么？

2. 用三线摆能否检验平行轴定理？如果可以，实验应如何安排？

3. 若圆盘和圆环的质量相同、半径相等，试问转动惯量是否相同？为什么？

4. 用秒表测周期时，由于判断到达位置和按表反应的快慢，使每次测量的误差约为0.5s（无论测一个周期还是测连续 n 个周期都是如此）。假如待测周期约为2.0s，要求测量的相对误差不大于0.5%。试估计 n 应取多大才能达到测量要求？

实验5 声速的测量

声波是在弹性介质中传播的一种机械波，由于其振动方向与传播方向一致，故声波是纵波。振动频率在 20Hz ~ 20kHz 的声波可以被人们听到，称为可闻声波；频率超过 20kHz 的声波称为超声波。

对于声波特性的测量（如频率、波速、波长、声压衰减和相位等）是声学应用技术中的一项重要内容，特别是对声波波速（简称声速）的测量，在声波定位、探伤、测距等应用中具有重要的意义。

【实验目的】

1. 学会用共振干涉法、相位比较法测量介质中的声速。
2. 学会用逐差法进行数据处理。
3. 了解声速与介质参数的关系。

【实验仪器】

信号发生器、声速测量仪、示波器。

【实验原理】

超声波具有易于定向发射、易被反射等优点，在超声波段进行声速测量的优点还在于超声波的波长短，可以在短距离较精确地测出声速。

超声波的发射和接收一般通过电磁振动与机械振动的相互转换来实现，最常见的方法是利用压电效应和磁滞伸缩效应来实现的。本实验采用的是压电陶瓷制成的换能器（探头），这种压电陶瓷可以在机械振动与交流电压之间双向换能。

声速与其频率和波长的关系为

$$v = f\lambda \tag{3-5-1}$$

由式（3-5-1）可知，测得声波的频率和波长，就可得到声速。

1. 共振干涉法

实验装置如图 3-5-1 所示，图中 S_1 和 S_2 均为压电晶体换能器。S_2 作为声波源，它被低频信号发生器输出的交流电信号激励后，由于逆压电效应而发生受迫振动，并向空气中定向发出一近似的平面声波；S_1 为超声波接收器，声波传至它的接收面上时，再被反射。当 S_1 和 S_2 的表面互相平行时，声波就在两个平面间来回反射，当两个平面间距 L 为半波长的整倍数，即

$$L = n\frac{\lambda}{2}(n = 0, 1, 2, \cdots) \tag{3-5-2}$$

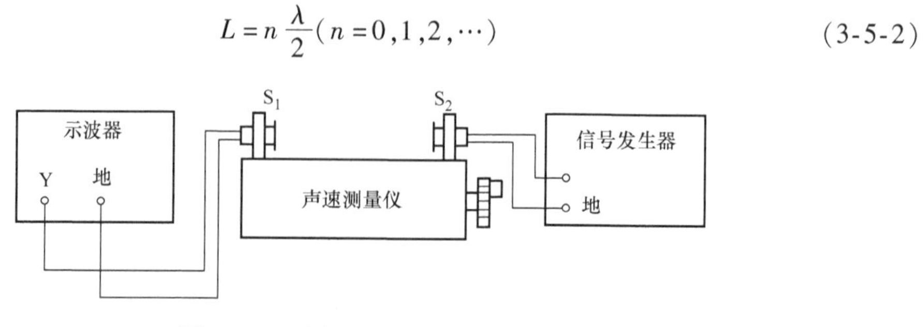

图 3-5-1　共振干涉法实验装置图

时，来回声波的波峰与波峰、波谷与波谷正好重叠，形成驻波。

因为接收器 S_1 的表面振动位移可以忽略，所以对位移来说是波节，对声压来说是波腹。本实验测量的是声压，所以在形成驻波时，接收器的输出会出现明显增大。从示波器（示波器的使用参见实验 13）上观察到的电压信号幅值也是极大值（见图 3-5-2 和图 3-5-3）。

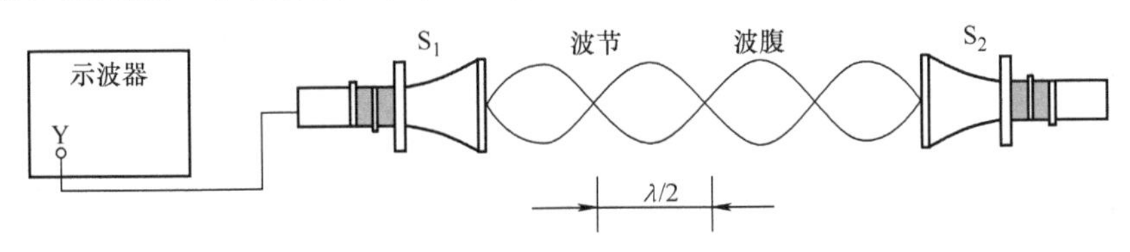

图 3-5-2 电压信号幅值示意图

图 3-5-3 中各极大值之间的距离均为 $\lambda/2$，由于散射和其他损耗，各极大值的幅值随距离增大而逐渐减小。我们只要测出各极大值对应的接收器 S_1 的位置，就可测出波长。由信号源读出超声波的频率值后，即可由式（3-5-1）求得声速。

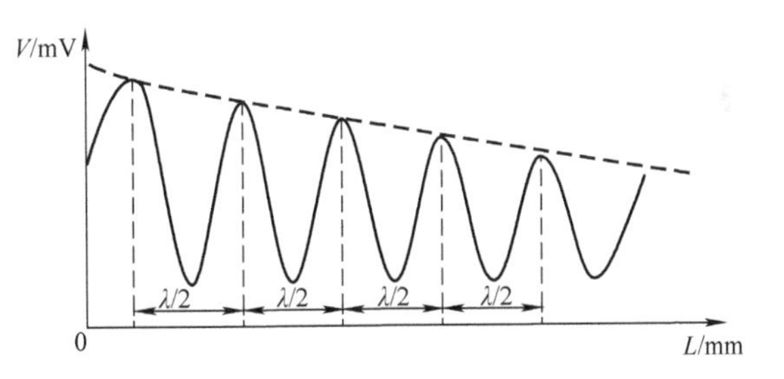

图 3-5-3 接收器表面声压随距离的变化

2. 相位比较法

波是振动状态的传播，也可以说是位相的传播。沿波传播方向的任何两点同相位时，这两点间的距离就是波长的整数倍。利用这个原理，可以精确地测量波长。相位比较法的实验装置如图 3-5-4 所示，沿波的传播方向移动接收器 S_1 总可以找到一点，使接收到的信号与发射器的相位相同；继续移动接收器 S_1，当接收到的信号再次与发射器的相位相同时，移过的距离就等于声波的波长。

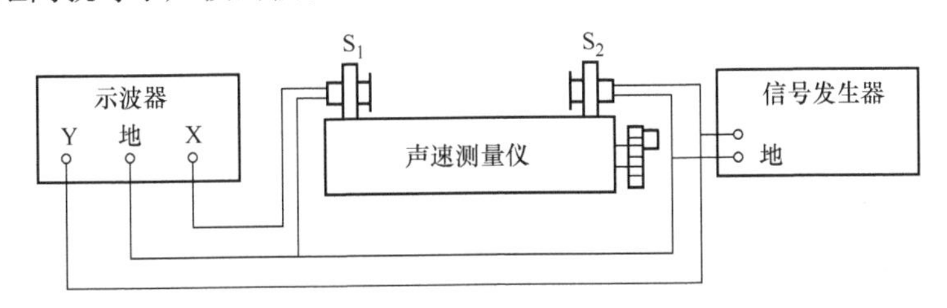

图 3-5-4 相位比较法测声速实验装置图

同样，也可以利用李萨如图形来判断相位差。实验中输入示波器的是来自同一信号源的信号，它们的频率严格一致，所以李萨如图是椭圆，椭圆的倾斜与两信号间的相位差有关，当两个信号间的相位差为 0 或 π 时，椭圆变成倾斜的直线，如图 3-5-5 所示。

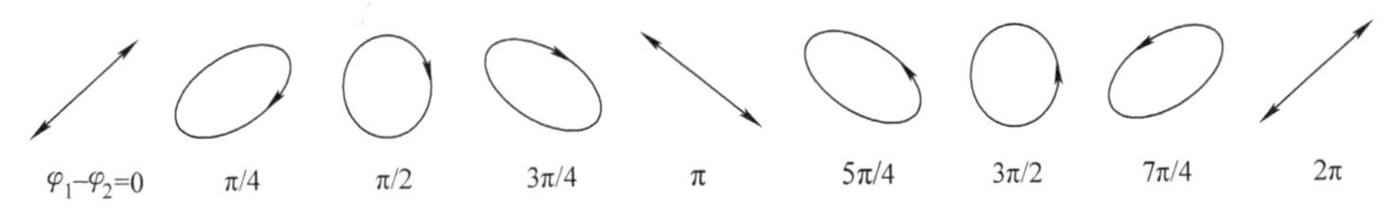

图 3-5-5 频率相同形成的李萨如图形

3. 逐差法处理数据

对上述数据的处理，按理可采用两相邻极大值所对应的位置相减得到 $\lambda/2$，但这样在计算平均值时会有

$$\overline{\lambda}/2=[(L_1-L_0)+(L_2-L_1)+\cdots+(L_n-L_{n-1})]/n$$

实际上只有 L_n 和 L_0 这两个数据在起作用，这两个数据如果有误差，将会严重影响结果的准确性，而其他的数据没有被利用，也失去了在大量数据中求平均以减小误差的作用。

由误差理论可知，多次测量的算术平均值为最近真值。为避免上述情况，一般在连续测量等间隔数据时，常把数据分成两组，逐次求差再算平均值，这样得到的结果就保持了多次测量的优点。但应注意，只有在连续测量的自变量为等间隔变化，且相应两个因变量之差均匀的情况下，才可用逐差法处理数据。在本实验中，若用游标卡尺测出 $2n$ 个极大值的位置，并依次算出每经过 n 个 $\lambda/2$ 的距离为

$$n\frac{\overline{\lambda}}{2}=\frac{1}{n}\left[\sum_{i=1}^{n}(L_{n+i}-L_i)\right]$$

这样就很容易计算出 λ。若测不到20个极大值，则可少测几个（一定是偶数），用类似方法计算即可。

【实验内容】

1. 共振干涉法测量空气中的声速

（1）熟悉信号源面板上的各项功能以及示波器的使用方法。按图3-5-1接好线路，并将两换能器 S_1、S_2 之间的距离调至1cm左右。

（2）打开信号源与示波器的电源，将信号源面板上的“测试方法”确定为连续波；“传播介质”确定为空气。然后调节“发射强度”（从示波器上观察电压峰-峰值为10V），调节“信号频率”观察频率调整时接收波的电压幅度变化。在某一频率点处（34.5～37.5kHz）电压幅度最大，此频率即为换能器 S_1、S_2 相匹配的频率点，记下该频率值。

（3）转动 S_1 的移动螺柄，逐步增加 L，观察示波器上 S_2 电压的输出变化，当电压达到极大值时，记下 S_1 的位置 L_1。

（4）继续增加 L，达到下一个极大值点，记下 L_2，需测10个点。

2. 用相位法测量空气中的声速

（1）利用李萨如图形比较发射信号与接收信号间的相位差。移动接收器，依次记下图形为斜直线时游标尺上的读数，连续两次观察到倾角相同的斜直线对应于相位改变了 2π，即对应接收器改变了一个波长的距离。

（2）测量出现同方向斜线的连续10个点的位置，用逐差法处理数据。

【注意事项】

1. 测量时应调节螺杆使 S_1 移动，要避免空程误差。

2. 使用时，应避免信号源的信号输出端短路。

【预习思考题】

1. 实验时如何才能找到换能器的谐振频率？

2. 什么是逐差法？它的优点是什么？在什么情况下使用该方法？

【讨论题】

1. 为什么换能器要在谐振频率条件下进行声速测定？
2. 要让声波在两个换能器之间产生共振必须满足哪些条件？
3. 试举三个超声波应用的例子，它们都是利用了超声波的哪些特性？

【附录】

声速是声波在介质中传播的速度，其中声波在空气中的传播比较重要，空气可以作为理想气体处理，声波在空气中的传播速度 $v=\sqrt{\frac{\gamma RT}{M}}$，式中，$\gamma$ 是空气的比热容比，即空气的定压比热容与定容比热容之比（$\gamma=C_p/C_V$）；R 是普适气体常数；M 是气体的摩尔质量；T 是热力学温度。可见温度是影响空气中声速的主要因素。如果忽略空气中水蒸气及其他夹杂物的影响，在0℃（$T_0=273.15\text{K}$）时的声速为331.45m/s，在 t℃时的声速 $v=v_0\sqrt{1+\frac{t}{T}}$。

实验6 落球法测液体黏度

液体的黏度又称为黏性系数，旧称黏滞系数。在科研和生产中测定液体的黏度有十分重要的实际意义。例如，研究水、油等液体在管道中长距离输送时能量的损耗；饮料、果酱、纸浆等可塑性包装的应用；在机械工业中，各种润滑油的选择；船舶工业中研究运动物体在流体中受力的情况等都必须考虑液体的黏度，还有在轻化、医药等方面的应用也较为普遍。

测定液体黏度的方法有很多种，如：落球法、扭摆法、转筒法和毛细管法等。落球法（又称斯托克斯法）是最基本的一种方法。它适用于测量黏度较大的液体。

【实验目的】

1. 观察液体的内摩擦现象，学会用斯托克斯定律测量液体的黏度。
2. 掌握并巩固基本测量仪器（如游标卡尺、螺旋测微器、电子秒表等）的使用，及正确合理地分析误差。
3. 了解求 k 值的实验方法。

【实验仪器】

直径不等的圆筒数个（装入被测的液体）、小球数个、电子秒表、米尺、螺旋测微器、镊子、温度计等。

【实验原理】

在稳定流动的液体中，由于各层液体的流速不同，互相接触的两层液体之间有力的作用。流速较慢与流速较快两相邻液层间的作用力，会使流速较快的液层减速，使流速较慢的液层加速。两相邻层间的这一作用力称为内摩擦力或黏滞力，液体的这一性质称为黏滞性。

实验表明：黏滞力f正比于两层之间的接触面积及该处的速度梯度$\mathrm{d}v/\mathrm{d}x$，即$f=\eta S\mathrm{d}v/\mathrm{d}x$，这就是牛顿黏滞定律。式中，$\mathrm{d}v/\mathrm{d}x$是垂直于流速方向各流层间的速度梯度；$S$是两个液层间的接触面积；$\eta$为黏度，它只取决于液体本身的性质和温度。对于液体来说，黏滞性随温度升高而减小，气体则反之。

根据斯托克斯公式，小球在液体中运动时受到的黏滞力f为

$$f=6\pi\eta rv \tag{3-6-1}$$

式中，η为液体的黏度；v为小球的运动速度；r为小球的半径。

需要指出的是，f并非是小球和液体之间的阻力，而是球面上附着的一层液体与不随小球运动的液体间的黏滞力。

式（3-6-1）是在小球半径很小，运动速度很小，而液体各方向都是无限广阔和不产生旋涡条件下推导出来的。

如图3-6-1所示，在装有待测液体的圆形玻璃筒D处，让小球自由下落。小球落入液体后，受到三个力的作用：重力ρVg、浮力$\rho_0 Vg$和黏滞力f，其中V是小球的体积，ρ和ρ_0分别为小球和液体的密度。小球刚落入液体时，垂直向下的重力大于垂直向上的浮力与黏滞力之和，于是小球做加速运动。随着小球运动速度的增加，黏滞力也在增加，当小球速率达到某一值v_0时，这三个力的合力等于零，则小球做匀速运动。由式（3-6-1），可得

$$\frac{4}{3}\pi r^3(\rho-\rho_0)g=6\pi\eta rv_0 \tag{3-6-2}$$

式中，v_0为收尾速率。由式（3-6-2）得

$$\eta=\frac{2}{9}\cdot\frac{(\rho-\rho_0)gr^2}{v_0} \tag{3-6-3}$$

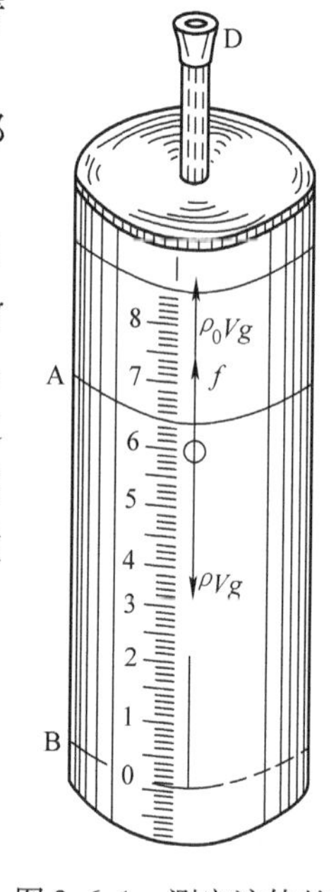

图3-6-1　测定液体的黏度示意图

因液体是装在半径为R的圆形筒内，并不总是无限广阔的，如果考虑筒壁对小球运动的影响，则将式（3-6-3）变为

$$\eta=\frac{2}{9v_0}\cdot\frac{(\rho-\rho_0)gr^2}{(1+kr/R)}=\frac{(\rho-\rho_0)gd^2}{18v_0(1+kd/D)} \tag{3-6-4}$$

式中，d为小球的直径；D为圆筒的直径；k为常数，其值由实验室给出或实验测定。

在小球密度ρ、液体密度ρ_0、重力加速度g都为已知的条件下，只要测出小球的直径d、圆筒内径D和小球的收尾速率v_0就可计算出液体黏度η值。式中各量的单位：g用N/kg，d、D用m，ρ、ρ_0用kg/m^3，v_0用m/s，则η的单位为Pa·s。

【实验内容】

1. 测定液体的黏度

（1）将被测量的液体盛入玻璃圆筒，平稳放置，用游标卡尺测量每个圆筒的内径D_i，

每个圆筒测3～5次，取平均值$\overline{D_i}$，用米尺量出圆筒上下标线A与B（见图3-6-1）之间的距离s，测量3～5次取平均值$\bar{s}$。一般情况下每个圆筒的内径D_i和圆筒上下标线A与B之间的距离s值由实验室给出。

（2）用螺旋测微器测小球的直径，在每个球的不同方向上测量3～5次，取平均值$\bar{d}$。选取5个$\bar{d}$相等的小球备用。

（3）用镊子夹起小球，先将小球在待测液体中浸一下，然后从玻璃圆筒的中间处放入。用电子秒表测出小球匀速下落时通过A与B之间的距离s所需要的时间t，则$v_0=s/t$，用已选好的5个小球分别测量。记录实验数据，如表3-6-1所示。

表3-6-1 测量η实验数据参考表格

D/mm						平均值
s/mm						
d/mm						
t/s						

2. 测k值

（1）选用几个长度相同而半径不同的圆形玻璃筒，测量小球在每个筒中的收尾速率v_0，而其他的实验条件均同上，即用相同的液体、相同的小球，在相同的温度下做实验。

（2）先测出每个圆形玻璃筒的直径D及A与B间的距离s，然后依次测量直径为d的小球，通过A与B间所用的时间（与内径D_i一一对应）t，最后以t为纵轴，以d/D_i为横轴作图，将测量的各实验点连成一条直线。延长此直线使其与纵轴相交，设交点的纵坐标为t'，显然$v=s/t'$。再利用已经测得的v_0、d和D，代入$v=v_0(1+kd/D)$就可以确定出本次实验条件下的k值。记录实验数据，填入表3-6-2中。

表3-6-2 测量k实验数据参考表格

D/mm								
s/mm								
d/mm								
$\bar{d}$/mm								
t/s								
$\bar{t}$/s								

【数据处理】

1. 小球密度ρ和被测液体的密度ρ_0由实验室给出，并记下液体或室内的温度。
2. 计算各直接测量量的平均值和不确定度（参考第1章例6）。
3. 计算液体的黏度η、相对不确定度、不确定度，给出测量结果。

① 液体的黏度：$\eta = \dfrac{(\rho - \rho_0)gd^2}{18v_0(1 + kd/D)} =$ ________ Pa · s

② 相对不确定度：

$$E_\eta = \frac{u_\eta}{\eta} = \sqrt{\left(\frac{\partial \ln\eta}{\partial D}\right)^2 u_D^2 + \left(\frac{\partial \ln\eta}{\partial s}\right)^2 u_s^2 + \left(\frac{\partial \ln\eta}{\partial d}\right)^2 u_d^2 + \left(\frac{\partial \ln\eta}{\partial t}\right)^2 u_t^2}$$

$$= \sqrt{\left(\frac{u_D}{D}\right)^2 + \left(\frac{u_s}{s}\right)^2 + \left(2\frac{u_d}{d}\right)^2 + \left(\frac{u_t}{t}\right)^2}$$

③ 不确定度：$u_\eta = \eta E_\eta$

④ 测量结果：$\eta \pm u_\eta =$ ________ Pa · s

$$E_\eta = \frac{u_\eta}{\eta} \times 100\% =$$

【注意事项】

1. 实验时，玻璃筒放置平稳、铅直，待测液体必须静止，无气泡，小球要圆，表面清洁无油污。

2. 选定标线 A 和 B 的位置时，要保证小球在通过 A 之前已达到收尾速率（匀速）。

3. 注意温度变化要小，不要手捧圆筒。

【预习思考题】

1. 测量 η 的公式中，各物理量的意义是什么？它们分别是用什么仪器测量的？仪器的最小分度值是多少？仪器误差是多少？

2. 能不能在小球刚进入液面时就测量时间，为什么？

3. 为什么要测量圆筒内径？为什么要在圆筒轴心处丢入小球？

【讨论题】

1. 将实验数据代入相对误差计算公式，算出各直接测得量的相对误差后，请指出造成误差的主要原因是什么？实验应如何改进。

2. 在特定液体中，当小球半径减小时，它下降的收尾速率将如何变化？当小球密度增大时，又如何？

3. 试分析选用不同密度和不同半径的小球做此实验时，对于实验结果误差的影响。

4. 在温度不同的两种液体中，同一小球下降的收尾速率是否相同，为什么？

实验 7　固体线膨胀系数的测定

任何物体都具有“热胀冷缩”的特性，这一特性在工程设计、精密仪表设计、管道安装中都必须加以考虑。在一维情况下，固体受热后长度的增加称为线膨胀。在相同的条件下，不同材料的固体，其线膨胀的程度各不相同。于是，人们引进线膨胀系数这一概念来表示固体间的这种差别。测定固体的线膨胀系数，实际上就是测量在一定温度范围内固体长度的微小变化量。

【实验目的】

1. 观察物体受热膨胀现象。
2. 熟悉利用光杠杆原理测量微小长度变化的方法。
3. 测铜的线膨胀系数。

【实验仪器】

GXZ-B500型固体线膨胀系数测定仪（见图3-7-1）、米尺、游标卡尺。

【实验原理】

用光杠杆法测金属线膨胀系数实验原理如图3-7-2所示。

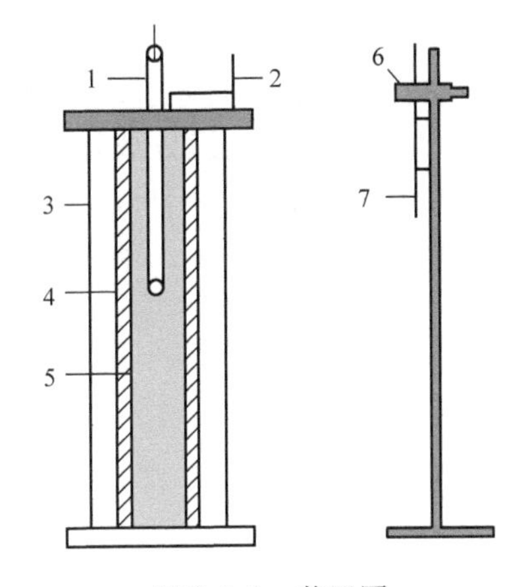

图3-7-1　装置图

1—温度计　2—光杠杆　3—散热罩　4—加热器
5—被测金属　6—望远镜　7—标尺

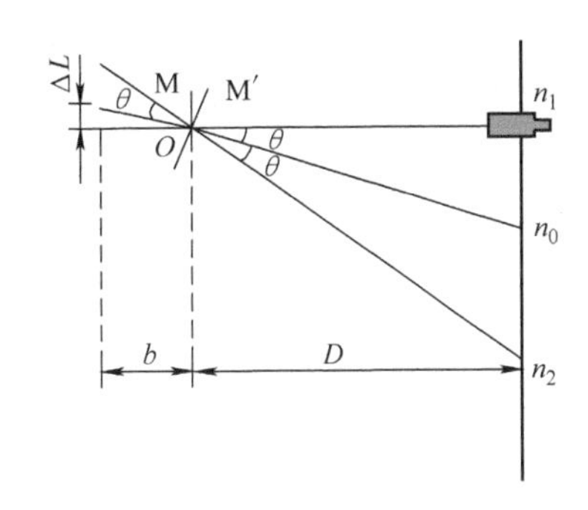

图3-7-2　光杠杆放大原理图

1. 线膨胀系数的测量原理

实验表明，在一定的温度范围内，原长为L的固体受热后，其相对伸长量ΔL与其温度的增加量Δt成正比，与原长L也成正比，即

$$\Delta L = \alpha L \cdot \Delta t \tag{3-7-1}$$

式中的比例系数α称为固体的线膨胀系数（简称线胀系数）。大量实验表明，不同材料的线膨胀系数不同，塑料的线膨胀系数最大，金属次之，锻钢、熔凝石英的线膨胀系数很小。锻钢和熔凝石英的这一特性在精密测量仪器中有较多的应用。

实验还发现，同一材料在不同温度区域，其线膨胀系数不一定相同。某些合金，在金相组织发生变化的温度附近，同时会出现线胀量的突变。因此，测定线膨胀系数也是了解材料特性的一种手段。但是，在温度变化不大的范围内，线膨胀系数仍可认为是一常量。

为测量线膨胀系数，我们将材料做成条状或杆状。由式（3-7-1）可知，测量出温度为t_1时的杆长L、受热后温度达到t_2时的伸长量ΔL，受热前后的温度t_1及t_2，则该材料在

（t_1，t_2）温区的线膨胀系数为

$$\alpha = \frac{\Delta L}{L(t_2 - t_1)} \tag{3-7-2}$$

该式的物理意义是:固体材料在(t_1,t_2)温区内,温度每升高1℃时材料的相对伸长量,其单位为$℃^{-1}$。

测量材料线膨胀系数的主要问题是如何测伸长量ΔL。先粗估一下ΔL的大小,若$L\approx$500mm,温度变化$|t_1 - t_2|\approx 100℃$，金属的线膨胀系数α的数量级为$10^{-5}℃^{-1}$，则可估算出$\Delta L\approx 0.50$mm。对于这么微小的伸长量，用普通量具（如钢尺或游标卡尺）是测不准的，可采用读数显微镜、光杠杆放大法、光学干涉法等测量。本实验中采用光杠杆法来测量这一微小的伸长量。

2. 光杠杆及其放大原理

光杠杆系统包括光杠杆平面镜M、水平放置的望远镜T和竖直标尺S。光杠杆放大原理，如图3-7-2所示。光杠杆平面镜垂直于它的底座，底座下有三个尖足。两个前尖足放在仪器平台上的一沟槽内，一个后尖足（称测量足）立于待测杆的顶端。当待测杆受热伸长时，测量足便被顶起ΔL，相应地平面镜也转过一个角度θ。在稍远处放置一竖直标尺和测量望远镜（在物镜和目镜之间装有叉丝），从望远镜中可读出待测杆伸长前后叉丝所对应标尺上的读数n_1和n_2。这样就把微小伸长ΔL的测量转化为（$n_2 - n_1$）的测量。由图3-7-2看出

$$\tan 2\theta = \frac{n_2 - n_1}{D}$$

当角度θ很小时，近似有$\tan 2\theta \approx 2\theta$，又有$\theta \approx \Delta L/b$，所以

$$\Delta L = \frac{(n_2 - n_1)b}{2D} \tag{3-7-3}$$

（$n_2 - n_1$）与ΔL之比称为光杠杆系统的放大倍数，即

$$A = \frac{n_2 - n_1}{\Delta L} = \frac{2D}{b} \tag{3-7-4}$$

本实验中，D约为1m，b约为8cm，则放大倍数约为25倍。适当地增大D，减小b，可增大放大倍数。光杠杆可以做得很轻，从而对微小伸长或微小转角的反应很灵敏，测量也很精确，在精密仪器中常有应用。例如，灵敏电流计通过光杠杆的放大可测量$10^{-8}\sim 10^{-11}$A的电流。

合并式（3-7-2）和式（3-7-3），可得出用光杠杆法测量材料线膨胀系数的公式为

$$\alpha = \frac{(n_2 - n_1)b}{2LD(t_2 - t_1)} = \frac{\Delta n \cdot b}{2DL \cdot \Delta t} = \frac{kb}{2DL} \quad \left(k = \frac{\Delta n}{\Delta t}\right) \tag{3-7-5}$$

式中，L为室温下待测材料杆的原长；D为平面镜面至标尺的距离，用米尺测量；b为光杠杆两前足连线与后尖足之间的垂直距离，用游标卡尺测量；t_1和t_2为加热前后待测材料的温度，用水银温度计测量；n_1和n_2为加热前后从望远镜中看到的标尺读数。

【仪器调整】

整个实验装置由线膨胀仪和光杠杆系统组成。线膨胀仪主要包括下面几部分：给待测材

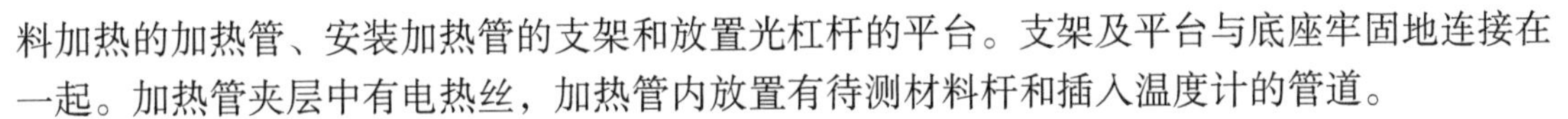

料加热的加热管、安装加热管的支架和放置光杠杆的平台。支架及平台与底座牢固地连接在一起。加热管夹层中有电热丝，加热管内放置有待测材料杆和插入温度计的管道。

1. 将待测杆轻轻装入加热管内，温度计放入管内适当的位置。

2. 光杠杆的两前足应放在平台的槽内，后足立于被测杆顶端。粗调光杠杆平面镜法线使其大致与望远镜同轴，且平行于水平底座。标尺竖直置于望远镜旁。

3. 细调光杠杆系统的光路。先用眼睛在望远镜镜筒外面找到平面镜中标尺的像；然后，缓缓地转动平面镜法线方向，使眼睛观察像的方位逐渐与望远镜的方位一致。这时，再从望远镜内观察标尺的像，并稍做调整使观察到的像为望远镜旁标尺刻度的像。

4. 测量望远镜的调节步骤：

（1）调节目镜看清叉丝；

（2）调节物镜，使标尺成像清晰且像与叉丝之间无视差（即眼睛略做上下移动时，标尺像与叉丝没有相对移动。关于视差详见第2章2.2.4节）。

【实验内容】

记下温度计读数 t_1 和标尺读数 n_1。接通电源，打开开关加热，每升高10℃记一次标尺读数，至少测6组数据后停止加热（加热不要超过100℃）。再测量光杠杆长度 b 和光杠杆镜面到标尺的垂直距离 D（测一次），L 值由实验室给出。记录实验数据，如表3-7-1所示。

仪器编号

表3-7-1　参考数据表

测量值	实验次数					
	1	2	3	4	5	6
t/℃						
n/cm						
L/cm						
D/m						
b/cm						

【数据处理】

1. 由实验数据作 $n-t$ 图。用直尺画图线，在图线上取两点 $A(t_1, n_1)$ 和 $B(t_2, n_2)$，A、B 两点相距尽量远些。注意：这里的 t_1、n_1、t_2、n_2 不应是测量值，并由此计算 k 值。

2. 将 k、L、b、D 的值代入式（3-7-5）中计算 α 的值和相对不确定度、不确定度，并给出测量结果（参考第1章例6）。

① 金属线膨胀系数：$\alpha = \dfrac{kb}{2DL} =$ ________ ℃$^{-1}$

② 相对不确定度：

$$E_\alpha = \frac{u_\alpha}{\alpha} = \sqrt{\left(\frac{\partial \ln\alpha}{\partial L}\right)^2 u_L^2 + \left(\frac{\partial \ln\alpha}{\partial D}\right)^2 u_D^2 + \left(\frac{\partial \ln\alpha}{\partial b}\right)^2 u_b^2}$$

$$= \sqrt{\left(\frac{u_L}{L}\right)^2 + \left(\frac{u_D}{D}\right)^2 + \left(\frac{u_b}{b}\right)^2}$$

③ 不确定度：$u_\alpha = \alpha E_\alpha$

④ 测量结果：$\alpha \pm u_\alpha =$ ________ ℃$^{-1}$

$$E_\alpha = \frac{u_\alpha}{\alpha} \times 100\% =$$

【注意事项】

1. 平面反射镜镜面以及望远镜的光学镜头严禁用手摸，若有污染，应用乙醇混合液清洗。
2. 注意保护反射镜和望远镜，调节时用力不要过大，更不要将其碰掉摔坏。
3. 调节时不要用手把住标尺，以免标尺变弯，影响实验。
4. 实测过程中不要移动和调整仪器。

【预习思考题】

1. 本实验的测量公式（3-7-5）要求满足哪些实验条件，实验中应如何保证？各个长度量分别用不同仪器测量，是根据什么原则考虑的，哪一个量的测量误差对结果的影响最大？
2. 测量望远镜的调节步骤是什么？先看清标尺像，再调节目镜看清叉丝，这样是否可以？
3. 被测杆两端与中部温度不一致时对实验结果有何影响？应如何测量被测杆的温度？
4. 你能否设想出另一种测量微小伸长量的方法，从而测出材料的线膨胀系数。
5. 分析比较显微镜和望远镜在结构上和使用中的异同点。

【讨论题】

有一体积为 V 的各向同性物体，受热后其体积的相对增量跟温度的变化量成正比，即 $\frac{\Delta V}{V} = \beta \Delta t$，其中 β 是比例系数，称为物体的体膨胀系数。求证：物体的体膨胀系数 β 为线膨胀系数 α 的三倍，即 $\beta = 3\alpha$。

实验 8　伏安特性曲线的测量

电流随电压变化的关系曲线，称为伏安特性曲线。伏安特性曲线是直线的电阻叫线性电阻；伏安特性曲线是曲线的电阻称为非线性电阻。从伏安特性曲线所遵循的规律，可以得知该电阻的特性，以便将它应用于不同的电路中。

测量电阻的伏安特性曲线一般采用伏安法。伏安法具有方法简单、直观形象的优点，缺点是精确度不高，有一定的方法误差。

【实验目的】

1. 掌握伏安法测量电阻的方法。
2. 学会测量电阻的伏安特性曲线。
3. 熟悉滑线变阻器和直流电表的作用。

【实验仪器】

直流稳压电源、毫安表、伏特表、被测量电阻和二极管、滑线变阻器、电阻箱、单刀开关、导线。

【实验原理】

1. 伏安法测电阻

用电压表测出电阻 R 两端的电压 U，用电流表测出通过电阻的电流 I，利用欧姆定律

$$R=\frac{U}{I} \tag{3-8-1}$$

可求出电阻 R。这种用电表直接测量出电压和电流值，再由欧姆定律求电阻的方法称为伏安法。用伏安法测量电阻有电流表内接和电流表外接两种方法，分别如图 3-8-1a、b 所示。

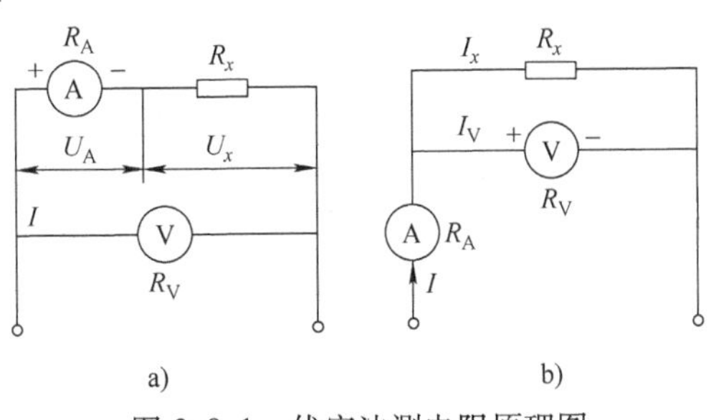

图 3-8-1 伏安法测电阻原理图

a）电流表内接 b）电流表外接

（1）电流表内接法：电流表的示值 I 是流过待测电阻 R_x 的电流 I_x，电压表的示值 U 是电阻 R_x 两端电压 U_x 与电流表两端的电压 U_A 之和，电阻的测量值为

$$R=\frac{U}{I}=\frac{U_x+U_A}{I}=R_x+R_A \tag{3-8-2}$$

式中，R_A 为电流表的内阻。电流表内接引起的方法误差为 $E_{内}$，即

$$E_{内}=\frac{R-R_x}{R_x}=\frac{R_A}{R_x} \tag{3-8-3}$$

由式（3-8-3）看出，电流表内接电路适合于测量较大的电阻。

（2）电流表外接法：电流表的示值 I 是流过电阻 R_x 的电流 I_x 和流过电压表的电流 I_V 之和，电压表的示值 U 为电阻 R_x 两端电压 U_x，电阻的值为

$$R=\frac{U}{I}=\frac{U_x}{I_x+I_V}=\frac{R_xR_V}{R_x+R_V} \tag{3-8-4}$$

式中，R_V 为电压表的内阻。电流表外接引起的方法误差为 $E_{外}$，即

$$E_{外}=\frac{R_x-R}{R_x}=\frac{R_x}{R_x+R_V} \tag{3-8-5}$$

由式（3-8-5）看出，电流表外接电路适合于测量较小的电阻。

（3）当 R_x、R_V、R_A 满足式

$$\frac{R_A}{R_x}=\frac{R_x}{R_x+R_V} \tag{3-8-6}$$

时，$E_{外}=E_{内}$。若 $R_A \ll R_V$，$R_x \ll R_V$ 时，由式（3-8-6）可得

$$R_x=\sqrt{R_AR_V} \tag{3-8-7}$$

就是说，当 $R_x=\sqrt{R_AR_V}$时，两种接法的方法误差相等；当 $R_x>\sqrt{R_AR_V}$时，采用电流表内接法误差较小；当 $R_x<\sqrt{R_AR_V}$时，采用电流表外接法误差较小。

2. 二极管的伏安特性

二极管的单向导电特性可用如图 3-8-2 所示的伏安特性曲线来描述，从其特性曲线可知二极管是非线性电阻。

当二极管上的外加正向电压很小时，二极管呈现的电阻很大，正向电流很小；当电压超过一定数值 U_0 时，二极管的电阻变得很小，电流增长很快。锗二极管的 U_0 为 0.2～0.4V，硅二极管的 U_0 为 0.6～0.8V。

当开始在二极管上加反向电压时，它的反向电阻很大，而且在一定范围内随着反向电压的增加，反向电流几乎不变（反向电流大，说明二极管单向导电性能差）。当反向电压增大到一定数值 U_R 后，反向电流突然增大，对应的 U_R 称为二极管的反向击穿电压。

【实验内容】

1. 测金属膜电阻的伏安特性曲线

（1）按图 3-8-3 接好线路，接通电源。

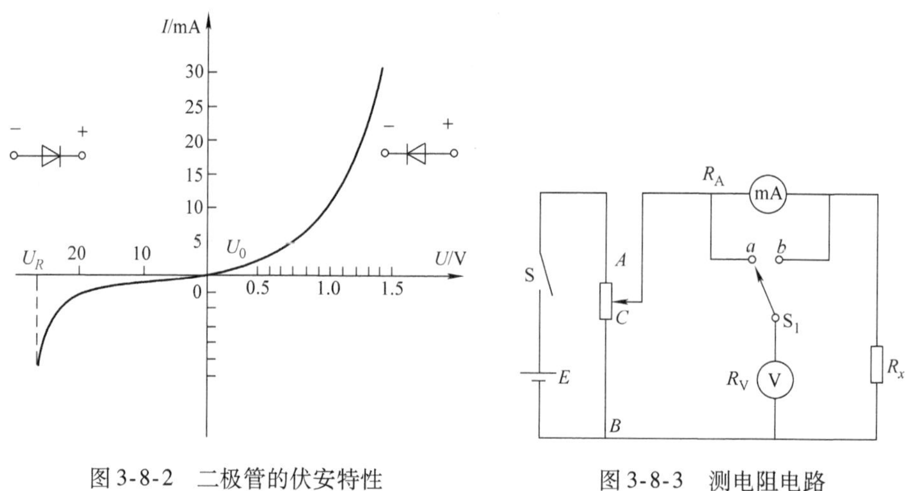

图 3-8-2　二极管的伏安特性　　图 3-8-3　测电阻电路

（2）根据实验室给出的电阻的标称值和电表内阻，选取测试方法误差较小的电路。

（3）移动滑线变阻器的滑动头，从零开始等间隔改变电压值，记下相应电流表的示值，测 10 组数据。

2. 测二极管的伏安特性曲线

（1）按图 3-8-4 接好线路，将滑线变阻器的滑动头放在分压最小位置。

（2）合上开关 S，移动滑动头逐渐增加电压，记下电压表和电流表的示值，测 10 组数据。

（3）按图 3-8-5 接好线路，将滑线变阻器滑动头调到分压最小位置。

（4）合上开关 S，移动滑动头逐渐增加电压，从 0V 开始一直到略小于最高反向工作电压时为止，记下每次的电压表和电流表示值，测 10 组数据。

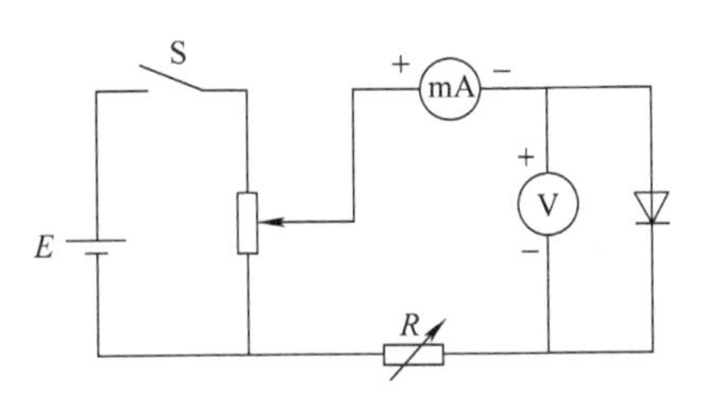

图3-8-4 测二极管（正向）

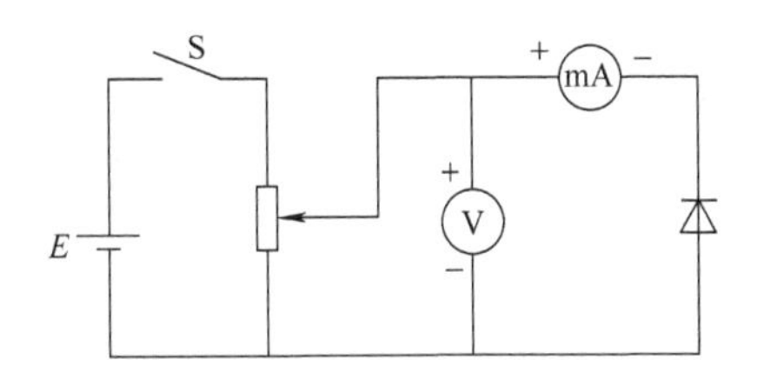

图3-8-5 测二极管（反向）

3. 自行设计实验

（1）实验要求：

① 测量误差 $E_R \leqslant 2\%$；

② 根据给定电阻参数及误差要求合理选用仪表；

③ 设计出实验电路，使方法误差最小；

④ 计算出测量结果：a. 方法误差修正，b. 给出结果表示（误差计算）；

⑤ 用伏安法测定标称值为100Ω、额定功率为0.25W的电阻的阻值。

（2）提示：

① 计算电阻允许电流 $I=\sqrt{\dfrac{P}{R}}$，$P=0.25\text{W}$，$R=100\Omega$；

② 选择电流表量程 $I=\sqrt{\dfrac{P}{R}}$，$I\cdot\dfrac{3}{2}$；

③ 电压表量程 $U=IR$，$U\cdot\dfrac{3}{2}$；

④ 确定仪表的等级 $E_R=\left[\left(\dfrac{\Delta U}{U}\right)^2+\left(\dfrac{\Delta I}{I}\right)^2\right]^{\frac{1}{2}}$，$\dfrac{\Delta U}{U}=\dfrac{\Delta I}{I}=\dfrac{E_R}{\sqrt{2}}$；

电流表等级 $\alpha_I \leqslant \dfrac{E_R}{\sqrt{2}}\cdot\dfrac{I}{I_{\max}}\times 100$；

电压表等级 $\alpha_U \leqslant \dfrac{E_R}{\sqrt{2}}\cdot\dfrac{U}{U_{\max}}\times 100$。

【注意事项】

1. 二极管的正向工作电流不能超过最大整流电流。
2. 二极管的反向工作电压不得超过最大反向工作电压。

【数据处理】

1. 测金属膜电阻的伏安特性曲线

（1）自拟表格，将测量数据填入表格内。

（2）在坐标纸上绘出电阻的伏安特性曲线。

2. 测二极管的伏安特性曲线

（1）自拟表格，将测量数据填入表格内。

（2）在同一坐标纸上绘出二极管的正、反向伏安特性曲线。

【预习思考题】

1. 用伏安法测电阻有几种连线方式，应根据什么原则选用？
2. 滑线变阻器在电路中有几种接法，这几种接法分别在电路中起什么作用？使用时应注意些什么？

【讨论题】

1. 用作图法求电阻有什么优点？
2. 利用已有的一个电阻箱，如何测量电流表和电压表的内阻？

实验9　电表的改装与校准

表头一般只能测量微小的电流和电压，若要用它来测量较大的电流或电压，就必须进行改装以扩大其量程。万用表就是用表头改装而成的。

【实验目的】

1. 掌握电表扩程的原理与方法。
2. 学习电表校准的基本知识。

【实验仪器】

电表表头、直流毫安表、直流电压表、直流电源、滑线变阻器、电阻箱、开关等。

【实验原理】

1. 将表头改成电流表

将表头改为电流表的方法是在表头两端并联一个分流电阻 R_s，使超过表头所能承受的那部分电流从 R_s 流过（见图3-9-1）。表头和 R_s 组成了扩程后的电流表。选用不同大小的 R_s，可以得到不同量限的电流表。

设表头的量程为 I_g，内阻为 R_g，改装后的量限为 I，根据欧姆定律可得

$$(I-I_g)R_s=I_gR_g$$

所以有

$$R_s=\frac{I_g}{I-I_g}R_g$$

若 $I=nI_g$，则

$$R_s=\frac{R_g}{n-1} \tag{3-9-1}$$

可见将表头的量限扩大 n 倍，只需在该表头上并联一个电阻值为 $R_g/(n-1)$ 的分流电阻。

用电流表测量电流时，电流表应串联在被测电路中。为了测得电路中的实际电流值，不

致因为它接入电路而改变原电路中的电流大小，要求电流表应有较小的内阻。

2. 将表头改装成电压表

将表头改装为电压表的方法是在表头上串联一个分压电阻 R_h（见图 3-9-2），使超过表头所能承受的那部分电压降落在电阻 R_h 上，表头和串联的分压电阻就构成了扩程后的电压表。选用大小不同的 R_h，就可以得到不同量限的电压表。

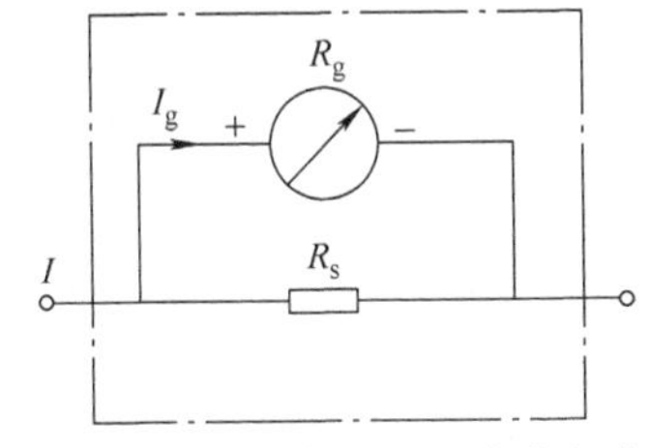

图 3-9-1 并联分流电阻改成电流表

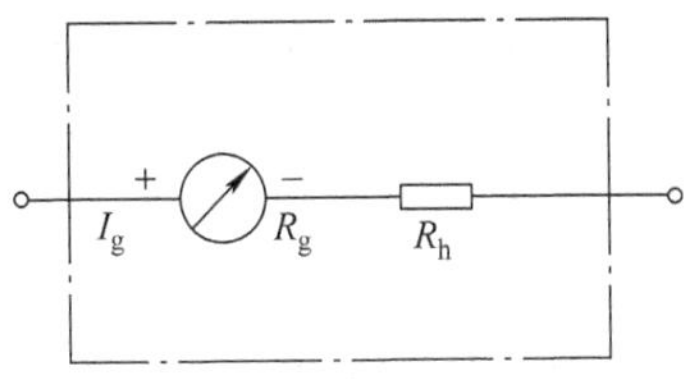

图 3-9-2 串联分压电阻改成电压表

设表头的量限为 I_g，内阻为 R_g，改装后电压表的量限为 U，由欧姆定律得

$$I_g(R_g + R_h) = U$$

所以有

$$R_h = \frac{U}{I_g} - R_g \tag{3-9-2}$$

可见将量限为 I_g 的微安表改装成量限为 U 的电压表，只需在表头上串联一个分压电阻即可。用电压表测电压时，电压表总是并联在被测电路上，为了不会因并联电压表而改变电路中的工作状态，要求电压表具有较高的内阻。

3. 电表的标称误差和校准

标称误差指的是电表的读数和准确值的差异，它包括了电表在构造上的各种不完善的因素所引入的误差。为了确定标称误差，一般用改装表和标准表同时测量一定的电流或电压（标准表的准确度级别要高于改装表的级别），称为校准。校准的结果是得到电表各个刻度的绝对误差。选取其中最大的绝对误差除以量程，即为该电表的标称误差 a，即

$$a = \frac{\text{最大的绝对误差}}{\text{量程}} \times 100\%$$

一般依据标称误差 a 的大小来确定改装表的级别。当计算出的标称误差 a 值在两个级别之间时，应取较低的级别（数值大的）；当计算出的级别高于原表头的级别时，应选用表头的级别；当计算的级别低于原表头的级别时，则选用计算出的级别作为改装表的级别。

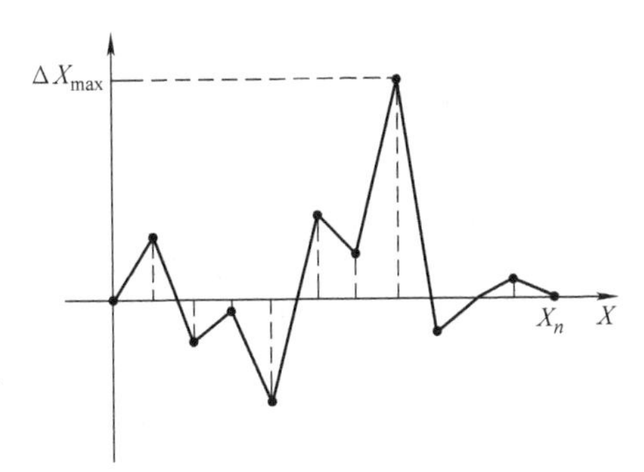

图 3-9-3 电表校正曲线

进行校准实验时，取改装表的读数为整数，再读标准表的读数。并且以改装表的读数为横坐标，以标准表的读数与改装表相应读数之差为纵坐标，在直角坐标纸上作图，两个校准点之间用直线连接，如图 3-9-3 所示。

【实验内容】

1. 将表头改装为电流表

（1）通电前，把表头和标准表的零点调准。

（2）根据给定的 I_g、R_g 和 I 值，按式（3-9-1）计算分流电阻的理论值 R_s，按图 3-9-4 连好校正电路。

（3）调节滑线变阻器和分流电阻 R_s，使改装表和标准表都指到满量程，记下 R_s 的实验值。

（4）调节滑线变阻器，使改装表的读数按整刻度数等间隔变化，电流由大到小校准；然后，由小到大再校准一次。

2. 将表头改装为电压表

（1）通电前，把表头和标准表的零点调准。

（2）根据给定的 I_g、R_g 和 U 值，按式（3-9-2）计算分压电阻理论值 R_h，按图 3-9-5 连好校正电路。

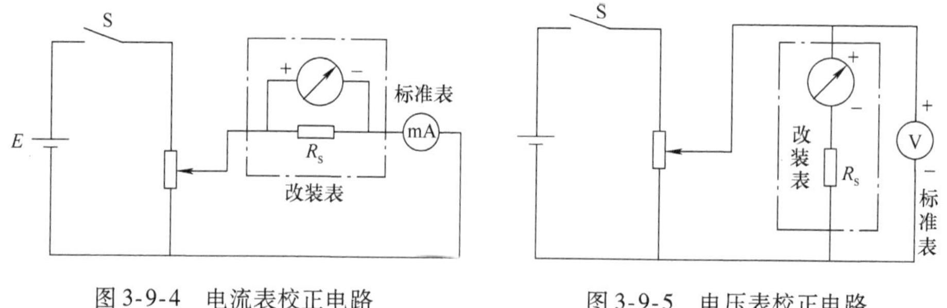

图 3-9-4　电流表校正电路

图 3-9-5　电压表校正电路

（3）调节滑线变阻器和分压电阻 R_h，使改装表和标准表指到满量程，记下 R_h 的实验值。

（4）调节滑线变阻器，使改装表的读数按整刻度数等间隔变化，电压由大到小校准；然后，由小到大再校准一次。

3. 自行设计电表

（1）要求用“半偏法”或“替代法”测微安表头内阻 R_g，实验者可自行设计电路图及测量方法。

（2）将量程为 $I_g = 1000\mu A$ 的表头改装成 3V 或 7.5V 的电压表，或将量程为 $I_g = 1000\mu A$ 的表头改装成量程为 30mA 或 75mA 的电流表。要求设计电路，设计测量方法，并计算出分压电阻或分流电阻的阻值。

（3）求出改装表的等级，对改装表进行校准，绘出校准曲线，（实验室提供的仪器有 1000μA 表头 2 块、电源、滑线变阻器、电阻箱 2 个、C31-V 电压表、C31-A 电流表、单刀开关、单刀双掷开关、导线等）。

（4）要求实验者在实验前写出实验设计方案。

【数据处理】

1. 自拟表格，并将测量数据填入表中。

2. 作校准曲线。
3. 确定改装表的准确度级别。

【预习思考题】

1. 校准电流表时，若发现改装表的读数相对于标准表的读数偏高，要达到标准表的数值，改装表的分流电阻应调大还是调小，为什么?

2. 校准电压表时，若发现改装表的读数相对于标准表的读数偏低，要达到标准表的数值，改装表的分压电阻应调大还是调小，为什么?

3. 如何确定改装表的准确度级别?

【讨论题】

半偏法测表头内阻的电路如图3-9-6所示，首先合上 S_1，断开 S_2，调节电阻 R_0 使表头指示满量程 I_g，然后再合上 S_2，调节电阻 R_n，使表头偏转 $I_g/2$。求证：表头内阻为 $R_g=\frac{R_0R_n}{R_0-R_n}$。

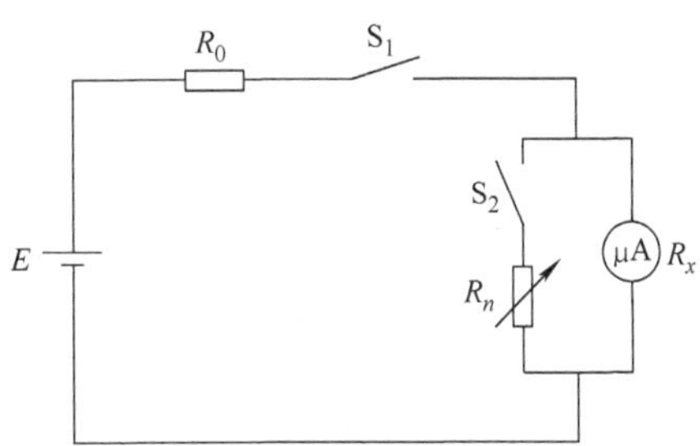

图3-9-6 半偏法测表头内阻电路图

实验10 电桥法测电阻

电桥是一种精密的电学测量仪器，可用来测量电阻、电容、电感等电学量，并且能通过这些量的测量测出某些非电学量，如温度、真空度和压力等，因此被广泛应用在工业生产的自动控制方面。

【实验目的】

1. 掌握用惠斯通电桥测电阻的原理和特点。
2. 学会QJ19型两用直流电桥的使用。
3. 了解双臂电桥测低电阻的原理和特点。

【实验原理】

直流电桥主要分惠斯通电桥和开尔文电桥。惠斯通电桥又称单臂电桥，一般用来测量 $10^2\sim10^6\Omega$ 的电阻。开尔文电桥又称双臂电桥，可用来测量 $10^{-5}\sim10^{-2}\Omega$ 范围的电阻。实验所用的QJ19型电桥是单、双臂两用直流电桥。

1. 惠斯通电桥的工作原理

惠斯通电桥的原理电路图如图3-10-1所示，四个电阻 R_1、R_2、R_3 和 R_x 称为电桥的四个臂，组成一个四边形 $ABCD$，对角 D 和 B 之间接检流计G构成“桥”，用以比较“桥”两端的电位，当 D 和 B 两点的电位相等时，检流

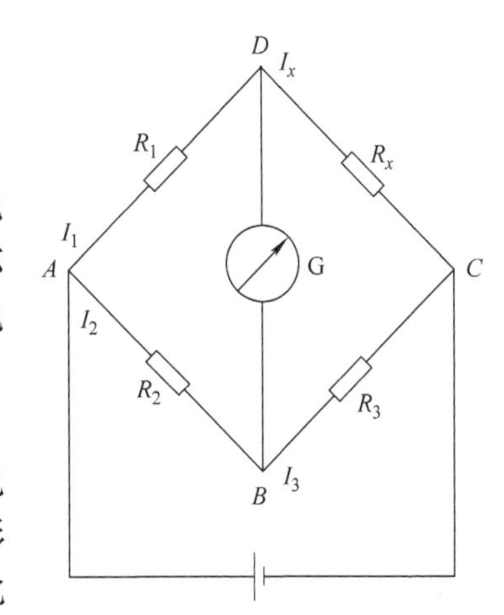

图3-10-1 惠斯通电桥的原理电路图

计 G 指零，电桥达到了平衡状态。此时有

$$I_1R_1=I_2R_2,\ I_xR_x=I_3R_3$$

由于 $I_1=I_x$，$I_3=I_2$，因此可得

$$R_x=\frac{R_1}{R_2}R_3 \tag{3-10-1}$$

式（3-10-1）称为惠斯通电桥的平衡条件，根据 R_1、R_2 和 R_3 的大小，可以计算出待测电阻 R_x 的阻值，一般称 R_1、R_2 为比率臂，R_3 为比较臂。

2. 开尔文电桥的工作原理

在惠斯通电桥的电路中，存在着接触电阻和接线电阻，这将会给低电阻的测量将带来很大的误差。特别是当待测电阻的阻值与接触电阻同数量级时，测量便无法进行。在此情形下，为了获得准确的测量结果，必须采用开尔文电桥进行测量。开尔文电桥的电路原理图如图 3-10-2 所示，其中 R_x 为待测电阻，R_s 为低值标准电阻，R_1、R_2、$R_{内}$ 和 $R_{外}$ 均为阻值较大的电阻，Y 表示连接 R_x 和 R_s 的接线电阻（其中包括这一接线与 R_x 和 R_s 的接触电阻）它与 R_x、R_s 同数量级，是引起测量误差的重要因素，必须设法消除它的影响。对图中以 7、2、4 为顶点的△形电路变换成 Y 形电路后，就可以把开尔文电桥变成一个惠斯通电桥，根据惠斯通电桥的平衡条件，不难得到开尔文电桥的平衡方程为

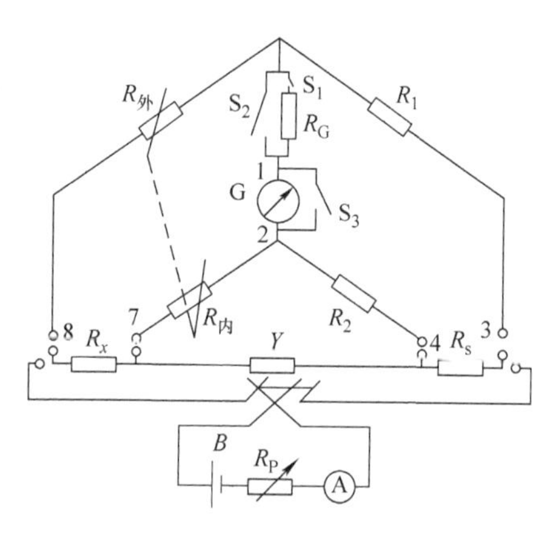

图 3-10-2　开尔文电桥的电路原理图

$$R_x=\frac{R_{外}}{R_1}R_s+\frac{R_2r}{R_{内}+R_2+r}\left(\frac{R_{外}}{R_1}-\frac{R_{内}}{R_2}\right) \tag{3-10-2}$$

不难看出，如果在电桥结构上能够做到 $R_{内}=R_{外}$ 和 $R_1=R_2$，则式（3-10-2）右边的第二项就会为零，此时平衡方程就变成如下形式：

$$R_2=\frac{R_{外}}{R_1}R_s \tag{3-10-3}$$

实际上不可能完全做到 $R_{内}=R_{外}$ 和 $R_1=R_2$，但只要把 r 值做得很小，式（3-10-2）右边的第二项便为二阶无限小量，此时就可以认为式（3-10-3）成立。

3. 电桥的灵敏度

式（3-10-1）和式（3-10-3）是在电桥平衡条件下推导出来的，而在实验中，测试者则是依据检流计 G 的指针有无偏转来判断电桥是否平衡的。然而，检流计的灵敏度是有限的。例如，选用电流灵敏度为 1 格/μA 的检流计作为指零仪，当通过检流计的电流小于 10^{-7}A 时，指针偏转不到 0.1 格，观察者难以觉察，就认为电桥已达平衡，因而带来测量误差。对此引入电桥灵敏度的概念，它的定义为

$$S=\frac{\Delta n}{\dfrac{\Delta R_x}{R_x}} \tag{3-10-4}$$

式中，ΔR_x 是在电桥平衡后 R_x 的微小增减量，实际上是桥臂 R 的增减量；Δn 是相应的检流

计偏转格数。

电桥灵敏度 S 的单位是“格”。S 越大，在 R_x 基础上增减 ΔR_x 所能引起的检流计偏转格数就越多。电桥越灵敏，测量误差越小。例如，$S=100$ 格表示当 R_x 改变 1% 时检流计有 1 格的偏转。

电桥灵敏度的大小是与工作电压有关的。在实验中，为使电桥灵敏度足够，电源电压不能过低，当然也不能过高，否则可能会损坏电桥。

【实验内容】

1. 用两端式惠斯通电桥测电阻（$10^2 \sim 10^6\Omega$）

（1）利用万用表的欧姆档粗测被测电阻 R_x 的阻值。

（2）按图 3-10-3 连接线路。

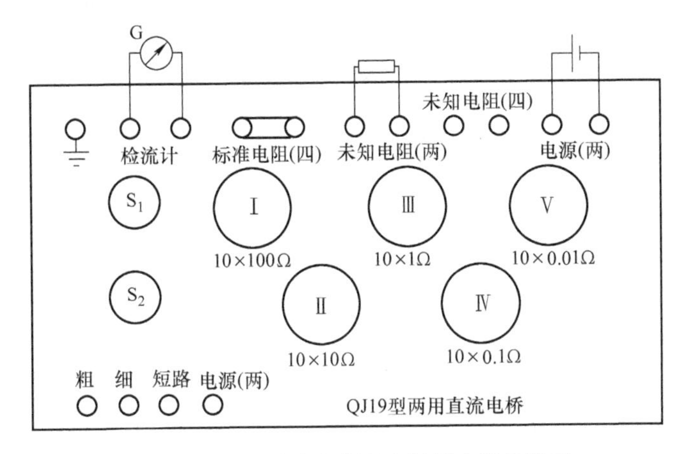

图 3-10-3 两端式惠斯通电桥测电阻接线图

① 将检流计接到“检流计”端钮（检流计的使用参见实验 12）；

② 将稳压电源接到“电源（两）”端钮；

③ 将被测电阻接到“未知电阻（两）”端钮，用短路片连接“标准电阻（四）”端钮。

（3）连线后检查四个按钮开关，并将其松开。经教师检查后方可打开稳压电源及灵敏电流计的电源开关。

（4）根据被测电阻 R_x 的估计值从表 3-10-1 中选择 R_1、R_2 及电源电压值。通过 S_1、S_2 两个旋钮调节出所需要的 R_1、R_2 值，调节稳压电源输出为所选值。先根据 $R_x=\dfrac{R_1}{R_2}R_3$ 估算出 R_3 的估计值，并在测量盘上设置该值。

表 3-10-1 桥臂电阻及电源电压的选择

R_x/Ω	桥臂电阻/Ω		电源电压/V
	R_1	R_2	
$>10^2 \sim 10^3$	10^2	10^2	1.5
$>10^3 \sim 10^4$	10^3	10^2	3
$>10^4 \sim 10^5$	10^4	10^2	6
$>10^5 \sim 10^6$	10^4	10	6

（5）首先，将“电源（两）”按钮按下并旋转卡住，接通电源。然后，按下“粗”按钮，调节测量盘电阻 R_3，直到检流计指零；松开“粗”按钮，按下“细”按钮，调节测量盘电阻 R_3 的后两个转盘（一般是这样）直到检流计准确指零为止，即电桥处于平衡状态。记录 R_1、R_2 及 R_3 的值，由 $R_x=\frac{R_1}{R_2}R_3$ 计算 R_x 值。

（6）若光标迅速离开标尺零刻线甚至跑出标尺外，不见踪影，应马上松开“粗”或“细”按钮，断续按下“短路”按钮，光标可以很快地回到零刻线并静止下来，以便继续调节 R_3，为保证测量精度，标度盘至少为 100Ω，尽量用到 1000Ω。

（7）电桥灵敏度的测定：对被测电阻 $R(\approx 1000\Omega)$ 时，按照表 3-10-2 中的各种情况调节比例臂的阻值，测定电桥的相对灵敏度。测量时，首先将电桥调至平衡态，然后改变比较臂电阻有效数字末位的读数，使检流计指针偏转 $\Delta n=10$ 格，记下此时 R_0、ΔR_0 和 Δn 的数值，按式（3-10-4）计算相对灵敏度 S。

表 3-10-2　电桥相对灵敏度的测量

比例臂阻值/Ω		R_0/Ω	$\Delta R_0/\Omega$	Δn（格）	$S=\frac{\Delta n}{\Delta R_0/R_0}$
$R_1=100$	$R_2=100$				
$R_1=100$	$R_2=100$				
$R_1=1000$	$R_2=1000$				
$R_1=1000$	$R_2=1000$				
测试条件		电源电压 =______ V；检流计支路电阻 R_L =______ Ω			

2. 用四端式开尔文电桥测低电阻

将被测低电阻及标准电阻等元件按图 3-10-4 所示线路连接，图中电源用稳压电源，输出电压为 2～6V，R_P 为滑线变阻器，S 为双刀双掷换向开关，要求跨接电阻 $r\leqslant 0.001\Omega$。调节滑线变阻器放在最大位置，接通双刀开关，再调节滑线变阻器，使电路中的电流为标准电阻和被测电阻所允许通过的电流数值，按表 3-10-3 选取 $R_1=R_2$ 的数值，按下“粗”按钮，接通检流计。调节测量盘使检流计指零，按下“细”按钮，调节测量盘，使电桥平衡，记录 R_1、R 和 R_s 的值，并按 $R_x=\frac{R}{R_1}R_s$ 计算被测电阻值。

表 3-10-3　$R_1=R_2$ 的数值选择

R_x/Ω		R_s/Ω	$R_1=R_2/\Omega$	当调换 R_x 和 R_s 的位置时			
				R_x/Ω		R_s/Ω	$R_1=R_2/\Omega$
从	到			从	到		
10	100	10	100	10^{-4}	10^{-3}	0.001	0.001
1	10	1	100	10^{-5}	10^{-5}	1000	1000
0.1	1	0.1	100	—	—	—	—
0.01	0.1	0.01	100	—	—	—	—
0.001	0.01	0.001	100	—	—	—	—

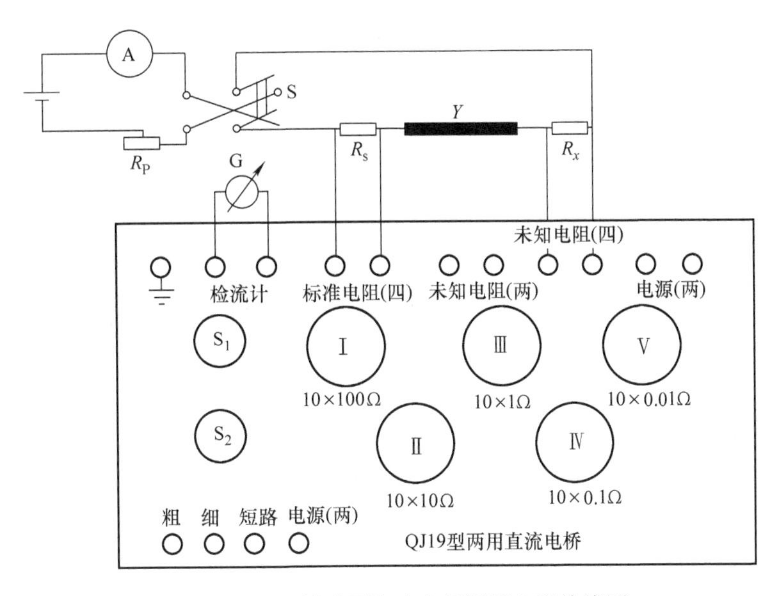

图 3-10-4 四端式开尔文电桥测低电阻接线图

【数据处理】

QJ19 型电桥的仪器误差按下式计算：

$$\Delta R = \pm \frac{C}{100}\left(\frac{R_n}{10} + X\right)$$

式中，R_n 为基准值（该值是为了规定电桥的准确度，供电桥各有效量程参比的一个单值，它是该量程内最大的 10 的整数幂）；X 为标度盘示值；C 为等级指数，用百分数表示（实验用 $C=0.05$）。

记录数据于表 3-10-4 中，给出测量结果。

表 3-10-4 实验数据记录表

次数	万用表 测量值/Ω	R_1/Ω	R_2/Ω	R_3/Ω	E/V	T_a/℃
1						
2						

【注意事项】

1. 实验结束应将复射式检流计的分流器旋至“短路”档。
2. 松开电桥上四个按钮开关。
3. 电桥测量应按表 3-10-1 和表 3-10-3 中的规定，尽可能用第Ⅰ标度盘读出被测电阻值的第一位数字，从而使测得的值更为准确。

【预习思考题】

1. 单臂电桥的组成有哪几部分？电桥的平衡条件是什么？

2. 分析下列因素是否会影响电桥测电阻的误差?

（1）电源电压不太稳定。

（2）检流计没有调好零点。

（3）检流计灵敏度不够高。

（4）导线电阻不能完全忽略。

实验11　电位差计的原理与使用

电位差计是一种精密的电学测量仪器，它不仅可以用来精密测量电动势、电压、电阻和电流，还可以用来校准电桥和电表。此外，它在非电学量的精密测量中也占有重要地位。

【实验目的】

1. 熟悉电位差计的结构、特点及其工作原理。
2. 学会正确使用箱式电位差计。
3. 了解热电偶的测温原理，学会用电位差计测量热电偶的温差电动势。

【实验仪器】

UJ31 型箱式电位差计、AC15 型直流复射式检流计、SS1792 型直流稳定电源、FB－203 型多档恒流智能控温实验仪、BC9a 型电动势标准量具。

【实验原理】

1. 电位差计

用电压表测量电源的电动势时，必然会有电流通过电源内阻，因为内阻上有电压降，所以电压表只能测定电源的端电压，而不能准确测定电源的电动势。

如果要准确测量未知电动势 E_x，原则上可以按图 3-11-1 安排线路，其中 E_0 是可调电压的电源。调节 E_0，使检流计指零。这表明回路中两电源的电动势 E_0 和 E_x 大小相等、方向相反，此时称电路达到电压补偿。补偿时，如果 E_0 的数值已知，则 E_x 即可求出。据此原理构成的测量电动势的仪器称为电位差计。可见，构成电位差计需要有一个 E_0，而且它还要满足两个要求：

（1）它的值应该便于调节，使 E_0 能够和 E_x 补偿。

（2）它的电压应该很稳定，并能读出准确的电压值。

图 3-11-2 是电位差计的原理线路图。它由三个回路组成。

① 工作电流回路：主要由工作电源 E、可调电阻 R_P，以及 A、B 间的精密电阻 R 组成。当回路中有一恒定的电流 I_0 流过电阻 R_{AB}时，改变 R_{AB}上两滑动头 C、D 的位置，就能改变 C、D 间的电位差 U_{CD}的大小。此时，U_{CD}就相当于图 3-11-1 中的 E_0。

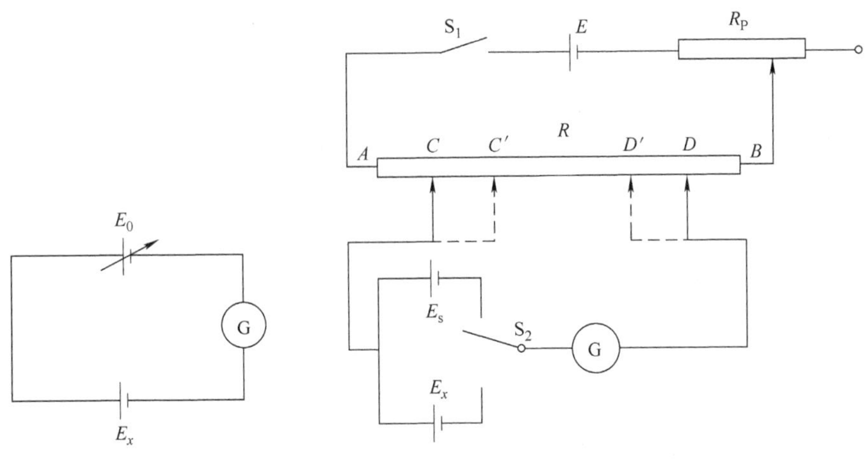

图 3-11-1　补偿原理　　　　图 3-11-2　电位差计原理线路图

② 校正工作电流回路：主要由标准电池 E_s、检流计 G，以及 A、B 间的部分电阻组成。

③ 待测回路：主要由待测电动势 E_x、检流计 G，以及 A、B 间的部分电阻组成。

电位差计的调节分为以下两步：

（1）校准工作电流：把开关 S_2 倒向标准电池 E_s 一边，根据标准电池电动势的大小，选定 C、D 间的电阻值为 R_s，使得

$$E_s = I_0 R_s$$

调节 R_P，改变工作回路中的电流，当检流计指针指零时，R_s 上的电压降恰好与标准电池的电动势 E_s 相等，这时工作回路的电流就被精确地校准到所需要的工作电流值。

（2）测未知电动势：把开关 S_2 倒向 E_x 一边（注意 R_P 应保持不变）。将 C、D 分别滑动到另一位置 C'、D'，使检流计指针指零。这时 C'、D' 间的电压降恰和待测电动势 E_x 相等，设 C'、D' 之间的电阻值为 R_x，则

$$E_x = I_0 R_x$$

因 I_0 已被校准，所以 E_x 就可以被测定，即

$$E_x = \frac{E_s}{R_s} R_x$$

2. 热电偶

用两种不同的金属（如铜和康铜）组成闭合回路，当两个接触点温度不同时，回路中就会产生温差电动势。这两种金属的组合体称为热电偶。如果热端的温度为 t，冷端温度为 t_0，则温差电动势和温差的关系近似为

$$E = C(t - t_0)$$

式中，C 为温差系数，表示温差为 1℃ 时的电动势，它的大小取决于组成热电偶的材料。

【仪器介绍】

1. UJ31 型箱式电位差计

UJ31 型箱式电位差计是一种测量低电压的精密电位差计。其原理同前所述，只不过是考虑到标准电池的电动势随温度变化，将图 3-11-2 中 A、B 间的精密电阻 R 分为 R_1 及 R_2

两部分（见图3-11-3）。R_1 是标准电池的分压电阻，应根据不同温度下标准电池的电动势来选择相应的电阻，以保证工作电流为定值。R_2 是待测电动势的分压电阻，它的阻值被换算成电压值刻在多个步进转盘上，便于直接读出待测电动势（或电压）的大小。

UJ31 型箱式电位差计面板图如图3-11-4 所示。“标准”“检流计”“5.7 ~6.4V”“未知1”“未知2”分别是标准电池、检流计、工作电源及待测电压的接入端。接入时除检流计外，必须注意它们的极性，且工作电源的电压为5.7 ~6.4V。

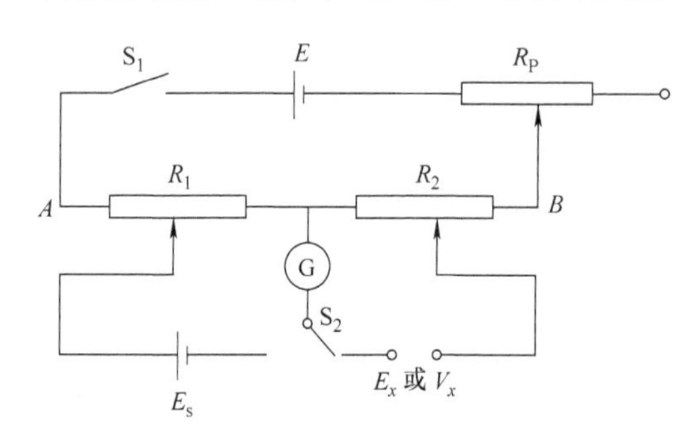

图3-11-3　UJ31 型箱式电位差计工作原理图

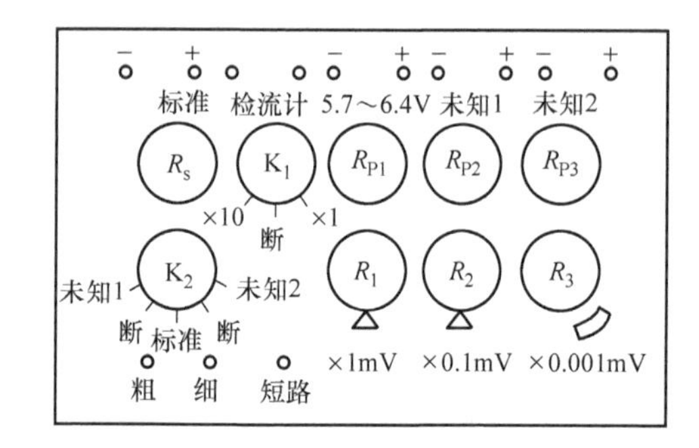

图3-11-4　UJ31 型箱式电位差计面板图

工作电流调节部分：用来调节工作电流的电阻 R_P，在 UJ31 型电位差计中被分为 R_{P1}（粗）、R_{P2}（中）、R_{P3}（细）三个电阻转盘，使用时应从“粗”到“细”进行调节。

温度补偿：为补偿标准电池电动势随着温度的变化而设置转盘 R_s，使用时应根据当时的标准电池电动势的值来调节。

测量部分：R_2 由步进转盘Ⅰ、Ⅱ和滑线转盘Ⅲ组成，待测电压的大小为各转盘的读数之和再乘 K_1 旋钮所指示的倍率。

工作状态转换：由 K_2 旋钮来完成。

检流计按钮：使用时先按“粗”按钮，进行相应部分调节，直至检流计指针指“零”，再按“细”按钮，进行细调。

“短路”按钮：为检流计迅速停摆而设计的旋钮。

使用要点：

（1）K_2 处于“断”的位置。

（2）K_1 处于“×1”档（或“×10”档，视被测量数值而定）。

（3）分别接上标准电池、检流计、工作电源、待测电动势。

（4）按下面公式算出室温下标准电池的电动势 $E(t)$，调节 R_s示值与其相等：

$$E(t)=E(20)-39.94\times10^{-6}(t-20)-0.929\times10^{-6}(t-20)^2+0.0090\times10^{-6}(t-20)^3$$

（5）校准工作电流，将 K_2 旋钮旋转到“标准”位置，断续按下“粗”按钮开关，依次调节 R_{P1}（粗）、R_{P2}（中）转盘，使检流计指针指零；按下“细”按钮开关，调节 R_{P3}（细）转盘，使检流计指针精确指零。

（6）测未知电动势，使 K_2 处于“未知”位置，按下“粗”按钮，调节步进读数盘，使检流计指针指零；按下“细”按钮，调节滑线读数盘，使检流计指针精确指零，被测电动势等于三个读数盘示值之和乘以倍率。

2. AC15 型直流复射式检流计

将检流计面板上的电源开关拨至“220V”，分流器旋至“×0.01”（指针指示电流幅度的1%），用右下角的“调零”旋钮进行自身调零。连接电路时，必须使用“-”接线柱。个别提供的AC5型直流检流计选“非线性”位置，自身调零既可用“调零”旋钮，也可用“补偿”旋钮。使用“输入”接线柱，不分正负极。

3. BC9a 型电动势标准量具

BC9a（或BC9）型标准电池的电动势数值稳定而精确，有五位有效数字（见表3-11-1）。数值可用下式确定（t_0为标准电池温度）：

$$E_s(t_0) = 1.0186 - [39.94(t_0 - 20) + 0.929(t_0 - 20)^2 - 0.0090(t_0 - 20)^3 + 0.00006(t_0 - 20)^4] \times 10^{-6}$$

表3-11-1 BC9a型标准电池在各温度区间内的标准电压

温度/℃	16～18	19～21	22～23	24～25
标准电压/V	1.0187	1.0186	1.0185	1.0184

4. SS1792 型直流稳定电源

SS1792型直流稳定电源可供两名实验者同时使用。它能长时间保持输出稳定，但短时间内有小于1mV的周期与随机偏移。使用“调流”旋钮可以限制电流输出，“调压”旋钮可以限制电压输出。

5. FB203 型恒流智能控温实验仪

表3-11-2 FB203型恒流智能控温实验仪的出厂设定

比例带 P（%）	积分时间 I/s	微分时间 D/s	上限温度 SP1/℃	下限温度 SP2/℃
3.5	200	40	250.0	5.0

接通仪器背面的电源开关，在温控器上进行温度如下设置：

（1）按设定键“SET”，显示字符“SP”。

（2）按小数点移位键“<”。

（3）按加键“∧”或减键“∨”得到所需温度值。

（4）再连续按设定键“SET”五次，则如表3-11-2所示显示出厂设定，分别出现字符“P”“I”“D”“SP1”“SP2”，如不一致，改回设置。

（5）按设定键“SET”，直到流程结束“End”。

至此，整个温度设置过程已完成，如需改变设置，重复以上步骤即可。

温度设置完成后，再旋动“可调恒流源”端钮，恒流源从0.25A至2A分为五档，旋钮由“关”转至“0.25A”表示已有0.25A的恒定电流送到加热器，使加热器加热，电流越大升温越快，但一般应先选择小电流，再逐渐加大电流为宜，以免影响测量精度。

加热时应关闭风门并把传感器总成完全放入加热炉内并盖正。

降温时，只需打开风门将传感器总成提至一定高度并固定好，使其自然降温。

也可通过调节风门打开的程度来控制降温的速度，以满足实验的需要。

仪器后面板上的“冰点补偿”端钮为外接冰点用，必须用一导线短接“冰点补偿”端钮后，仪器方能工作，否则“温差电动势输出”端钮将无输出信号。

测量要求：将“SP”设在高于室温 10℃，用中电流（1A）加热至该温度，同时调节电位差计，测量热电偶温差电动势。每隔 10℃设置测量一次，共测 10 组。

【实验内容】

用电位差计测热电偶的温差电动势：

1. 按图 3-11-5 接好线路。
2. 按电位差计使用方法校准工作电流。
3. 用电位差计测量温差电动势。每升高 10℃测一次数据，共测 10 组；然后，令温度降低，每降低 10℃测一次数据，共测 10 组。将测量数据填入自拟的数据表格。
4. 用逐差法求出温差系数 C，计算误差 ΔC。
5. 绘出温差电动势-温度差的关系图线，并用作图法求出温差系数 C。
6. 作图法见第 1 章 1.6.2 节，也可用逐差法处理数据。
7. 实验数据参考表见表 3-11-3。

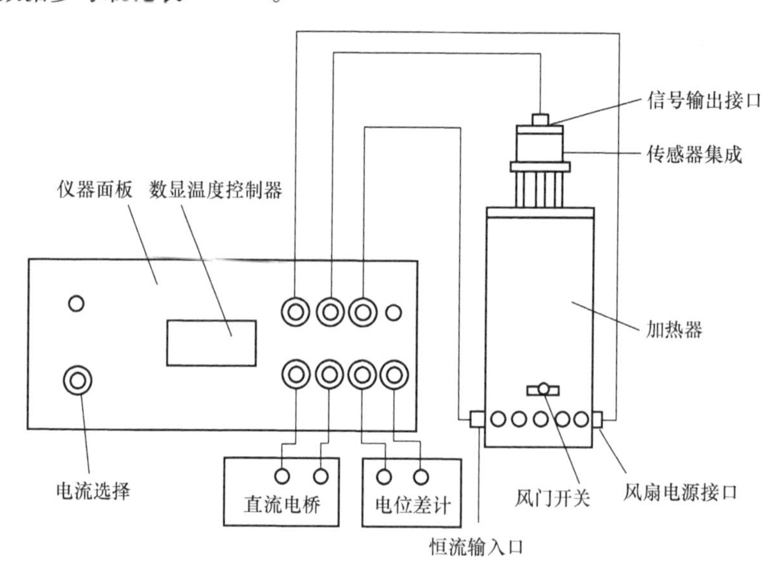

图 3-11-5　用电位差计测热电偶的温差电动势实验用图

表 3-11-3　实验数据参考表

t/℃										
E/mV										

【注意事项】

1. 电位差计在每次测量前都必须校准工作电流，校准与测量的时间间隔越短越好。

2. 为了保护检流计和标准电池，测量前必须估算待测电动势的大小，把读数盘预先放在适当位置，并采取相应的保护措施。

3. 标准电池只能作为电动势的参考标准，绝对不允许当电源使用，也不允许用一般电表测量其电动势；使用标准电池时不能摇晃和振动，更不能倾倒。

4. 电位差计上有一个10分度游标大滑线圆盘，不要使用其“100”以上的刻度。

【预习思考题】

1. 电位差计由几个回路组成？它们各起什么作用？
2. 如何校准箱式电位差计的工作电流？
3. 图3-11-3中的R_P、R_1、R_2、S_2分别对应于图3-11-4中的哪几个旋钮？

【讨论题】

1. 若在校准工作电流的过程中，检流计指针总是偏向一边，试分析有哪些可能的原因？
2. 工作电源不稳定对电位差计的使用有无影响，为什么？
3. 用箱式电位差计测定电阻或校准电流表时可用图3-11-6所示的电路。图中E是工作电池，R_2是已知的直读式可变精密电阻，R_1是待测（待校准）电阻，A是待校电流表。试回答下列问题：

（1）测定电阻R_1时，从箱式电位差计“未知”端引出的两根导线$E_x(+)$和$E_x(-)$应如何连接在1、2、3、4点上？简述测定电阻R_1的步骤。

（2）校准电流表时，$E_x(+)$和$E_x(-)$应接在1、2、3、4的哪两点上？简述校准电流表的实验步骤。

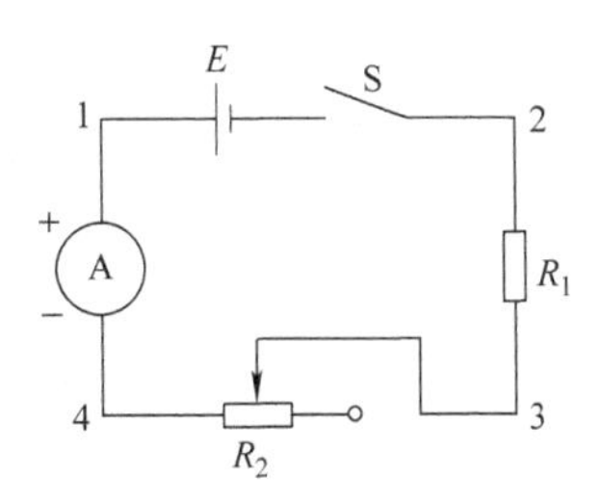

图3-11-6 校准电阻和电流表的一种线路

实验12 灵敏电流计的研究

灵敏电流计是一种高灵敏度的磁电系仪表，可用来测定微弱电流（10^{-6} ~ 10^{-10}A）或微小电压（10^{-3} ~ 10^{-6}V），如光电流、生理电流、温差电动势等。但更多的是用作检流计，如精密电桥、精密电位差计的平衡指示器，以提高测量的精确度。

【实验目的】

1. 了解灵敏电流计的原理和构造特点。
2. 熟悉灵敏电流计主要特性参数的测量方法。
3. 掌握灵敏电流计的正确使用方法。

【实验仪器】

AC15型直流复射式检流计、电阻箱、滑线变阻器、伏特表、电池、双刀双掷开关、单刀开关、导线。

【实验原理】

1. 灵敏电流计的基本结构

灵敏电流计的基本结构如图 3-12-1 所示。矩形线圈通过具有弹性并且电阻较小的张丝悬挂于永久磁铁和圆柱形铁心之间。线圈以张丝为轴可以灵活转动。线圈首、尾两端分别与上、下张丝相连接，电流即由此通过。一个轻而薄的小反射镜固定在张丝的前表面。一束平行光被投射到小反射镜上，当电流流过线圈时，磁场作用于线圈的力矩使线圈以张丝为轴转动（小反射镜和线圈同时转动，即转动的角度相同）。由小反射镜反射的光束随之改变方向，投影在标尺上形成“光线指针”。如果在光路中加入几块固定反射镜，可使光束被多次反射后投射到标尺上，这样就大大加长了“光线指针”的长度，从而进一步提高了灵敏度。采用这种读数系统的灵敏电流计称为复射式检流计。

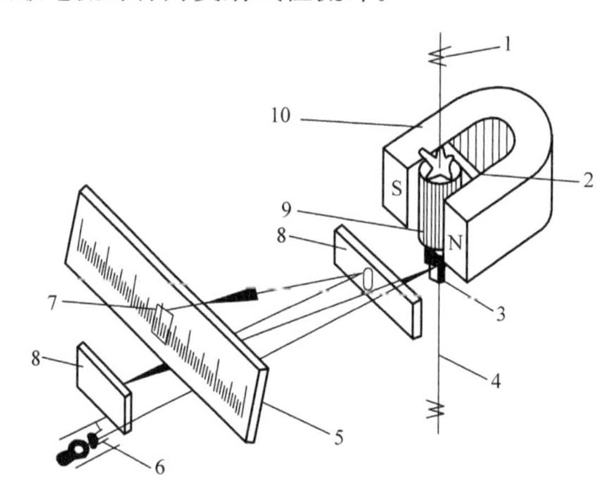

图 3-12-1　灵敏电流计的基本结构

1—张丝（上）　2—矩形线圈　3—小反射镜　4—张丝（下）
5—标尺　6—光源　7—光线指针　8—固定反射镜
9—圆柱形铁心　10—永久磁铁

2. 线圈运动的阻尼特性

灵敏电流计线圈的运动状态跟与线圈相连接的外电阻 $R_{外}$ 及线圈内阻 R_g 的大小有关。这是由灵敏电流计的结构和外接电路所决定的。

灵敏电流计工作的等效电路如图 3-12-2 所示。R 为外电路的等效电阻，R_g 为灵敏电流计的内阻。当开关 S 由 P 转向 O 时，通过灵敏电流计的电流从零变为 I_g。线圈由初始的平衡位置开始转动，在磁场的磁力矩、张丝的弹性回复力矩和感应产生的磁阻尼力矩的共同作用下，转到新的平衡位置。下面就磁阻尼力矩做一讨论。

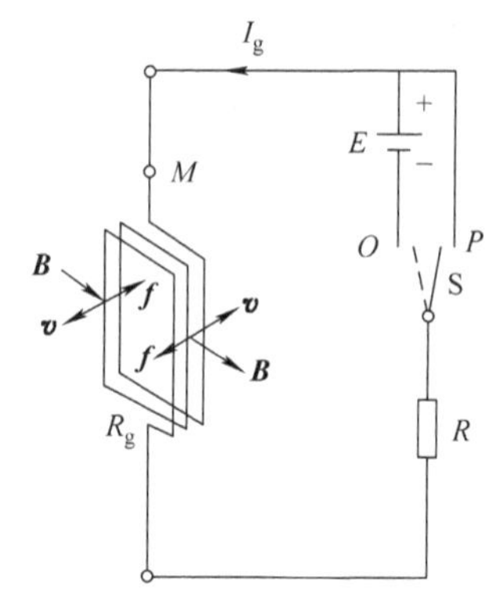

图 3-12-2　灵敏电流计工作的等效电路

在线圈运动的过程中，由于穿过线圈截面的磁通量随时间变化，从而产生的感应电动势为

$$E = -NBS\frac{\mathrm{d}\theta}{\mathrm{d}t} \tag{3-12-1}$$

式中，S 为线圈截面面积；N 为线圈匝数；B 为磁感应强度。在由 R_g 和 $R_{外}$ 所构成的闭合回路中，E 形成的感应电流为

$$i = -NBS\frac{1}{R_g + R_{外}}\frac{d\theta}{dt} \tag{3-12-2}$$

由楞次定律知，感应电流 i 与磁场相互作用，产生阻止线圈运动的电磁阻尼力矩为

$$M_p = -(NBS)^2\frac{1}{R_g + R_{外}}\frac{d\theta}{dt} \tag{3-12-3}$$

由此可见，控制 $R_{外}$ 的大小就能改变 M_p 的大小，从而控制线圈的运动状态。

当电流接通或者断开时，在线圈中产生的阻止线圈运动的电磁阻尼力矩均为 M_p，只是运动初始的平衡位置不同，因此在接通或者断开电流时，线圈运动的状态基本相同。

我们把线圈的运动状态大体划分为三种状态，即欠阻尼、过阻尼和临界阻尼运动状态。

（1）当 $R_{外}$ 较大时，M_p 较小，线圈做振幅逐渐衰减的来回摆动。光标需要很久才能逐渐停在新的平衡位置上。$R_{外}$ 越大，则 M_p 越小，振动时间也就越长，我们称这种状态为欠阻尼运动状态，如图 3-12-3 中曲线 1 所示。

（2）当 $R_{外}$ 较小时，M_p 较大，线圈缓慢地向新的平衡位置靠近。$R_{外}$ 越小，则 M_p 越大，到达平衡位置所需要的时间也越长。我们称这种状态为过阻尼运动状态，如图 3-12-3 中曲线 3 所示。

利用过阻尼特性，我们可以在电流计两端并联一个开关 S′，当合上 S′时，$R_{外}=0$，阻尼力矩 M_p 很大。在实验中，当光标移动到需要它停下来的位置附近时，只需反复合上开关 S′数次，使电流计线圈短路，就可以使光标很快地停下来，这就方便了我们操作。开关 S′称为阻尼开关。

（3）当 $R_{外}$ 适当时，线圈能很快地到达平衡位置而又不来回摆动。即在欠阻尼运动状态和过阻尼运动状态之间的一种过渡状态，我们称这种状态为临界阻尼运动状态，如图 3-12-3中曲线 2 所示。这时，对应的 $R_{外}$ 称为外临界电阻，用 R_c 表示。

临界阻尼运动状态是电流计最理想的工作状态，此时电流计能迅速对电流的变化做出反应。在实际使用时应使电流计工作在此状态下。

3. 测量电流分度值

实验测量电路如图 3-12-4 所示。电源 E 的电压经过滑线变阻器 R_P 一次分压后，用电压表指示电压值 U，再经过 R_1、R_0 二次分压，在小电阻 R_0（$=1\Omega$）上得到微弱电压 U_0。通过电流计的电流 $I_g=\frac{U_0}{R_2+R_g}$。当 $R_2 \gg R_0$ 时，将 $U_0=\frac{UR_0}{R_1+R_0}$代入 I_g，得

$$I_g = \frac{UR_0}{(R_1+R_0)(R_2+R_g)} \tag{3-12-4}$$

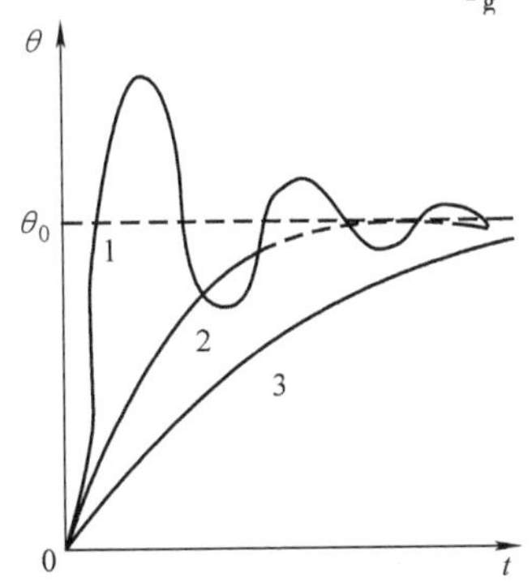

图 3-12-3　三种运动状态曲线

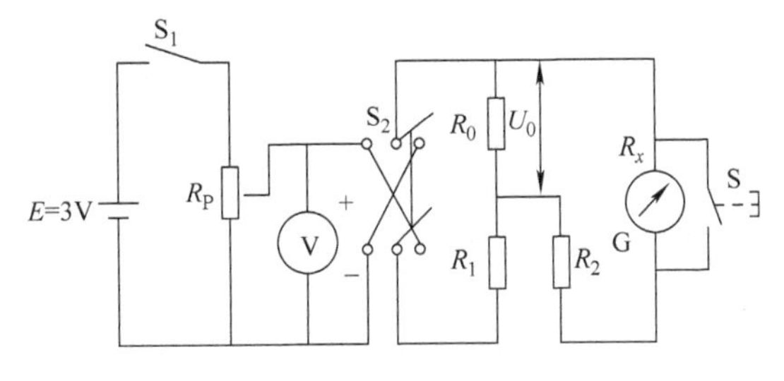

图 3-12-4　实验测量电路

由于电流分度值$K=\frac{I_g}{d}$，所以

$$K=\frac{UR_0}{(R_1+R_0)(R_2+R_g)d}$$

当$R_1 \gg R_0$时，有

$$K=\frac{UR_0}{(R_2+R_g)R_1 d} \tag{3-12-5}$$

4. 半偏法测内阻

测定内阻R_g时，对应某个R_2值可测得电流计光标偏转格数d，由式（3-12-5）可知

$$d=\frac{R_0}{R_1}\frac{U}{K(R_2+R_g)}$$

保持R_0、R_1均不变，调节R_2，使得光标偏转格数为$d/2$，则有

$$\frac{d}{2}=\frac{R_0}{R_1}\frac{U}{K(R_2'+R_g)}$$

式中，R_2'为此时R_2的阻值。经整理可得

$$R_g=R_2'-2R_2 \tag{3-12-6}$$

通过计算光标由d偏转到$d/2$前后所对应的R_2值即可测得电流计内阻R_g。

【仪器介绍】

AC15/6型直流复射式检流计面板图如图3-12-5所示，其内阻具有低和高两个档位，适用性较广。主要技术规格列于表3-12-1中。

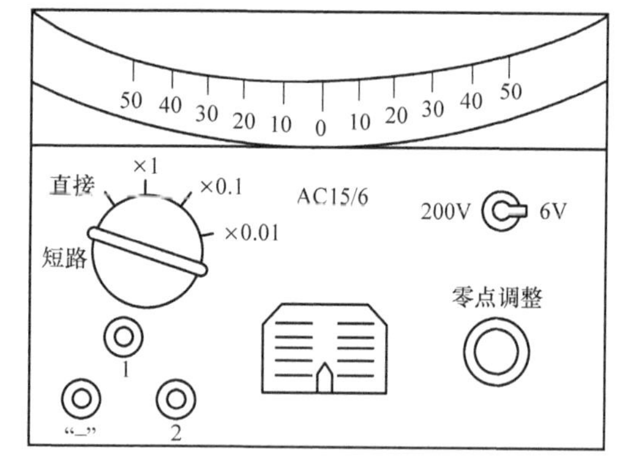

图3-12-5　AC15/6型直流复射式检流计面板图

使用要点：

（1）“–”～“1”两接柱用于低内阻测量，“–”～“2”两接线柱用于高内阻测量。

（2）“零点调整”旋钮用于光标零点粗调，直接拨动表盘可进行细调。

（3）分流器的“0.01”“0.1”“1”和“直接”各档的灵敏度依次提高，使用时应先低后高，其中“直接”档内部无分流电阻。“短路”档能使光标停止摆动。检流计的线圈及张丝很精细，不允许过重的振动和过分的扭转。搬动电流计必须使电流计短路，轻拿轻放。搁置不用时，也应将电流计短路。

（4）使用中要时常注意零点有无变化，如有变化应及时调整。

表3-12-1　AC15/6型直流复射式检流计主要技术规格

选档	内阻/Ω	外临界电阻	电流分度值/(A/div)	临界阻尼时间/s
“–”～“1”	<50	<500Ω	$\approx 5\times10^{-9}$	4
“–”～“2”	<500	<10kΩ	$\approx 5\times10^{-10}$	4

【实验内容】

1. 观察电流计的三种运动状态并测量外临界电阻R_c

（1）选电流计的“－”～“2”两接线柱，按图3-12-4接好线路，为保护电流计，开始应将R_P调至分压最小，$R_0=1\Omega$，$R_1=9000\Omega$。

（2）将电流计置于直接档，根据铭牌标出的外临界电阻值R_c，先取$R_2=4R_c$。改变R_P使电压表$U=1V$左右，合上S_2，调节R_1使电流计光标偏转约40mm。光标稳定后迅速将S_2断开，观察光标回到零位置时的运动状态。

（3）取$R_2=R_c/4$，调节R_1使光标偏转40mm，再观察光标回到零位置时的运动状态。

（4）取$R_2=R_c$，重复上述内容。并将现象记录下来，填入自拟的表格内。

（5）改变R_2值，使光标刚刚做不振荡回零运动，此时R_2的值即为外临界电阻R_c。

2. 应用半偏法测定电流计高内阻档的内阻R_g

（1）选接电流计高内阻档。

（2）调节$R_2=4000\Omega$，调节R_1使电流计光标偏转最大为60mm。

（3）调节R_2使电流计偏转30mm，此时R_2的阻值为R_2'（此过程中不能改变V、R_0和R_1的值），代入式（3-12-6）计算出R_g值。

（4）为了消除指针左右指示不对称所产生的误差，应在电流计左偏测量出R_g后，再使S_2换向，令电流计光标右偏再测一次R_g。

（5）重复上述步骤，连续测量三组，将记录填在自拟的表格内，计算平均值$\overline{R}_g$。

3. 测量电流分度值K

（1）取$R_2=R_c$，调节R_P值改变电压U，调节R_1使指针向左偏转60mm，在不改变U、R_1和R_2的条件下，改变换向开关的方向，测出光标指针向右偏转的数值$d_{右}$。

（2）调节R_P使电压U分别为1.1V、1.2V、1.3V，记录下相应的R_1、R_2，以及$d_{左}$、$d_{右}$读数值。用式（3-12-5）计算电流分度值K。

实验完毕，经教师检查数据后，将电流计置于短路档，拆除线路。

【数据处理】

电流计型号________，“－”～“2”档内阻$R_g=$________Ω，“－”～“2”档电流分度值为________A/div，“－”～“2”档外临界阻$R_c=$________Ω。

1. 观察阻尼特性，并将观察到的现象填入自拟的表格中。

2. 计算电流内阻R_g。

3. 计算电流分度值$K=\overline{K}\pm\overline{\Delta K}$（提示：取$\Delta d=0.5\text{div}$）。

【预习思考题】

1. 灵敏电流计为什么比普通电流表灵敏，使用灵敏电流时应注意哪些问题，电流计闲置不用时，为什么要短路？

2. 图3-12-4所示测量电路中的各仪器分别起何作用？增大电压U时，电流计光标偏转如何变化，增大电阻R_1，偏转又如何变化？

3. 通常使用灵敏电流计时，要读零点两侧的光点偏移值，然后取平均，这是为什么？

【讨论题】

1. 已知一个灵敏电流计的内阻$R_g=1k\Omega$，外临界电阻$R_c=1.3k\Omega$，量限为I_{gm}，用它测量一个真空光电管 F 在可见光范围的光电流 I，光电管内阻很大，相对于 R_g 及 R_c 来说可看作无限大。

在图 3-12-6a 的测量电路里，灵敏电流计是否可以在临界阻尼状态下工作？

图 3-12-6b 的电路又如何，它能测量的最大光电流 I_m 是 I_{gm} 的多少倍，如果所要测的光电流大于 I_m 怎么办？

在图 3-12-6c 的电路里，灵敏电流计是否可以在临界阻尼状态下工作？量限是否比图 3-12-6b扩大了？

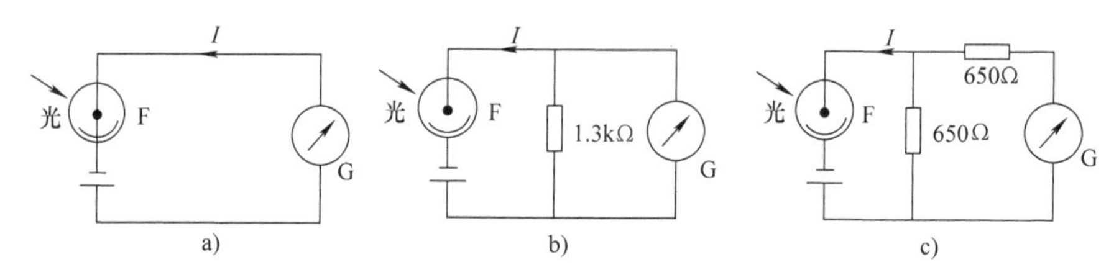

图 3-12-6　真空光电管测量电路

2. 若要测量电流计的低档内阻，可用等偏法进行测量，试推导其计算公式。

实验 13　示波器的使用

电子示波器又称为电子射线示波器，是一种用途很广泛的电子测量仪器，可以直接观察电压的波形，并测定电压的大小。因此，一切可转化为电压的电学量（如电流、频率、相位、功率等）和非电学量（如温度、压力、速度、位移等）都能用示波器来观察。

【实验目的】

1. 了解示波器的构造及工作原理。
2. 学会用示波器观察电信号的波形，掌握测量电压和频率的方法。
3. 学会函数发生器（或信号发生器）的使用。

【实验仪器】

示波器（V-252）、函数发生器（或信号发生器）等。

【实验原理】

示波器是由电子示波管及与其配合的电子线路组成的。

（1）电子示波管。如图 3-13-1 所示，电子示波管是外形与扬声器相似的电子管，它主要由电子枪、偏转系统和荧光屏组成。

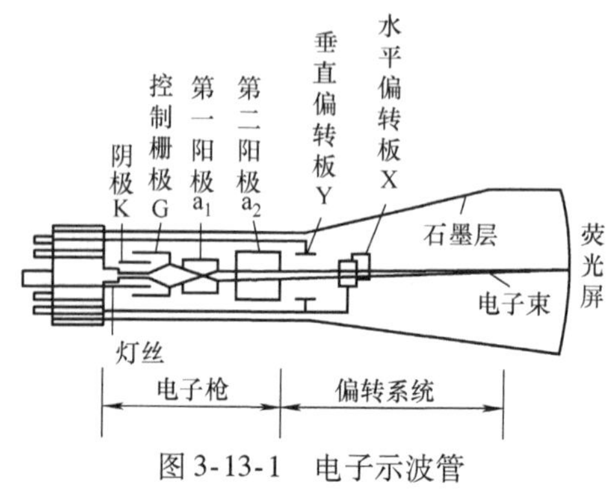

图 3-13-1　电子示波管

① 电子枪由灯丝、阴极、栅极、第一阳极、

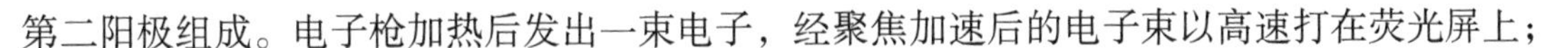

第二阳极组成。电子枪加热后发出一束电子，经聚焦加速后的电子束以高速打在荧光屏上；

② 偏转系统由一对垂直偏转板和一对水平偏转板组成。偏转板上加电压产生偏转电场用来控制电子束射到荧光屏上的位置。当偏转板上不加电压时，电子束便会射到荧光屏中心。

③ 荧光屏的内表面涂有一层荧光粉，它在高速电子的轰击下会发出一定颜色的光点，这样通过荧光屏上的亮点轨迹，就可以显示电子的运动轨迹。

（2）放大系统和衰减系统。由于电子示波管的两对偏转板灵敏度不高，当加于偏转板的信号电压较小时，电子束不能发生足够的偏转，以致屏上的光点位移过小，不便观测。这就需要预先把小的信号电压加以放大再送到偏转板上。为此设置 X 轴及 Y 轴放大器。用方框图表示的原理图如图 3-13-2 所示。衰减器的作用是使过大的被测信号电压经衰减器减小后，再送到偏转板上，从而使输入信号的大小控制在屏幕上可观测的范围内。衰减器是一个不连续调节的分压器。

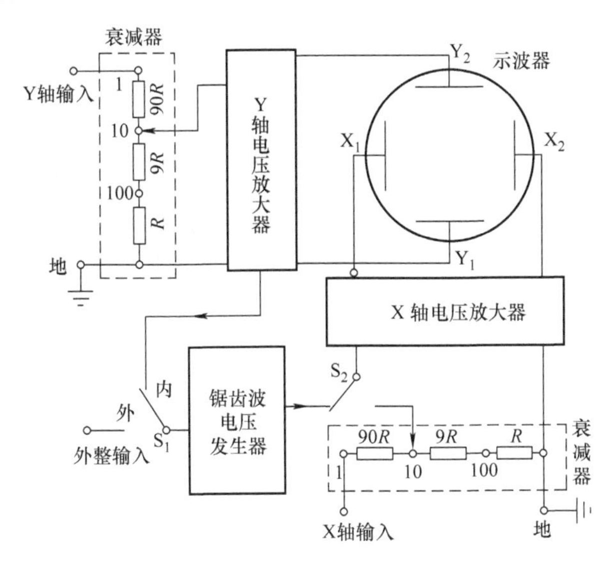

图 3-13-2　示波器方框原理图

（3）扫描与同步系统。通常我们要观测从 Y 轴输入的正弦波电压波形，若在 Y 轴偏转板上加正弦波电压，在 X 轴偏转板上不加信号电压，荧光屏上的光点将沿 Y 轴方向做上下的正弦振动。当振动频率较快时，我们看到的是一条垂直亮线，而不是正弦波形。若在 Y 轴偏转板上加正弦电压的同时，在 X 轴偏转板上加随时间做线性变化的电压，称扫描电压（或锯齿波电压），则光点在按正弦规律上下垂直运动的同时，又匀速地在水平方向上移动，因而在荧光屏上就能描画出被测的正弦信号波形。

光点沿 X 轴正向的线性匀速变化及反跳过程称为扫描。扫描周期可以由电路进行连续调节。当扫描周期与加在 Y 轴偏转板上的信号的电压周期相同时，荧光屏上显示出一个完整的正弦波形。当扫描周期 $T_x = NT_y$（T_y 为 Y 轴信号电压周期，N 为整数）时，荧光屏上会出现 N 个正弦波形。如果扫描周期 T_x 与信号电压周期 T_y 不是整数倍关系，则荧光屏上看不到稳定的正弦波形。

由于加在 Y 轴的信号电压与加在 X 轴的扫描电压是两个相互独立的电振荡频率，它们

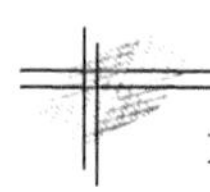

之间的频率比难以满足整数倍关系，所以扫描电压的频率必须是可调的，通过调节扫描频率才可以实现 $T_x = NT_y$。在实验过程中不可避免地要有所变化，特别是当 Y 轴信号电压频率较高时，在荧光屏上很难得到稳定的波形。采取的办法是，用 Y 轴信号频率控制扫描频率，使扫描频率准确地等于信号电压频率或二者成整数倍关系。这个过程称整步（同步），即通过放大后的轴信号电压接至锯齿波发生器电路中，迫使其发生变化，从而在荧光屏上显示出稳定的正弦波形。在图 3-13-2 中，开关与矩齿波电压发生器相连，控制电子沿 X 轴水平方向扫描，如果需要从 X 轴偏转板输入信号电压，则将开关拨到右边，矩齿波发生器不再起作用。在大多数情况下利用机内的整步系统，开关拨到“内”；如果要使用示波器外部的整步装置，则将开关拨到“外”。

【仪器介绍】

V-252 双踪示波器所有的控制件均位于前、后面板上，如图 3-13-3 所示，其名称和用途详述如下。

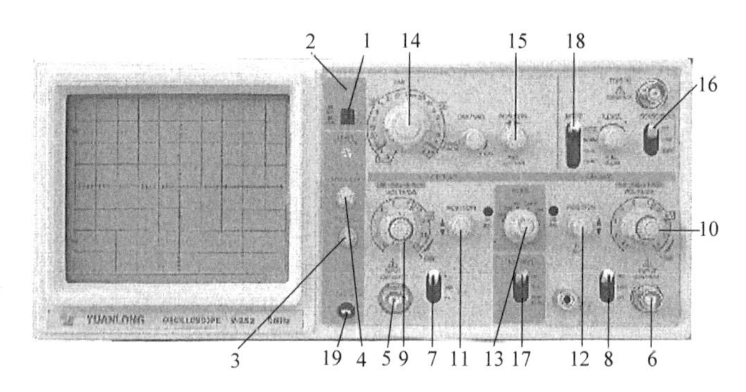

图 3-13-3　V-252 双踪示波器面板图

1 ~ 4 为电源和示波管系统的控制件，其功能为：

1. 电源开关：电源开关按下时为电源开，弹开时为电源断。

2. 电源指示灯：电源接通后指示灯亮。

3. 聚焦控制：当辉度调到适当的亮度后，调节此旋钮直至扫描线最佳。虽然聚焦在调节亮度时能自动调整，但有时会稍有漂移，应通过手动调节以获得最佳聚焦状态。

4. 辉度控制：此旋钮用来调节辉度电位器，改变辉度。顺时针方向旋转，辉度增加；反之，辉度减小。

5 ~ 13 为垂直偏转系统的控制件，其功能为：

5. CH1 输入：BNC 端子用于垂直轴信号输入。当示波器工作于 X-Y 方式时，输入到此端的信号变成 X 轴信号。

6. CH2 输入：同 CH1，但当示波器工作在 X-Y 方式时，输入到此端的信号作为 Y 轴信号。

7、8. 输入耦合开关（AC-GND-DC）：此开关用于选择输入信号送至垂直轴放大器的耦合方式。AC：在此方式时，信号经过一个电容器输入，输入信号的直流分量被隔离，只有交流分量被显示。GND：在此方式时，垂直轴放大器输入端接地。DC：在此方式时，输入信号直接送至垂直轴放大器输入端显示，包含信号的直流成分。

9、10. “VOLTS/DIV”选择开关：该开关用于选择垂直偏转因数，使显示波形置于一个易于观察的幅度范围。当把“10∶1”探头连接于示波器的输入端时，荧光屏上的读数要乘10。

11. CH1位移：此旋钮用于调节CH1信号垂直方向的位移。顺时针方向旋转，波形上移；逆时针方向旋转，波形下移。

12. CH2位移：倒相控制，位移功能同CH1，但当旋钮拉出时，输入到CH2的信号极性被倒相。

13. 工作方式选择开关（CH1、CH2、ALT、CHOP、ADD）：此开关用于选择垂直偏转系统的工作方式。CH1：只有加到CH1通道的信号能显示；CH2：只有加到CH2通道的信号能显示；ALT：加到CH1和CH2通道的信号能交替显示在荧光屏上，此工作方式用于扫描时间短的两通道观察；CHOP：在此工作方式时，加到CH1和CH2通道的信号受250kHz自激振荡电子开关的控制，同时显示在荧光屏上，此工作方式用于扫描时间长的两通道观察；ADD：在此工作方式时，加到CH1和CH2通道的信号的代数和显示在荧光屏上。

14～15为水平偏转系统的控制件，其功能为：

14. “TIME/DIV”选择开关：扫描时间范围从0.2μs/DIV到0.2s/DIV，共分19档；X-Y位置用于示波器工作在X-Y状态；此时X（水平）信号连接到CH1输入端，Y（垂直）信号连接到CH2输入端，偏转范围从1mV/DIV到5V/DIV，带宽缩小到500kHz。

15. 水平位移：该旋钮用于水平移动扫描线，顺时针旋转时，扫描线向右移动；反之，扫描线向左移动。

16～18为触发系统，其功能为：

16. 触发源选择开关（INT、LINE、EXT）：此开关用于选择扫描触发信号源。INT（内触发）：以加到CH1或CH2的信号作为触发源；LINE（电源触发）：取电源频率作为触发源；EXT（外触发）：外触发信号加到外触发输入端作为触发源，外触发用于垂直方向上的特殊信号的触发。

17. 内触发选择开关（CH1、CH2、VERT MODE）：此开关用于选择扫描的内触发源；CH1：以加到CH1的信号作为触发信号；CH2：以加到CH2的信号作为触发信号；VERT MODE（组合方式）：用于同时观察两个波形，同步触发信号交替取自CH1和CH2。

18. 触发方式选择开关。AUTO（自动）：本状态仪器始终自动触发，显示扫描线，有触发信号时，获得正常触发扫描，波形稳定显示；无触发信号时，扫描线将自动出现。NORM（常态）：当触发信号产生时，获得触发扫描信号，实现扫描；无触发信号时，应当不出现扫描线。

其他控件还包括19，其功能为：

19. 校正0.5V端子：输出1kHz、0.5V的校正方波，用于校正探头电容补偿。

【实验内容】

1. 熟悉示波器的使用

仪器通电前应检查所用交流电源是否符合要求，并置各控制旋钮如下：辉度控制（4）应逆时针旋转到底；聚焦控制（3）应居中；输入耦合开关（7、8）应置于GND；CH1或CH2位移（11、12）居中（旋钮按进）；工作方式选择开关（13）置于CH1；触发方式选择开关（18）置于 AUTO；触发源选择开关（16）置于 INT；内触发选择开关（17）置于 CH1；“TIME/DIV”选择开关（14）置于 5ms/DIV；水平位移（15）置于居中。

完成上述准备工作后，打开电源。15s 后，顺时针旋转辉度控制旋钮（4），扫描线将出现。如果立即开始使用，调聚焦控制旋钮（3）使扫描亮线最细。如果打开电源而仪器不使用，逆时针旋转辉度控制旋钮（4）降低亮度也使聚焦模糊。调节 CH1 或 CH2 位移旋钮（11、12），移动扫描亮线到示波管中心，与水平刻度线平行。

2. 观察函数发生器（或信号发生器）输出的信号波形

（1）将函数发生器信号输出端接示波器“CH1”端，各控制旋钮的状态设置如下：垂直工作方式为 CH1 触发，触发方式为自动（AUTO），触发信号源为内触发（INT），内触发置开关选择 CH1，然后打开函数发生器的电源开关。

（2）将函数发生器的波形选择按钮“～”按下，选择输出正弦信号。调节频率改变输出的频率值。再调节“幅度”旋钮（或“衰减”按钮）使输出信号电压的幅度适宜。

（3）分别观察频率为 500Hz、100Hz、3000Hz 的正弦信号波形，并记录在记录纸上。

3. 比较法测峰-峰值

开始测量前先做好以下事情：调节亮度和聚焦旋钮于适当位置以便观察，最大可能减少显示波形的读出误差。

交流电压测量：置输入耦合开关于 AC 位置，确定零电平位置。置“VOLTS/DIV”选择开关于适当位置。如果有一波形显示，且波形的波峰与波谷垂直占 4.2 格（$N=4.2$DIV），当“VOLTS/DIV”选择开关指在 50mV/DIV 处时，则 50mV/DIV × 4.2DIV = 210mV，即 V_{p-p} = VOLTS/DIV × N（N 为波形所占的格数）。

4. 双通道波形观测

（1）将示波器各控制旋钮的状态设置如下：工作方式选择开关（13）置于 CHOP，触发信号源为内触发（INT），内触发置于 VERT MODE 模式。

（2）如图 3-13-4 所示，CH1 接 A、B，CH2 接 A、C；调节控制件 6、10、11、12，观察并记录波形。

5. 用示波器观察二极管的伏安特性曲线

（1）按图 3-13-4 接好线路，交流电源由函数发生器提供，实验前将输出电压幅度调整到零。

（2）“TIME/DIV”选择开关（14）置于 X-Y 位置；CH1 接 A、B；CH2 接 A、C；由小到大调节函数发生器的电压幅度，使荧光屏上显示出二极管正反向伏安特性曲线的图形。

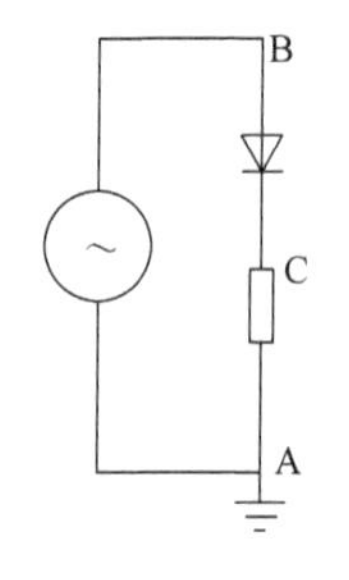

图 3-13-4　观察二极管的伏安特性曲线线路图

【注意事项】

1. 为了保护荧光屏不被损伤，调节示波器时，光点亮度不能太强，而且也不能让光点长时间停留在荧光屏的一点上。在实验过程中，如果短时间不使用示波器，可将辉度控制旋钮沿逆时针方向旋至尽头，阻止电子束的发射，使光点消失。不要经常通断示波器的电源，以免缩短示波管的使用寿命。

2. 示波器上所有开关与旋钮都有一定的强度与调节限度，使用时不可用力过猛或随意乱旋。

【预习思考题】

1. 示波器由哪几个主要组成部分？各个部分的作用是什么？
2. 简要写出示波器面板上各旋钮的作用。

【讨论题】

1. 用示波器观察正弦电压波形时，荧光屏上出现如图3-13-5所示两种图形，请问是哪些旋钮的位置不对？应如何调节？
2. 示波器能否用来测量直流电压？如果能，应如何测量？

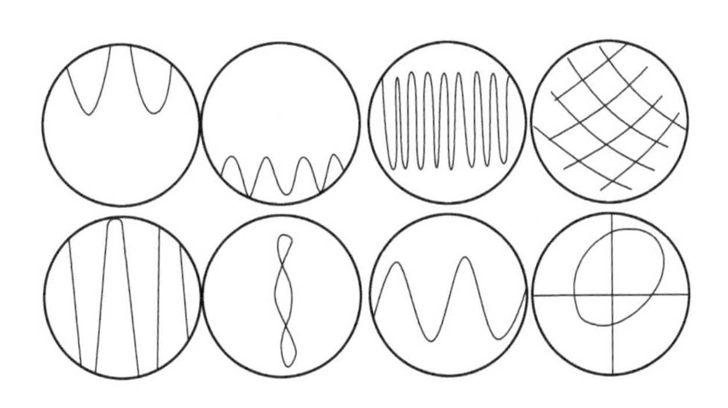

图3-13-5 讨论题1用图

实验14 薄透镜焦距的测量

透镜是最基本的光学成像元件，焦距又是透镜的重要参数之一，因而学会测量透镜的焦距，并熟悉透镜成像规律，是分析光学成像系统的基础。

【实验目的】

1. 掌握测量薄透镜焦距的几种方法。
2. 掌握简单光路的调整方法。
3. 加深对透镜成像规律的认识。

【实验仪器】

光具座、光源、薄凸透镜、薄凹透镜、物屏、像屏、平面反射镜等。

【实验原理】

无论是凸透镜还是凹透镜，其中部均有厚度，且大小不同。当透镜的中心厚度与其焦距相比很小时，这种透镜称为薄透镜。薄透镜的概念是相对的，在一定近似范围内，由许多透镜组成的透镜组也可当作薄透镜来处理，这样可使问题大大简化。这一类透镜的焦距是光心到焦点的距离。

1. 凸透镜焦距的测量原理

（1）自准法。如图 3-14-1 所示，当光源处在凸透镜焦点上时，点光源发出的光经凸透镜折射后成为平行光。若能验证出射光为平行光，那么光源 S_0 所在的位置便是透镜的焦点，光心 O 与光源 S_0 之间的距离即为焦距 f。我们利用光的可逆原理来验证，具体的做法是在透镜后面放一块与透镜主光轴垂直的平面镜 M，光平行主光轴射于平面镜 M 并沿原路返回，仍会聚于 S_0 上，即光源和光源的像都在透镜的焦点处；如果光源不是点光源，而是一个发光的、有一定形状的物屏，则当该物屏位于凸透镜焦平面上时，其像必然也在该焦平面上，而且呈倒像。此时，物屏至凸透镜光心的距离便是其焦距 f。

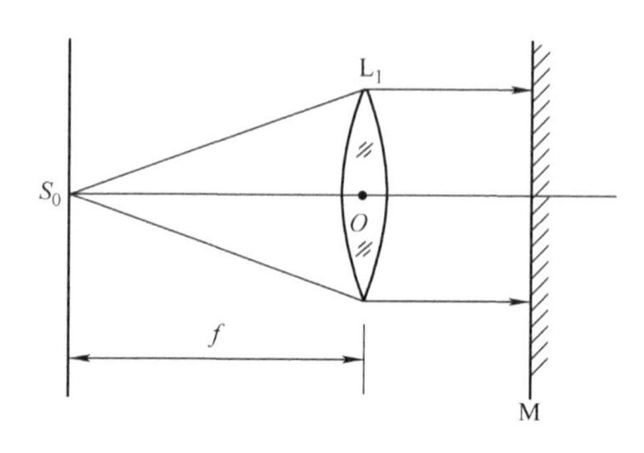

图 3-14-1　自准法测凸透镜焦距原理图

（2）物距像距法。如图 3-14-2 所示，物 AB 发出的光线经凸透镜折射后，将成像在另一侧。只要测出物距 u 和像距 v，代入薄透镜近轴光线成像公式，即

$$\frac{1}{u}+\frac{1}{v}=\frac{1}{f} \tag{3-14-1}$$

则可算出透镜焦距 f。

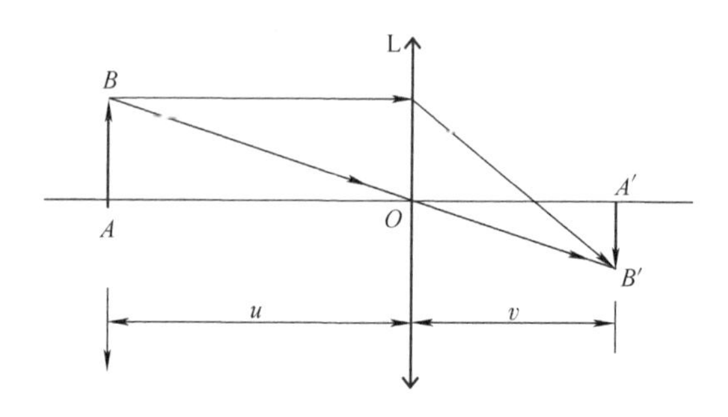

图 3-14-2　物距像距法测凸透镜焦距原理图

在测量 u、v 及 f 时，首先要确定透镜的光心位置。如果光心位置确定不准，即光心与底座标线不共面，则测出的 u、v 及 f 就会有误差。消除这一系统误差的方法之一就是利用共轭法测凸透镜焦距。

（3）共轭法（二次成像法）。如图 3-14-3 所示，保持物屏与像屏的位置不变，并使其间距 $D>4f$，当凸透镜置于物屏与像屏之间时，可以找到两个位置，使像屏上都能得到清晰的像。当透镜移至位置 O_1 时，屏上得到一个倒立、放大的实像 A_1B_1；当透镜移至 O_2 处时，屏上得到一个倒立、缩小的实像 A_2B_2。设 O_1 与 O_2 之间的距离为 d，当透镜在 O_1 位置时，有

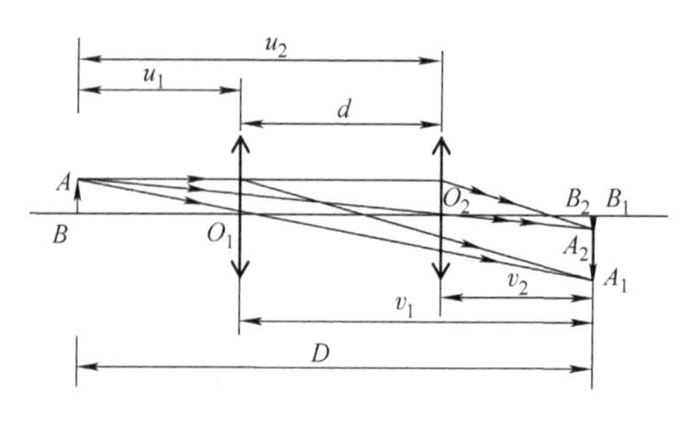

图 3-14-3　共轭法测凸透镜焦距原理图

$$\frac{1}{u_1}+\frac{1}{v_1}=\frac{1}{f} \tag{3-14-2}$$

当透镜在 O_2 位置时，有

$$\frac{1}{u_2}+\frac{1}{v_2}=\frac{1}{f} \tag{3-14-3}$$

其中 $u_2=v_1+d$，$v_2=D-u_1-d$，将其代入式（3-14-3）得

$$\frac{1}{u_1+d}+\frac{1}{D-u_1-d}=\frac{1}{f} \tag{3-14-4}$$

由式（3-14-2）和式（3-14-4），得

$$f=\frac{D^2-d^2}{4D} \tag{3-14-5}$$

由式（3-14-5）可知，只要测得 D 和 d，就可以算出凸透镜的焦距 f，此方法的优点是在测量 u、v 时，避免了由于估计透镜光心位置不准确而产生的误差。

2. 物距像距法测凹透镜焦距的测量原理

凹透镜对光线有发散作用，因而实物不能得到实像，这样像屏接收不到像，也就无法确定 u 和 v。所以必须借助于凸透镜。

如图 3-14-4 所示，先用凸透镜 L_1 使物 AB 成倒立缩小的实像 $A'B'$，在凸透镜 L_1 与像 $A'B'$之间放入待测凹透镜 L_2，如果$\overline{O'A'}<f_{凸}$，则通过 L_1 的光束经 L_2 折射后，仍能成一实像 $A''B''$。但应注意，对凹透镜 L_2 来讲，$A'B'$为虚物，物距 $u=-\overline{O'A'}$，像距 $v=\overline{O'A''}$代入成像公式（3-14-1），即能计算出凹透镜焦距 $f_{凹}=\dfrac{uv}{v+u}$（注意：u 应代负值）。

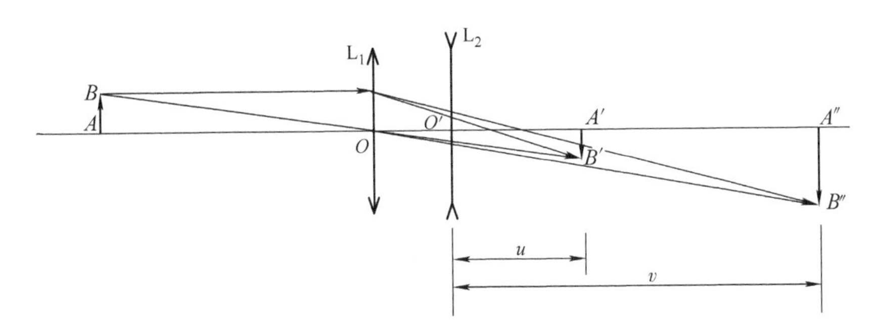

图 3-14-4 物距像距法测凹透镜焦距原理

【实验内容】

1. 调节光具座上各元件使之“同轴等高”

由于应用薄透镜成像公式必须满足近轴光线条件，因此应使光学元件的主光轴重合，而且还要使该光轴与光具座导轨平行。这一调节称为“同轴等高”调节，它是光学实验中的基本技能，必须很好掌握，调节方法如下。

（1）粗调：把光源、物屏、透镜和像屏装到光具座导轨上，先将它们靠拢，调节高低和左右，使各光学元件的中心大致在一条与导轨平行的直线上；再使物屏、透镜、像屏所在的平面互相平行，且与导轨垂直。这些操作都是靠目视来判断的，比较粗糙，所以称为粗调

阶段。

（2）细调：应用成像规律来调整。

① 利用自准法调整：在物屏上看见像后，仔细调节透镜的上下或左右位置，使物、像的中心重合。

② 利用共轭法调整：使物屏与像屏间距 $D>4f$，缓缓地将凸透镜从物屏移向像屏，在此移动过程中，像屏上将先后获得一次放大的和一次缩小的清晰像。若两次成像的中心重合，则表明此光学系统已达到同轴等高的要求；若大像中心在小像中心的下方，说明透镜位置偏低，应将透镜调高；反之，则将透镜调低。调整时应注意用“大像追小像”。

③ 当有两个透镜或两个以上透镜时（如测 $f_{凹}$），必须逐个进行上述调整，先将一个透镜（凸）调节好，记下像中心在屏上的位置。然后加上另一透镜（凹），再次观察成像的情况，对后一透镜的位置做上下、左右的调整，直至像的中心仍旧保持在第一次成像时记下的中心位置上。

2. 测凸透镜焦距

（1）近似法：先用一种简易方法估算一下待测透镜焦距。将待测凸透镜安装好，以实验室中远处的物品作为物，经透镜折射后成像于像屏上。测出透镜与屏的距离，即为透镜焦距的近似值。

（2）用自准法测量凸透镜焦距。

① 将凸透镜、物屏及平面镜依次装在光具座的导轨上，慢慢地改变凸透镜至物屏的距离，直至物屏上看到与物大小相等、清晰的倒像为止。但要注意区分物发出的光线经凸透镜表面反射后所成的像与平面镜反射所成的像。分别记下物屏和透镜在光具座上的位置 S_0 和 O，则两位置读数相减 $|S_0-O|=f_{凸}$，即为凸透镜的焦距。

② 在实际测量时，由于对像的清晰程度的判断难免会有一定的误差，故采用左右逼近法读数。先使凸透镜自左向右缓慢移动，像刚清晰时就停止，记下透镜位置；再使透镜自右向左移动，像刚清晰时就停止，记下透镜位置。最后取两次读数的平均值作为凸透镜的位置 O。以上步骤重复测量三次，并将数据填入表 3-14-1 中。

表 3-14-1　自准法测凸透镜焦距数据表　　单位：cm

次数	S_0	位置 O		
		左	右	平均值
1				
2				
3				

（3）用共轭法测量凸透镜焦距。

① 按图 3-14-3 所示，放上物屏和像屏，并使两者间距 D 固定在大于 $4f$ 的某一整数值上。放上凸透镜。

② 移动透镜，测出成放大像和缩小像时透镜在光具座上的位置 O_1 和 O_2，计算出 d 等于 O_1 与 O_2 之间的距离。

③ 改变像屏位置，重复步骤②的测量三次，并将数据填入表 3-14-2 中。

表 3-14-2 共轭法测凸透镜焦距数据表 单位：cm

次数	物屏位置	位置 O_1			位置 O_2			像屏位置
		左	右	平均值	左	右	平均值	
1								
2								
3								

注意：间距 D 不要取得太大，否则将使一个像缩得很小，以致难以确定凸透镜在哪一位置上时成像最清晰。

3. 物距像距法测量凹透镜焦距

① 将凸透镜 L_1 置于光具座的某个位置 O 处，移动像屏，使一个清晰、缩小的像出现在屏上，记下像屏位置 A'。

② 在凸透镜与像屏之间按图 3-14-4 所示加入待测凹透镜 L_2，记下 L_2 的位置 O'，移动像屏直至屏上出现清晰的像，记下像屏的位置 A''。由此得 $u=-\overline{O'A'}$，$v=\overline{O'A''}$，代入成像公式（3-14-1）便可算出 $f_{凹}=\dfrac{uv}{v+u}$（注意：u 应代负值）。

③ 改变凸透镜 L_1 位置，重复步骤②的测量三次，并将数据填入表 3-14-3 中。

表 3-14-3 物距像距法测凹透镜焦距数据表 单位：cm

次数	O' 凹透镜位置	A'（小像屏位置）			A''（大像屏位置）		
		左	右	平均值	左	右	平均值
1							
2							
3							

4. 观察凸透镜成像规律

测出凸透镜的焦距 $f_{凸}$ 之后，就可以分成几种情况定性地观察凸透镜的成像规律。分别在 $u>2f$、$f<u<2f$、$u<f$ 这三种典型条件下，观察像的虚实、大小、正倒情况。

【数据处理】

1. 将测量的数据填入相应的表格中。

2. 计算出由自准法和共轭法测得的凸透镜焦距 $f_{凸}$ 及物距像距法测得的凹透镜焦距 $f_{凹}$，给出完整的结果表示。

【注意事项】

透镜和平面镜都是易碎光学元件，应轻拿轻放。不能用手触摸光学面，如果想清洁表面，应该用镜头纸轻轻擦拭。

【预习思考题】

1. 请设想一个简单的方法来区分凸透镜和凹透镜（不允许用手触摸）。

2. 在光具座上做光学实验时，为什么要调节光学系统同轴，调节同轴有哪些要求，怎样调节？

3. 列表写出物距不同时凸透镜的像距和像的性质（正倒、大小、虚实）。

【讨论题】

1. 试说明用共轭法测凸透镜焦距 f 时，为什么要使物屏和像屏间距 D 大于 $4f$，共轭法有何优点？

2. 在自准法测凸透镜焦距实验中，移动透镜位置时，为什么能在物屏上先后两次出现成像现象，哪一个是自准直像，怎样判断？

实验 15　分光计的调整及使用

分光计是一种精确测定光线偏转角度的仪器，常被用来测量棱镜折射率、光波波长、光栅常数、色散率等物理量。学会正确地调整和使用分光计有助于今后使用更复杂的光学仪器。

【实验目的】

1. 了解分光计的结构。
2. 掌握分光计的调整和使用。
3. 学会用分光计测棱镜顶角及折射率。

【实验仪器】

JJY 型分光计、汞灯、平面镜、三棱镜。

【仪器介绍】

JJY 型分光计的结构如图 3-15-1 所示，主要由望远镜、载物台、平行光管和读数装置组成。

1. 望远镜

自准直望远镜是一种带有阿贝目镜的望远镜，主要由目镜、分划板和物镜组成。分别装在三个套筒中，可以相对移动，其结构如图 3-15-2 所示。分划板上刻有双十字形叉丝，分划板下方与小棱镜直角面胶合在一起，直角面上有“ + ”字形透光孔，小灯泡发出的光经小棱镜改变 90°方向后，从“ + ”字形透光孔出射。当分划板处在物镜焦平面上时，“ + ”字形透光孔发出的光经物镜出射后成为平行光。若用一垂直于望远镜光轴的平面镜将此平行光反射回来，则对称地成像在分划板叉丝上部的水平线上。

望远镜可以单独绕中心轴转动，也可以与刻度盘固定在一起绕中心轴转动（拧紧螺钉 14）。

2. 载物台

载物台用来放置光学元件，台下三颗螺钉用于调节台面的倾斜度。载物台可绕中心轴转

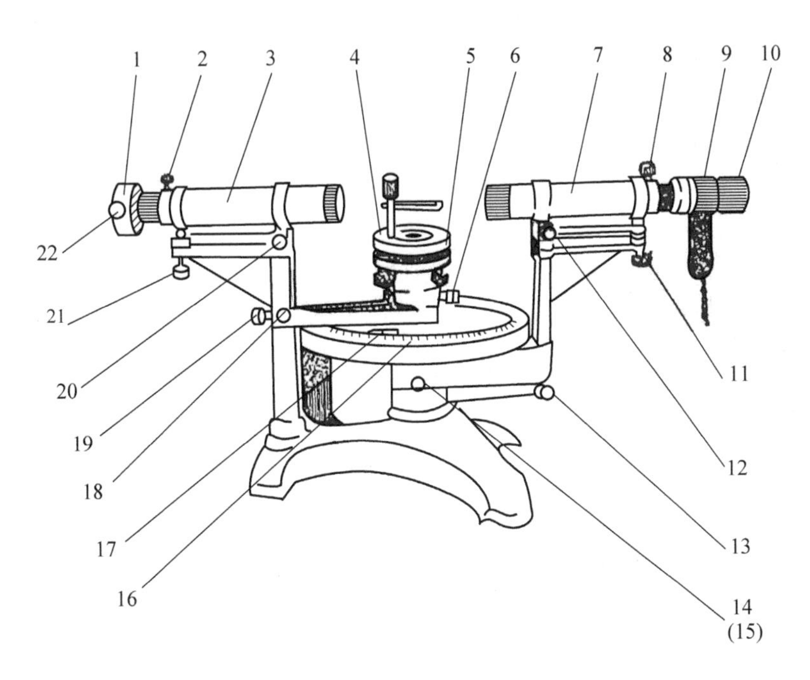

图 3-15-1 JJY 型分光计的结构图

1—狭缝装置 2—狭缝套筒锁紧螺钉 3—平行光管 4—载物台 5—载物台调平螺钉 6—载物台锁紧螺钉 7—望远镜 8—目镜套筒锁紧螺钉 9—自准直目镜 10—目镜视度调节手轮 11—望远镜光轴高低调节螺钉 12—望远镜光轴水平方向调节螺钉 13—望远镜微调螺钉 14—转轴与角度盘止动螺钉 15—望远镜止动螺钉（在背面） 16—刻度盘 17—游标盘 18—示盘微调螺钉 19—游标盘止动螺钉 20—平行光管光轴水平方向调节螺钉 21—平行光管光轴高低调节螺钉 22—狭缝宽度调节螺钉

动，松开螺钉6，载物台可被升降。

3. 平行光管

平行光管由狭缝和透镜组成。松开螺钉2，可前后移动狭缝套筒，当狭缝位于透镜的焦平面上时，平行光管就会射出平行光。调节螺钉22，可以改变狭缝的宽度。

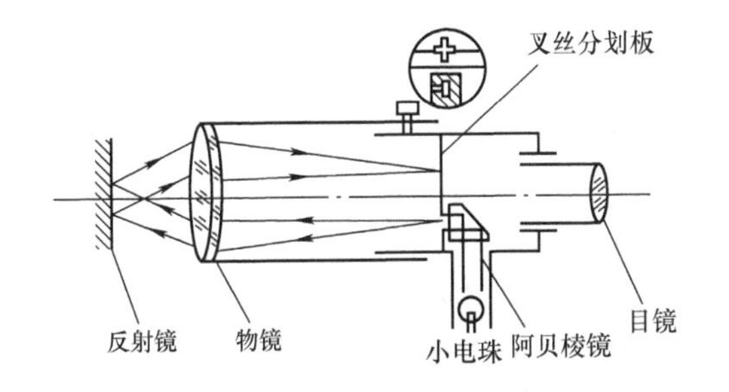

图 3-15-2 自准直望远镜的结构示意图

4. 读数装置

读数装置由刻度盘与游标盘组成。刻度盘分为360°，最小刻度为30′，JJY 型分光计的最小分度值为1′，仪器误差 $\Delta\varphi=1'$。读数时，从游标零线所对刻度读出0.5°以上“度”数，再从与刻度盘某刻线对齐的游标刻线读出“分”数（图 3-15-3 的读数为116°12′）。为了消除刻度盘与分光计中心轴线之间的偏心差，在刻度圆盘同一直径的两端各装一个游标。测量时，两个游标都应读数，然后算出每个游标始、末两次读数的差，再取平均值。这个平均值就是望远镜（或载物台）转过的角度。

【实验原理】

如图 3-15-4 所示，三角形 *ABC* 表示三棱镜的横截面，*AB*、*AC* 为光学面，底面 *BC* 为磨砂面，两个光学面的夹角 α 称为三棱镜的顶角。入射光线与经三棱镜两次折射后的出射光线所成的角 δ，称为偏向角。可以证明，当入射光线和出射光线处在三棱镜对称位置时，偏向角达到最小值，这时的偏向角称为最小偏向角，用 $\delta_{\min}$ 表示，棱镜玻璃的折射率 n 与棱镜顶角 α、最小偏向角的关系为

$$n = \frac{\sin[(\alpha + \delta_{\min})/2]}{\sin(\alpha/2)} \tag{3-15-1}$$

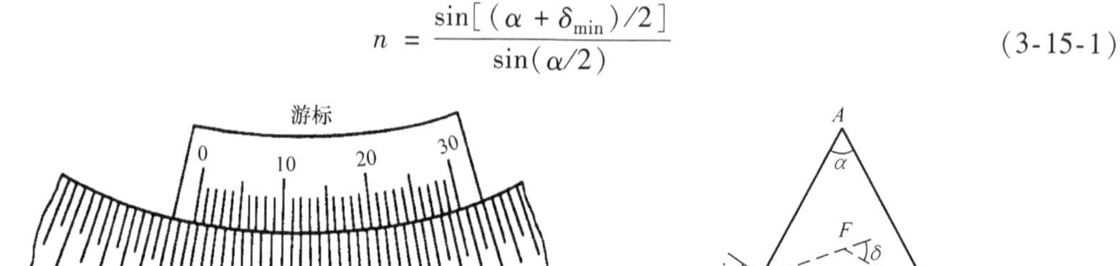

图 3-15-3　角游标度数用图　　　图 3-15-4　三棱镜的折射

【实验内容】

1. 分光计的调整

为了准确测量角度，测量前应了解分光计上每个零件的作用，以便调节。一台已调好的分光计必须具备以下三个条件：①望远镜聚焦于无穷远，或称适合于观察平行光；②平行光管发出平行光，即狭缝口的位置正好处于平行光管透镜的焦平面上；③望远镜和平行光管的中心光轴一定要与分光计的中心轴相互垂直。

（1）目测粗调。打开分光计照明电源，放上平面镜。调节望远镜、载物台、平行光管大体成水平状态。此时由于望远镜的视场角较小，从平面镜反射的绿色小“+”字像不一定都能进入望远镜镜筒。转动载物台，眼睛沿望远镜旁侧观察，判断从平面镜正、反两面反射的“+”字像能否进入望远镜内。适当调节望远镜和载物台的倾斜度，使得两次反射的“+”字像都能进入望远镜镜筒。

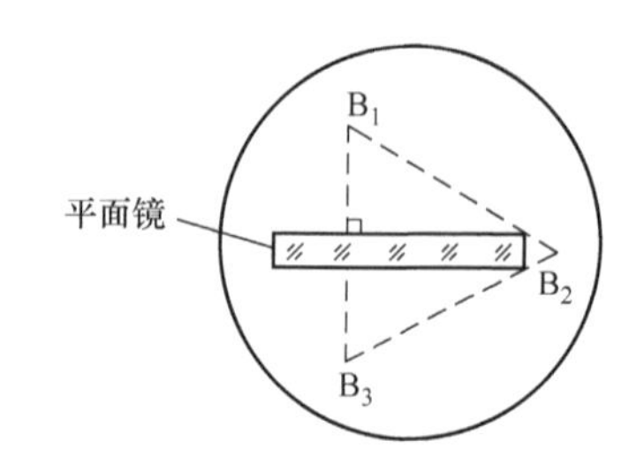

图 3-15-5　平面镜的放置

（2）用自准法调节望远镜。旋转目镜视度调节手轮10，使分划板的十字叉丝清晰。调节平面镜的方向和位置，使平面镜所在的平面处于载物台下方的三颗调节螺钉中任意两颗螺钉连线的中垂面上，如图 3-15-5 所示。经过目测粗调，一般能较容易地在望远镜中找到反射的绿“+”字像。然后松开螺钉 8，通过调节望远镜的物镜和分划板间的距离，使绿“+”字像清晰，并做到当左右移动眼睛时，绿“+”字像与分划板十字叉丝无相对位移，即无视差。在图 3-15-5 中所示的调节螺钉 B_1 和 B_3 中任选一个，调节该螺钉使绿“+”字像向叉丝上部移近一半距离；再调节望远镜下的倾斜度螺钉 11，使绿“+”字像与叉丝上部的水平线重合。使平面镜镜面转过 180°后，继续调节选定的那一颗螺钉和望远镜下的倾斜度螺钉，重复上法（各半调节法）调节，使平面镜正、反两面反射回来的绿

"+"字像都与分划板十字叉丝上部的水平线重合，这时望远镜的光轴就垂直于仪器转轴了。

（3）调平载物台。在载物台上，对照台面上的槽痕转动平面镜，使平面镜所在的平面平行于图3-15-5中所示的B_1和B_3的连线，这时再调节B_2就可以使载物台平面基本上垂直于仪器转轴了。

（4）调节平行光管产生平行光。取下平面镜，打开汞灯电源。用已调好的望远镜作为基准，正对平行光管观察。调节螺钉22，使狭缝的像细而亮。松开螺钉2，前后调节狭缝，在望远镜中能看到清晰的狭缝像，使狭缝像与分划板十字叉丝无视差。这时平行光管发出的光即为平行光。转动狭缝，使狭缝像平行于分划板的水平线，调节平行光管的倾斜度螺钉21，使狭缝像与分划板中间的水平线重合，然后再转动狭缝，与分划板的垂直线重合，拧紧螺钉2。此时，平行光管光轴与望远镜光轴重合，且二者均垂直于仪器转轴。

2. 用自准法测三棱镜顶角

（1）按图3-15-6所示在载物台中心放置好三棱镜，转动载物台，使光学面AB正对望远镜，微调（因载物台已基本调平）载物台的螺钉B_1，使绿"+"字像与分划板上方黑"+"字叉丝重合；转动载物台，使光学面AC正对望远镜，微调载物台的螺钉B_2，使绿"+"字像与分划板上方黑"+"字叉重合；反复调几次，直到两个光学面都能达到自准。

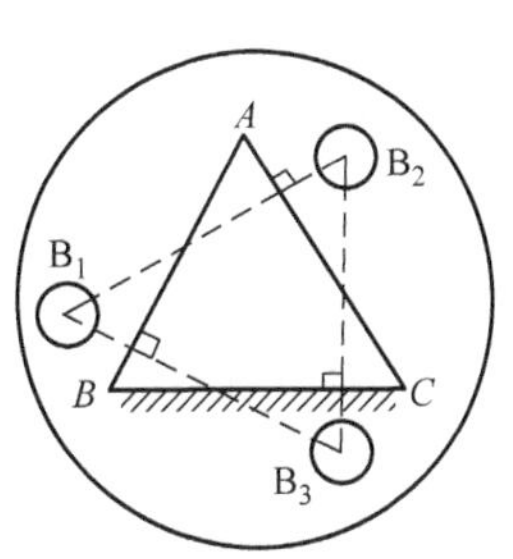

图3-15-6　三棱镜的放置

（2）转动载物台，在光学面AB自准时，拧紧螺钉19，微调螺钉18，使绿"+"字像与分划板垂直线重合，记下游标读数θ_1、θ_2。

（3）转动载物台，在光学面AC自准时，拧紧螺钉19，微调螺钉18，使绿"+"字像与分划板垂直线重合，记下游标读数θ'_1、θ'_2。

3. 用反射法测三棱镜的顶角

（1）在载物台上轻微移动三棱镜，使其底边BC离开载物台圆心，同时使顶角A对准平行光管，如图3-15-7所示。

（2）转动望远镜到位置Ⅰ，拧紧螺钉15，微调螺钉13，使狭缝像与分划板垂直线重合，记下游标读数θ_1、θ_2。

（3）转动望远镜到位置Ⅱ，拧紧螺钉15，微调螺钉13，使狭缝像与分划板垂直线重合，记下游标读数θ'_1、θ'_2。

4. 测量最小偏向角

（1）在载物台上轻微移动三棱镜，使其底边BC离开载物台圆心，使光学面AC与平行光管光轴的夹角大致为30°（见图3-15-8）。

（2）转动望远镜，对准某一谱线，转动载物台，使该谱线向入射方向靠近，即偏向角减小。当载物台转到某一位置时，偏向角最小。此时若继续转动载物台，谱线将反向移动，偏向角变大。在偏向角最小时，拧紧螺钉19。

（3）当偏向角最小时，拧紧螺钉15，微调螺钉13，使分划板垂直线与谱线中央重合，记下游标读数θ_1、θ_2。

（4）取下三棱镜，转动望远镜，使分划板垂直线对准狭缝像中央，拧紧螺钉15，微调螺钉 13，记下游标读数 θ_1'、θ_2'。

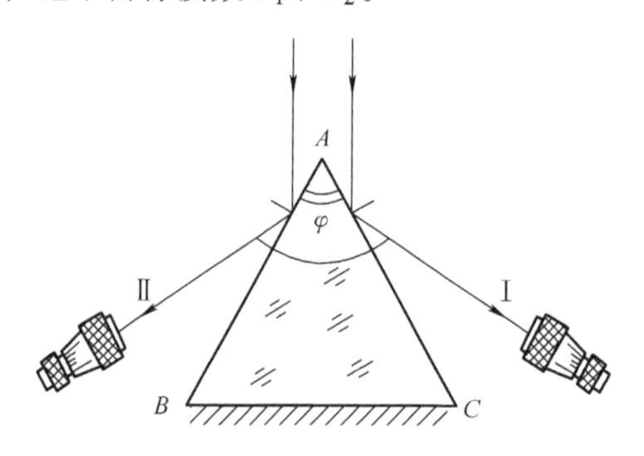

图 3-15-7 用反射法测三棱镜的顶角

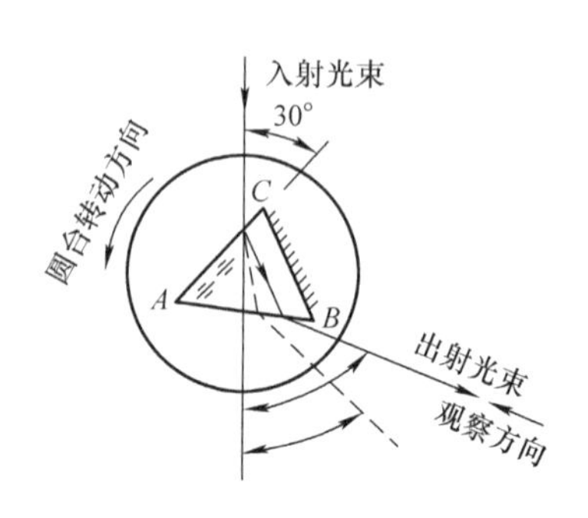

图 3-15-8 测三棱镜最小偏向角

【数据处理】

1. 自拟表格，将测量值记入表内。
2. 用自准法测顶角时，按下式计算顶角：

$$A = 180° - [(\theta_1 - \theta_1') + (\theta_2 - \theta_2')]/2$$

3. 用反射法测顶角时，按下式计算顶角：

$$A = [(\theta_1 - \theta_1') + (\theta_2 - \theta_2')]/4$$

4. 按下式计算最小偏向角：

$$\delta_{\min} = [(\theta_1 - \theta_1') + (\theta_2 - \theta_2')]/2$$

5. 计算 $n \pm \Delta n$。

提示：

$$\Delta n = \frac{1}{2} \cdot \left\{\frac{\cos[(\delta_{\min} + A)/2]}{\sin(A/2)}\Delta\delta_{\min} + \frac{\sin(\delta_{\min}/2)}{\sin^2(A/2)}\Delta A\right\}$$

【注意事项】

1. 望远镜、平行光管上的镜头、三棱镜、平面镜的镜面不能用手接触。如发现有尘埃，应该用镜头纸轻轻揩擦。

2. 分光计为精密仪器，各活动部分均应小心操作。当轻轻推动可转动部件（例如望远镜游标盘）而无法转动时，不可强制其转动，应分析清楚原因后再进行调节。

3. 调节狭缝宽度时，不能使其闭拢，以免使狭缝受到损坏。

4. 在游标读数过程中，由于望远镜可能位于任何方位，故应注意望远镜转动过程中是否越过了刻度的零点。如越过刻度零点，则按 $360° - |\theta_1 - \theta_1'|$ 计算望远镜转角。

【预习思考题】

1. 实际调节时，如果在望远镜中看不到由镜面反射的绿“+”字像，应如何调节？

2. 实际调节时，如果从双面反射镜正、反两面反射回来的绿“+”字像都在分划板叉丝上部水平线的上方或都在下方且距离相同，这些说明了什么，应如何调整？

3. 如果正、反两面反射的绿“+”字像一次在分划板叉丝上部水平线的上方，另一次对称地在下方，则说明什么，应如何调整？

【讨论题】

1. 求证用自准法测顶角的计算公式。
2. 求证用反射法测顶角的计算公式。
3. 若已经找到一种单色光的最小偏向角位置，此时其他的单色光是否也处于最小偏向角位置，$\delta_{\min}$与 λ 的关系大致如何？

实验 16　双棱镜干涉

杨氏双缝干涉实验对验证光的波动性有着很重要的作用，双棱镜干涉是实现杨氏干涉实验的一种方法。本实验通过对毫米量级的长度测量，完成了对难以直接测量的单色可见光波长的测量。

【实验目的】

1. 学习在光具座上对光具组进行调整的技术。
2. 观察、描述双棱镜干涉现象及其特点。
3. 学会用双棱镜干涉法测定光的波长。

【实验仪器】

光具座、He-Ne 激光器、扩束镜、可调狭缝、双棱镜、凸透镜、测微目镜等。

【实验原理】

1. 双棱镜干涉原理

如果能设法把一个光源发出的光分成两束光，那么它们在空间经过不同路径后相遇就会产生干涉。利用双棱镜折射就可以使一个光源发出的光分成两束相干光。

如图 3-16-1 所示，双棱镜 B 可以看作是由两个顶角很小的直角棱镜组成的。借助棱镜界面的两次折射，可以将光源（单缝）S 发出的光的波阵面分成沿不同方向传播的两束光。这两束光相当于由虚光源 S_1、S_2 发出的两束相干光，于是在它们相重叠的区域内产生干涉，将光屏 Q 垂直插入上述重叠区域中的任何位置，均可看到明暗相间的条纹。

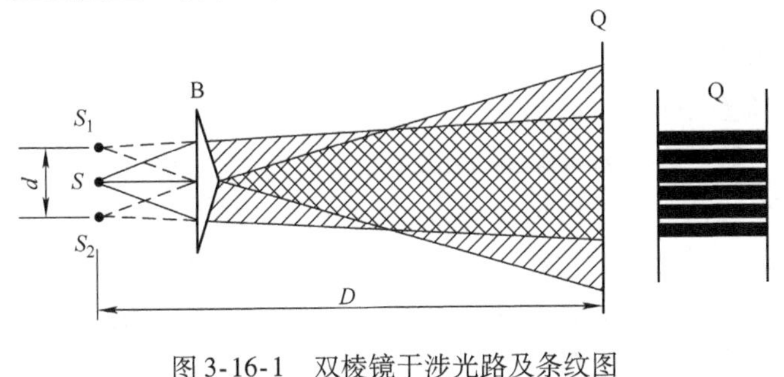

图 3-16-1　双棱镜干涉光路及条纹图

设 S_1 与 S_2 之间的距离为 d，S_1 和 S_2 到观察屏的距离为 D（见图 3-16-2），若屏中央 O 点与 S_1、S_2 的距离相等，则在 O 点处形成与单缝 S 平行的中央明条纹，其余明条纹则分别对称地排列在中央明条纹的两侧。

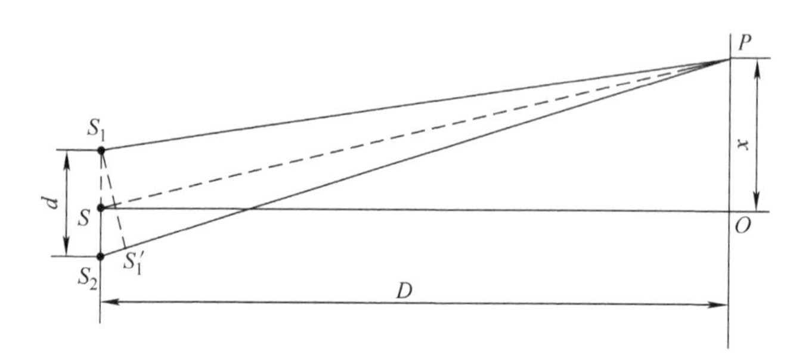

图 3-16-2　双棱镜干涉计算图

假定 P 是光屏上的任一点，它与 O 点的距离为 x，当 $D >> d$ 时，近似有 $\frac{\delta}{d}=\frac{x}{D}$。

当

$$\delta = \frac{xd}{D} = k\lambda \quad (k = 0, \pm 1, \pm 2, \cdots) \tag{3-16-1a}$$

或

$$x = \frac{D}{d}k\lambda \tag{3-16-1b}$$

时，两束光在 P 点相互加强，形成明条纹。

当

$$\delta = \frac{xd}{D} = (2k+1)\frac{\lambda}{2} \tag{3-16-2a}$$

或

$$x = \frac{D}{d}(2k+1)\frac{\lambda}{2} \quad (k = 0, \pm 1, \pm 2, \cdots) \tag{3-16-2b}$$

时，两束光在 P 点相互削弱，形成暗条纹。

利用式（3-16-1）或式（3-16-2），相邻两明（或暗）条纹间的距离为

$$\Delta x = x_{k+1} - x_k = \frac{D\lambda}{d} \tag{3-16-3}$$

所以波长为

$$\lambda = \frac{d}{D}\Delta x \tag{3-16-4}$$

只要测出 d、D 及 Δx，便可算出 λ。

2. 共轭法测 d 和 D 的原理

由于 S_1 与 S_2 的连线并不一定在 S 处，而是在 S 的附近，D 应为 S_1 与 S_2 的连线至光屏的距离，不能直接测量。S_1、S_2 是虚像，故无法直接测量其间距 d。为了准确测量 D 及 d 的值，可以采用共轭法。在光路中增加焦距为 f 的透镜 L（见图 3-16-3），要求 $D>4f$。移动透镜，能够找到两个位置以获得虚光源 S_1、S_2 在光屏上的两次清晰成像：一次成放大像，设放大像两条线的间距为 d_1；另一次成缩小像，设缩小像两条线的间距为 d_2。两次成像，透镜移动的距离为 A，经推导（留作思考题）可得

$$d = \sqrt{d_1 d_2} \tag{3-16-5}$$

$$D = A(\sqrt{d_1} + \sqrt{d_2})/(\sqrt{d_1} - \sqrt{d_2}) \tag{3-16-6}$$

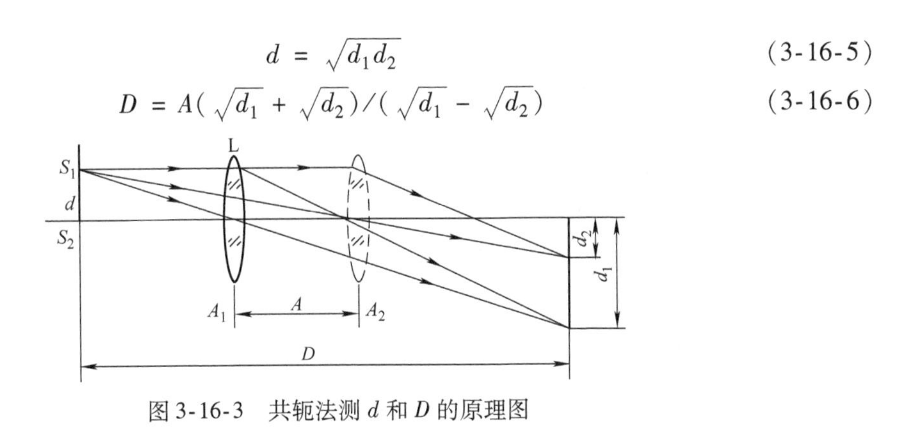

图 3-16-3 共轭法测 d 和 D 的原理图

【实验内容】

1. 实验光路

图 3-16-4 所示为以 He- Ne 激光器为光源的实验装置图。

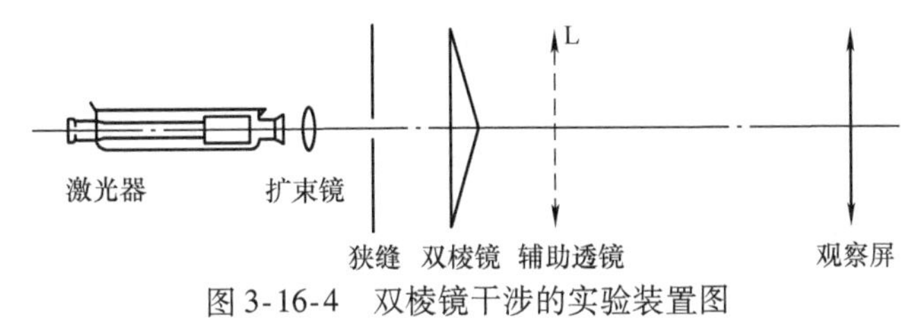

图 3-16-4 双棱镜干涉的实验装置图

2. 调整光路获得干涉条纹

调整各光学元件的光轴并使其重合是做好本实验的关键之一。

(1) 开启激光器，使光束直接射到光屏上，沿光具座轴向移动光屏，观察光屏上的光点是否移动，调整激光器方向直至光点不动为止。将光屏旋转 180°，透过屏观察光点是否移动，沿与光具座轴向垂直的方向平移激光器，观察光点位置，使光屏旋转前后光都打在光屏的同一位置。此时，激光束已和光具座轴线平行且调整到光具座轴线所在的铅直平面上。

(2) 依次在光路中放入扩束镜、狭缝，每放入一个元件经调整后都应保证光束的中心位于屏上原光点的位置。(不必再移动光屏检查，为什么?)

(3) 将狭缝调窄，直至在光屏上能够观察到单缝衍射现象，再调整缝宽使光屏上的衍射中央亮条纹在 1cm 左右宽（再次检查光束中心是否在原位置）。放入双棱镜，调整狭缝的取向与棱脊平行，并使照到双棱镜上的光束被棱脊平分，此时可在光屏上看到很密的干涉条纹，换测微目镜观察。

3. 观察、描述双棱镜干涉现象及特点

(1) 缓慢调整狭缝与双棱镜间的距离，观察干涉条纹疏密程度的变化，找出这种变化的定性规律，并做出解释。再次调整该间距（此间距要小于透镜 L 的焦距，为什么?），直到干涉条纹较多，便于测读为止。

(2) 改变光屏与狭缝的距离，则干涉条纹的疏密程度也将变化。试找出变化的规律，并给出解释。以测微目镜替代光屏，选择适当的位置将其固定，使干涉条纹疏密适中，便于测读（一般在视场中的干涉条纹数有 15 条左右），并保证 $D>4f$。

4. 测光波的波长

（1）测量干涉条纹的间距 Δx。用测微目镜测量干涉条纹所在位置对应的读数 x_1，x_2，…，x_n，再用逐差法计算 Δx。

（2）用共轭法测 d 和 D。在双棱镜与测微目镜间放入一凸透镜 L，移动透镜，当获得虚光源在测微目镜分划板上的两次清晰成像（放大像与缩小像）时，记录透镜在光具座上的两个相应位置 A_1、A_2，则移动距离 $A=|A_1-A_2|$。同时用测微目镜测量虚光源放大像的位置 d_{11}、d_{12} 及缩小像的两个位置 d_{21}、d_{22}，则 $d_1=|d_{11}-d_{12}|$，$d_2=|d_{21}-d_{22}|$，根据式（3-16-5）和式（3-16-6）计算 d 和 D 的值（重复测量三次以上取平均值）。根据式（3-16-4）计算 λ 值（$\lambda_{\text{理论}}=632.8\text{nm}$）。

相对误差为 $E_\lambda=\dfrac{|\lambda_{\text{测量}}-\lambda_{\text{理论}}|}{\lambda_{\text{理论}}}$，绝对误差 $\Delta\lambda=\lambda_{\text{测量}}\cdot E_\lambda$。

【注意事项】

1. 严禁用眼睛直视未扩束的激光光束。

2. 注意消除测微目镜的回程误差，记录数据时应沿一个方向旋转鼓轮。如果已到达一端，则不应继续转动，以免损坏螺纹。

【预习思考题】

1. 双棱镜是怎样实现双光束干涉的？

2. 相干光源的间距是如何测量的？应如何选择辅助透镜的焦距？如果选择不当，将会出现什么问题？

【讨论题】

1. 对在实验内容中步骤 3 的（1）和（2）所看到的现象进行总结，并给出解释。
2. 推导式（3-16-5）和式（3-16-6）。
3. 本实验中为什么要求双棱镜的顶角很小？

实验 17　等厚干涉

若将同一点光源发出的光分成两束，让它们经不同路程后再相遇在一起，一般就会产生干涉现象。光的干涉现象证实了光的波动性。干涉现象在科学研究和工业技术中都有着广泛的应用。例如，测折射率，测量光的波长，精确地测量长度、厚度和角度，检验表面的平面度和平行度，以及研究机械零件内应力的分布等。

【实验目的】

1. 了解等厚干涉现象及特点。
2. 熟悉读数显微镜及钠光灯的使用。
3. 掌握用干涉法测量透镜的曲率半径和微小长度。

【实验仪器】

读数显微镜、钠光灯、牛顿环、劈尖等。

【实验原理】

1. 牛顿环

牛顿环是由一块曲率半径较大的平凸透镜与一光学平玻璃板相切而构成的，如图3-17-1a所示。在透镜凸面和平玻璃板之间，形成一空气膜，其厚度从中心接触点到边缘逐渐增加，当平行单色光垂直照射在牛顿环装置上时，入射光将在空气薄膜的上、下两表面发生反射，从而产生具有一定光程差的两束相干光。显然，它们的干涉条纹是以接触点为圆心的、明暗交替的同心圆环，如图3-17-1b所示，称为牛顿环。它是等厚干涉，与接触点等距离处空气厚度是相同的。

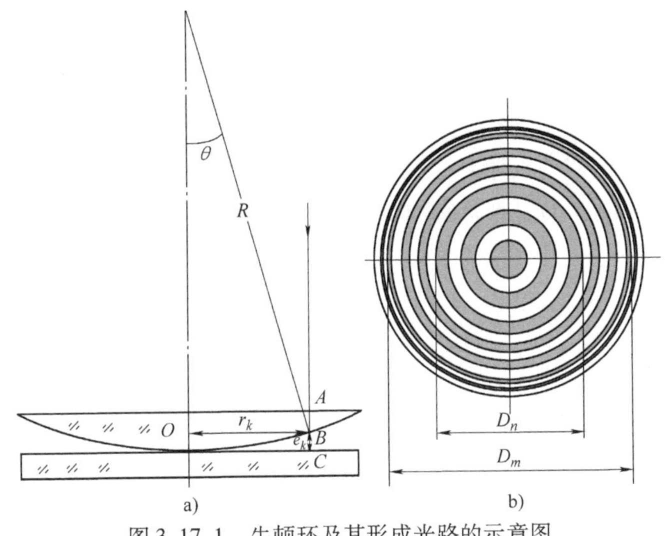

图3-17-1 牛顿环及其形成光路的示意图

在图3-17-1a中，设透镜的曲率半径为R，与接触点O相距为r_k处的膜厚为e_k，其几何关系为

$$R^2 = (R - e_k)^2 + r_k^2 = R^2 - 2Re_k + e_k^2 + r_k^2$$

因$R \gg e_k$，故可以略去二阶小量e_k^2，即

$$e_k = \frac{r_k^2}{2R} \tag{3-17-1}$$

光线应是垂直入射的，计算光程差时还要考虑光波在平玻璃上反射时会有半波损失，从而会带来附加的光程差，所以总光程差为

$$\delta_k = 2e_k + \frac{\lambda}{2} = \frac{r_k^2}{R} + \frac{\lambda}{2} \tag{3-17-2}$$

如果在厚度e_k处产生的是第k级暗环，则应满足条件

$$\delta_k = \frac{r_k^2}{R} + \frac{\lambda}{2} = (2k+1)\frac{\lambda}{2} \quad (k = 0,1,2,3,\cdots)$$

整理上式，得

$$r_k^2 = kR\lambda \quad (k = 0,1,2,3,\cdots) \tag{3-17-3}$$

由式（3-17-3）可知，如果单色光的波长 λ 已知，测出第 k 级暗环半径 r_k，即可得出平凸透镜的曲率半径 R。但是，直接应用上式在实际中将遇到一些问题。

首先，在接触点 O 处按理论计算，牛顿环中心应是一个暗点，但实际上由于接触压力引起玻璃变形，使得牛顿环中心变成一暗斑，这样要准确地确定干涉环的圆心是十分困难的，环心确定不了，半径自然也不易测准；其次，如果在两玻璃之间存在灰尘，中心有可视亮斑，这会给测量带来较大的系统误差。这种系统误差可以通过取距中心较远的、比较清晰的两个暗环半径的平方差来消除，设附加厚度为 a，则光程差为

$$\delta_k = 2(e_k \pm a) + \frac{\lambda}{2} = (2k+1)\frac{\lambda}{2}$$

或

$$e_k = k \cdot \frac{\lambda}{2} \pm a$$

将上式代入式（3-17-1），得

$$r_k^2 = kR\lambda \pm 2Ra$$

取第 m、n 级暗条纹，则对应的暗环半径分别为

$$r_m^2 = mR\lambda \pm 2Ra,\ r_n^2 = nR\lambda \pm 2Ra$$

将两式相减，得

$$r_m^2 - r_n^2 = (m-n)R\lambda$$

又因暗环的圆心不易确定，所以用直径替换，得

$$D_m^2 - D_n^2 = 4(m-n)R\lambda$$

因而，平凸透镜的曲率半径为

$$R = \frac{D_m^2 - D_n^2}{4(m-n)\lambda} \tag{3-17-4}$$

2. 劈尖

如图 3-17-2a 所示，将两块光学平玻璃板叠在一起，一端插入一薄片（或细丝），则在两玻璃板间就会形成一空气劈尖。当用单色光垂直照射劈尖时，在劈尖空气膜的上、下表面反射的两束光会发生干涉，形成一组平行、等间距的干涉条纹，如图 3-17-2b 所示。

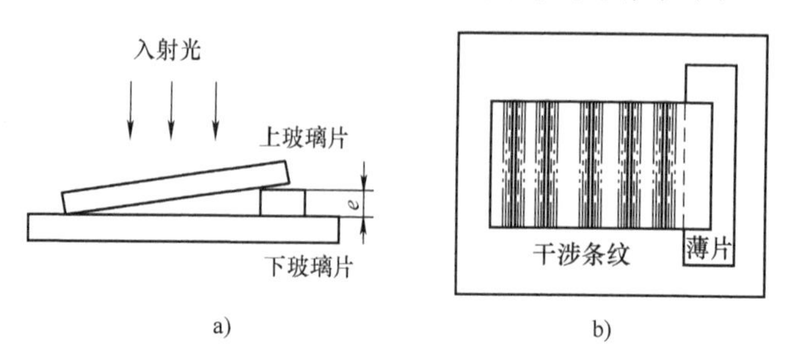

图 3-17-2　劈尖

两束相干光的光程差为

$$\delta_k = 2e_k + \frac{\lambda}{2} \tag{3-17-5}$$

形成暗条纹的条件是

$$\delta_k = 2e_k + \frac{\lambda}{2} = (2k+1)\frac{\lambda}{2} \quad (k = 0,1,2,3,\cdots) \tag{3-17-6}$$

当 $k=0$ 时，对应 $e=0$ 处为暗纹，第 k 级暗条纹处空气薄膜的厚度为

$$e_k = k\frac{\lambda}{2} \quad (k = 0,1,2,3,\cdots) \tag{3-17-7}$$

设从薄片里边至劈尖棱边的距离为 L，且 L 之内的暗纹条数为 N，由式（3-17-7）可求出薄片厚度为

$$d = N\frac{\lambda}{2}$$

如果测得在某一长度 l 内，暗条纹的间隔数目为 ΔN，则可求出薄片厚度为

$$d = \frac{\Delta N}{l}L\frac{\lambda}{2} \tag{3-17-8}$$

【实验内容】

1. 测量平凸透镜的曲率半径

（1）轻轻调节牛顿环装置上的三颗螺钉，使牛顿环处在中间部位，将牛顿环放在读数显微镜的工作台上，并对准物镜（见图3-17-3）。

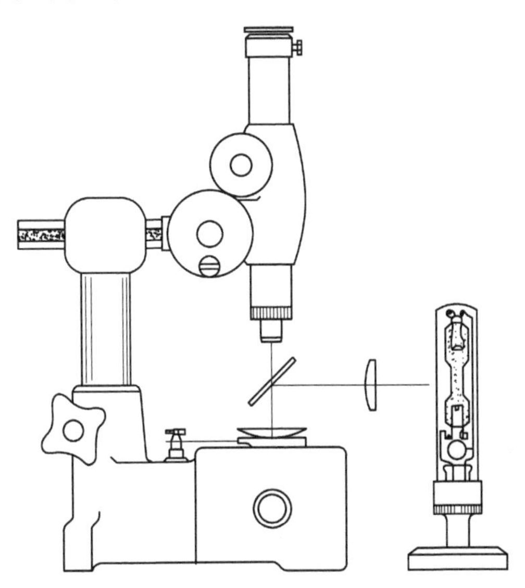

图3-17-3 测量牛顿环的装置图

（2）开启钠光灯，调节45°玻璃片，使视场中亮度最大。

（3）调节目镜看清叉丝，并使横丝平行标尺，转动调焦手轮使目镜自下向上移动，看到清晰的牛顿环，并消除视差。

（4）转动测微鼓轮，使镜筒上的标尺准线对准标尺中央。移动牛顿环，使叉丝交点对准牛顿环中心。转动测微鼓轮，检查左、右两侧牛顿环是否清晰，并观察条纹粗细和间距的

变化规律。

（5）转动测微鼓轮，使镜筒向左移动，顺序数到35环，再反向转到30环，使叉丝与环的外侧相切，开始读数，然后依次连续读出环心左侧10个暗环（30～21）的位置。继续沿着原方向转动鼓轮，回到圆心后继续依次数到圆心右方21环，再顺次读出右侧10个暗环（21～30）的位置，并将数据填入表3-17-1中。

表3-17-1　测牛顿环平凸透镜的曲率半径数据参考表　　单位：mm

暗环序号		21	22	23	24	25	26	27	28	29	30
暗环位置	左										
	右										

2. 测量劈尖中薄片的厚度（纸片或细丝直径）

（1）将劈尖放在读数显微镜的工作台上，调焦使干涉条纹清晰，并消除视差，移动劈尖使干涉条纹与目镜中的纵丝平行。

（2）移动测微鼓轮，找到任意一条暗纹开始记录 l_0 的位置，单向转动鼓轮，测出每隔 $\Delta N=10$ 条暗纹的中心间距的位置，连续测量 l_1、l_2、l_3、l_4、l_5。

（3）测棱边到薄片边缘的距离 L（$L=L_{棱}-L_{纸}$），测量5次，并将以上数据填入表3-17-2中。

表3-17-2　测劈尖数据参考表　　单位：mm

l_0	l_1	l_2	l_3	l_4	l_5
$L_{棱}$					
$L_{纸}$					

【数据处理】

1. 求牛顿环平凸透镜的曲率半径

（1）求出暗环21～30的直径 D。

（2）求出暗环21～30的直径的平方 D^2。

（3）求间隔5个暗环的直径的平方差的平均值（$\overline{D_{k+5}^2-D_k^2}$），算术平均值的偏差 $\Delta(\overline{D_{k+5}^2-D_k^2})$。以上步骤可用表格形式表示。

（4）计算牛顿环平凸透镜的曲率半径 R。[提示：$R=\dfrac{\overline{D_{k+5}^2-D_k^2}}{20\lambda}$，$\Delta R=\dfrac{\Delta(\overline{D_{k+5}^2-D_k^2})}{20\lambda}$]

（5）写出测量结果 $R\pm\Delta R$ 和相对误差 E_R。

2. 测量劈尖中薄片的厚度

（1）将测出的每隔10个暗纹的中心位置数据用逐差法求出 $\bar{l}$。

（2）求出 L 的平均值 $\bar{L}$。

（3）计算 $\bar{d}$。

(4) 计算 Δd 和相对误差 E_d，写出测量结果。

【注意事项】

1. 为了避免螺旋空程引入的误差，在整个测量过程中，测微鼓轮只能朝一个方向转动，中途不能倒转。

2. 钠光灯点燃后需要等待一段时间才能正常使用，故点燃后不要轻易熄灭。

3. 调节牛顿环上的三颗螺钉时，不可拧得过紧，以免压碎玻璃。

【预习思考题】

1. 实验中为什么测牛顿环的直径而不测半径?
2. 使用读数显微镜要注意哪些问题?
3. 产生牛顿环的实验条件是什么，牛顿环的干涉条纹有何特征?

【讨论题】

1. 在本实验中若遇到下列情况，对实验结果是否会有影响，为什么?

(1) 牛顿环中心是亮斑而不是暗斑。

(2) 测 D 时，叉丝交点没有通过中心，因而测量的是弦而非直径。

2. 用白光照射时能否看到牛顿环和劈尖干涉条纹，此时的条纹有何特征?

实验18　衍射光栅

衍射光栅是根据单缝衍射和多缝干涉原理制成的一种分光元件，它能产生谱线间距较宽的匀排光谱。所得光谱线的亮度比用棱镜分光时要小些，但光栅的分辨本领比棱镜大，条纹清晰。可以用于几纳米到几百微米的整个光学谱域，以光栅为色散元件的光学仪器在地质、冶金、石油化工等科学技术领域应用广泛。

【实验目的】

1. 观察光栅的衍射现象及特点。
2. 进一步熟悉分光计的调节和使用。
3. 掌握利用光栅测量光栅常数和光的波长的原理及方法。

【实验仪器】

分光计、汞灯、平面镜、光栅。

【实验原理】

光栅是由等宽等间距的、互相平行的许多狭缝构成的光学元件。光栅有两种，一种是用作透射光衍射的透射光栅；另一种是用于反射光衍射的反射光栅。根据光栅制备工艺不同有刻划光栅、复制光栅与全息光栅之分。一般的光栅在一毫米内刻有几百条至几千条狭缝，本实验中所用的是每毫米有 250 ~ 600 条狭缝的透射光栅。

若以单色平行光垂直照射在光栅面上，则透过各狭缝的光线因衍射将向各个方向传播，经透镜会聚后相互干涉，并在透镜焦平面上形成一系列被相当宽的暗区隔开、间距不同的明条纹。

按照光栅衍射理论，衍射光谱中明条纹的位置由下式决定：

$$d\sin\varphi_k = \pm k\lambda \quad (k = 0,1,2,3,\cdots) \tag{3-18-1}$$

式中，d 为光栅缝的宽度 a 和刻痕宽度 b 之和，称为光栅常数；λ 为入射光波长；k 为明条纹（光谱线）级数；φ_k 是 k 级明条纹 的衍射角，如图 3-18-1a 所示。

如果入射光是复射光，则由式（3-18-1）可以看出，光的波长不同，其衍射角 φ_k 也各不相同，于是复射光将被分解，而在中央 $k=0$，$\varphi_k=0$ 处，各色光仍重叠在一起，组成中央明条纹。在中央明条纹两侧对称地分布着 $k=1$，2，3，…各级明条纹，各级明条纹按照波长大小的顺序依次排列成一组彩色条纹，称为光谱（见图 3-18-1b）。

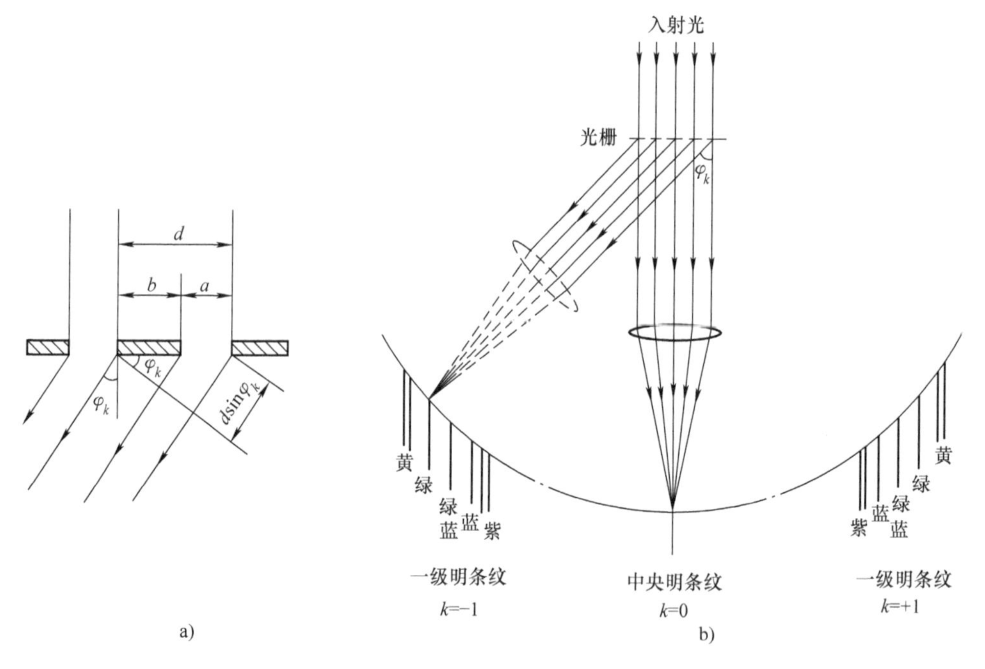

图 3-18-1　光栅衍射示意图

根据以上讨论，我们在用分光计测得 k 级光谱线的衍射角 φ_k 后，若给定入射光波长 λ 便可利用式（3-18-1）求出光栅常数；反之，若已知光栅常数 d，则可求出入射光的波长 λ。

【实验内容】

1. 调整分光计

分光计的调整应满足：

（1）使得望远镜适合于观察平行光，并使其光轴垂直于分光计转轴。

（2）平行光管发射平行光，且使其光轴垂直于分光计转轴，并与望远镜光轴等高。调

整方法见实验15。

2. 调整光栅

（1）调整光栅平面，使其垂直于平行光管光轴。把光栅按图3-18-2所示安放在分光计平台上，然后以光栅面作为反射面，用自准法调节光栅面与望远镜光轴垂直。（注意：望远镜已调好，望远镜光轴高低调节螺钉不能再动！）转动载物台，调节调平螺钉 G_1 或 G_3，使从光栅面反射回望远镜的亮十字像与分划板上方的黑十字叉丝重合。这时，如果狭缝像、亮十字像的垂直线和分划板垂直线三者重合，说明光栅平面已垂直于平行光管光轴，随后把游标盘锁紧。

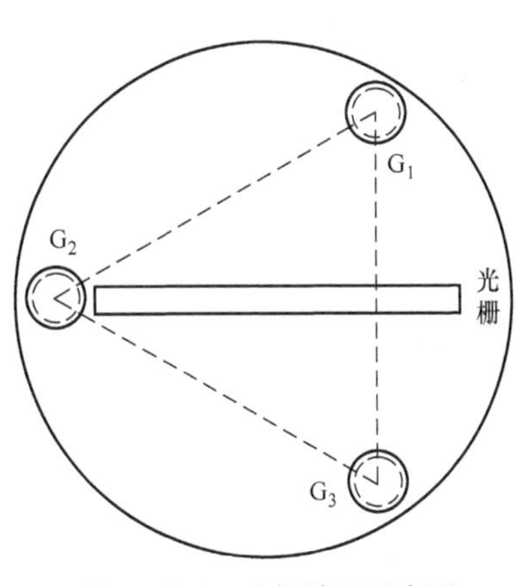

图3-18-2 光栅放置示意图

由于光栅上加了一层保护光栅的玻璃片，往往会出现两个亮十字像，所以遇到这种情况以较暗的那个亮十字像为准。

（2）调节光栅刻线与分光计转轴平行。松开望远镜止动螺钉，并旋紧望远镜与度盘止动螺钉，使刻度盘能随望远镜一同转动。左右转动望远镜，观察衍射光谱的分布情况，中央零级呈白色明纹，两侧对称地排列着 ±1 级和 ±2 级的谱线组（见图3-18-1b），如果左右的谱线高低有变化，则说明光栅上的刻线与平行光管的狭缝不平行，此时只要调节螺钉 G_2（见图3-18-2），直到各条纹等高为止。第二级谱线比较暗淡，要仔细观察。

3. 测量汞灯各级谱线的衍射角

（1）由于衍射光谱对中央明条纹是对称的，先测出 $-k$ 级光谱线对应的两个游标读数 θ_1、θ_2，再测出 $+k$ 级光谱线对应的两个游标读数 θ'_1、θ'_2，则有

$$\varphi_k = \frac{1}{4}(|\theta'_1 - \theta_1| + |\theta'_2 - \theta_2|) \tag{3-18-2}$$

（2）将望远镜移至最左端 −2、−1 级到右边 +1、+2 级依次测量，记下各级谱线中黄、绿、紫三色谱线位置的两游标读数（黄色有两条）。

为了使十字叉丝精确对准谱线，必须使用望远镜微调螺钉调节。

【数据处理】

1. 已知绿谱线波长 $\lambda_{绿} = 546.07\text{nm}$，求光栅常数 $d \pm \Delta d$。（提示：$\Delta d = d\cot\varphi_k \cdot \Delta\varphi_k$）

2. 利用已测出的光栅常数，求 $\lambda_{紫} \pm \Delta\lambda_{紫}$，$\lambda_{黄1} \pm \Delta\lambda_{黄1}$，$\lambda_{黄2} \pm \Delta\lambda_{黄2}$。（提示：$\Delta\lambda = \frac{\sin\varphi_k}{K}\Delta d + \frac{d\cos\varphi_k}{K}\Delta\varphi_k$）

3. 求波长测量值与公认值的百分误差（公认值见本书附录C）。

【注意事项】

1. 光栅是精密光学元件，严禁用手触摸光学表面，以免弄脏或损坏。

2. 汞灯紫外光很强，不可直视，以免灼伤眼睛。

3. 汞灯在关闭后不能立即再打开，要等灯管温度下降后，水银蒸气压降到一定程度才能重新点燃，一般要等10min，否则会损坏汞灯。

【预习思考题】

1. 调节光栅时，放置光栅要求使光栅平面垂直平分 G_1 与 G_3 的连线（见图 3-18-2），这是为什么？如果光栅平面仅仅与 G_1 和 G_3 的连线垂直，但并不平分 G_1 与 G_3 的连线，这样是否可以，为什么？

2. 如何调节光栅平面与分光计转轴平行？

【讨论题】

1. 用式（3-18-1）测 d 或 λ 时，实验要保证什么条件？

2. 若用钠光（波长 $\overline{\lambda}=589.3\text{nm}$）垂直入射到每毫米内有 5000 条刻痕的平面透射光栅，试问最多能看到第几级谱线？

3. 如果入射平行光经光栅分光后左右谱线高度不一致，则是什么原因造成的？应如何调整？

4. 对比实验 15 中的棱镜光谱和本实验中的光栅衍射光谱，它们有哪些不同之处？两种分光方法中，哪一种颜色光的偏向角度最大？

5. 当狭缝太宽或太窄时将会分别出现什么现象，为什么？

实验 19　霍尔效应和霍尔法测量双线圈的磁场

霍尔效应是导电材料中的电流与磁场相互作用而产生电动势的效应。1879 年美国霍普金斯大学研究生霍尔在研究金属导电机理时发现了这种电磁现象，故称霍尔效应。后来曾有人利用霍尔效应制成测量磁场的磁传感器，但因金属的霍尔效应太弱而未能得到实际应用。随着半导体材料和制造工艺的发展，人们又利用半导体材料制成霍尔元件，由于它的霍尔效应显著而得到实用和发展，现在广泛用于非电量的测量、电动控制、电磁测量和计算装置方面。电流体中的霍尔效应的理论研究也是目前正在研究中的“磁流体发电”的理论基础。近年来，霍尔效应实验不断有新发现。1980 年西德物理学家冯·克利青研究二维电子气系统的输运特性，在低温和强磁场下发现了量子霍尔效应，这是凝聚态物理领域最重要的发现之一。目前对量子霍尔效应正在进行深入研究，并取得了重要应用，例如用于确定电阻的自然基准，可以极为精确地测量光谱精细结构常数等。

在磁场、磁路等磁现象的研究和应用中，霍尔效应及其元件是不可缺少的，利用它观测磁场直观、干扰小、灵敏度高、效果明显。

【实验目的】

1. 霍尔效应原理及霍尔元件有关参数的含义和作用。

2. 测绘霍尔元件的 U_H-I_S、U_H-I_M 曲线，了解霍尔电压 U_H 与霍尔元件工作电流 I_S、磁感应强度 B 及励磁电流 I_M 之间的关系。

3. 学习利用霍尔效应测量磁感应强度 B 及磁场分布。

4. 学习用“对称交换测量法”消除负效应产生的系统误差。

【实验仪器】

DH4512 系列（含有一个双线圈、一个螺线管）霍尔效应实验仪。

【实验原理】

霍尔效应从本质上讲，是运动的带电粒子在磁场中受洛伦兹力的作用而引起的偏转。当带电粒子（电子或空穴）被约束在固体材料中时，这种偏转就导致在垂直电流和磁场的方向上产生正负电荷在不同侧的聚积，从而形成附加的横向电场。如图3-19-1所示，磁场 $\boldsymbol{B}$ 位于 z 的正向，与之垂直的半导体薄片上沿 x 正向通以电流 I_S（称为工作电流），假设载流子为电子（N型半导体材料），它沿着与电流 I_S 相反的 x 负向运动。

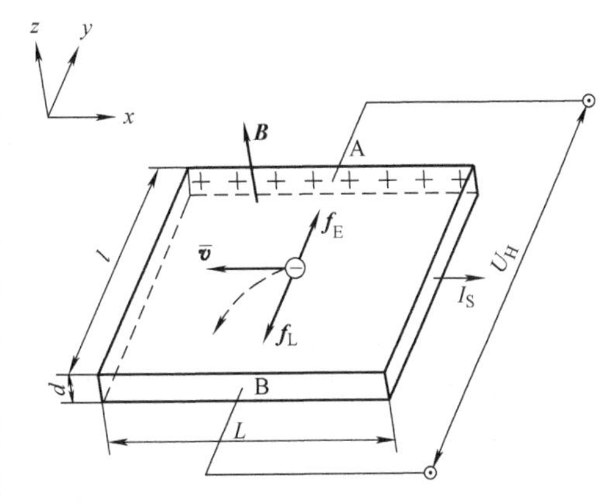

图3-19-1 霍尔效应原理示意图

由于洛伦兹力 $\boldsymbol{f}_L$ 作用，电子即向图中虚线箭头所指的位于 y 轴负方向的B侧偏转，并使B侧形成电子积累，而相对的A侧形成正电荷积累。与此同时运动的电子还受到由于两种积累的异种电荷形成的反向电场力 $\boldsymbol{f}_E$ 的作用。随着电荷积累的增加，$\boldsymbol{f}_E$ 增大，当两力大小相等（方向相反）时，$\boldsymbol{f}_L=-\boldsymbol{f}_E$，则电子积累便达到动态平衡。这时在A、B两端面之间建立的电场称为霍尔电场 $\boldsymbol{E}_H$，相应的电势差称为霍尔电压 U_H。

设电子按均一速度 $\bar{\boldsymbol{v}}$，向图示的 x 负方向运动，在磁场 $\boldsymbol{B}$ 作用下，所受洛伦兹力为

$$f_L=-e\bar{v}B$$

式中，e 为电子电量；$\bar{v}$ 为电子漂移平均速度；B 为磁感应强度的大小。

同时，电场作用于电子的力为

$$f_E=-eE_H=-eU_H/l$$

式中，E_H 为霍尔电场强度；U_H 为霍尔电压；l 为霍尔元件宽度。

当达到动态平衡时

$$f_L=f_E,\bar{v}B=U_H/l \tag{3-19-1}$$

设霍尔元件厚度为 d，载流子浓度为 n，则霍尔元件的工作电流为

$$I_S=ne\bar{v}ld \tag{3-19-2}$$

由式（3-19-1）、式（3-19-2）可得

$$U_H=E_Hl=\frac{1}{ne}\frac{I_SB}{d}=R_H\frac{I_SB}{d} \tag{3-19-3}$$

即霍尔电压 U_H（A、B间电压）与 I_S、B 的乘积成正比，与霍尔元件的厚度成反比，比例系数 $R_H=\frac{1}{ne}$ 称为霍尔系数（严格来说，对于半导体材料，在弱磁场下应引入一个修正因子 $A=\frac{3\pi}{8}$，从而有 $R_H=\frac{3\pi}{8}\frac{1}{ne}$），它是反映材料霍尔效应强弱的重要参数，根据材料的电导率

$\sigma = ne\mu$ 的关系，还可以得到

$$R_H = \mu/\sigma = \mu\rho \text{ 或 } \mu = |R_H|\sigma \tag{3-19-4}$$

式中，ρ 为材料的电阻率；μ 为载流子的迁移率，即单位电场下载流子的运动速度，一般电子迁移率大于空穴迁移率，因此制作霍尔元件时大多采用 N 型半导体材料。

当霍尔元件的材料和厚度确定时，设

$$K_H = R_H/d = l/ned \tag{3-19-5}$$

将式（3-19-5）代入式（3-19-3）中得

$$U_H = K_H I_S B \tag{3-19-6}$$

式中，K_H 称为元件的灵敏度，它表示霍尔元件在单位磁感应强度和单位控制电流下的霍尔电势大小，其单位是 mV/(mA · T)，一般要求 K_H 越大越好。由于金属的电子浓度（n）很高，所以它的 R_H 或 K_H 都不大，因此不适宜作霍尔元件。此外元件厚度 d 越薄，K_H 越高，所以制作时，往往采用减小 d 的办法来增加灵敏度，但不能认为 d 越薄越好，因为此时元件的输入和输出电阻将会增加，这对霍尔元件是不希望的。本实验采用的霍尔片的厚度 d 为 0.2mm，长度 L 为 1.5mm。

应当注意：当磁感应强度 $\boldsymbol{B}$ 和元件平面法线成一角度时（见图 3-19-2），作用在元件上的有效磁场是其法线方向上的分量 $B\cos\theta$，此时有

$$U_H = K_H I_S B\cos\theta$$

所以一般在使用时应调整元件两平面方位，使 U_H 达到最大，即 $\theta = 0$，这时有

$$U_H = K_H I_S B\cos\theta = K_H I_S B \tag{3-19-7}$$

由式（3-19-7）可知，当工作电流 I_S 或磁感应强度 $\boldsymbol{B}$，两者之一改变方向时，霍尔电压 U_H 方向随之改变；若两者方向同时改变，则霍尔电压 U_H 极性不变。

霍尔元件测量磁场的基本电路（见图 3-19-3），将霍尔元件置于待测磁场的相应位置，并使元件平面与磁感应强度 $\boldsymbol{B}$ 垂直，在其控制端输入恒定的工作电流 I_S，霍尔元件的霍尔电压输出端接毫伏表，测量霍尔电压 U_H 的值。

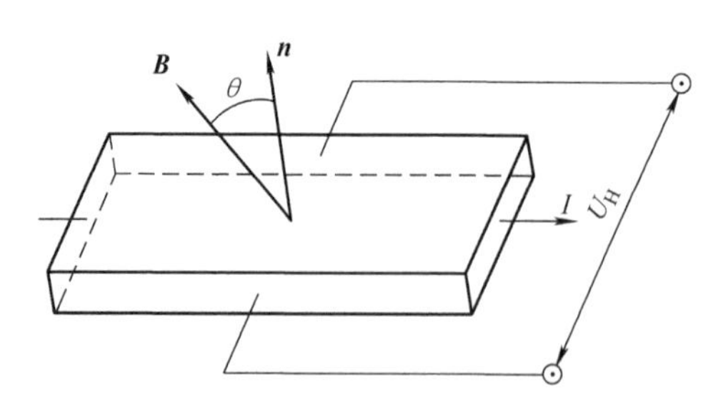

图 3-19-2 **B** 与 **n** 成一角度

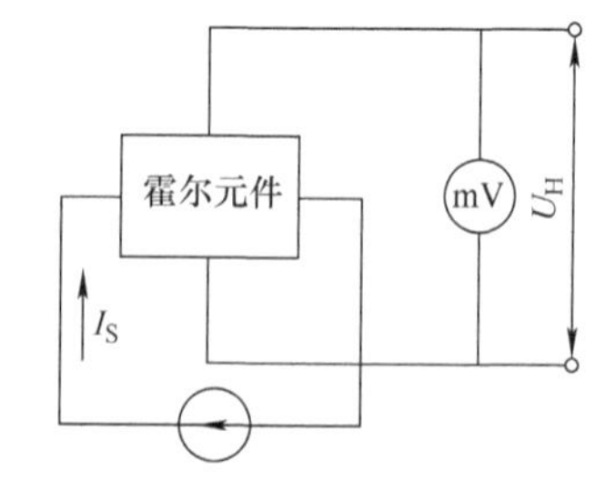

图 3-19-3 霍尔元件测量磁场的基本电路

【实验内容】

1. 按仪器面板上的文字和符号提示将 DH4512 型霍尔效应测试仪与 DH4512 型霍尔效应实验架正确连接。

（1）将 DH4512 型霍尔效应测试仪面板右下方的励磁电流 I_M 的直流恒流源输出端（0 ~ 0.5A），接 DH4512 型霍尔效应实验架上的 I_M 磁场励磁电流的输入端（将红接线柱与红接线

柱对应相连，黑接线柱与黑接线柱对应相连）。

（2）“测试仪”左下方供给霍尔元件工作电流 I_S 的直流恒流源（0~3mA）输出端，接“实验架”上 I_S 霍尔片工作电流输入端（将红接线柱与红接线柱对应相连，黑接线柱与黑接线柱对应相连）。

（3）“测试仪” U_H、U_σ 测量端，接“实验架”中部的 U_H、U_σ 输出端。

注意：以上三组线千万不能接错，以免烧坏元件。

（4）用一边是分开的接线插、一边是双芯插头的控制连接线与测试仪背部的插孔相连接（红色插头与红色插座相连，黑色插头与黑色插座相连）。

2. 研究霍尔效应与霍尔元件特性。

（1）测量霍尔元件的零位（不等位）电压 U_0 和不等位电阻 R_0。

1）将实验仪和测试架的转换开关切换至 U_H，用连接线将中间的霍尔电压输入端短接，调节调零旋钮使电压表显示0.00mV。

2）将 I_M 电流调节到最小。

3）调节霍尔工作电流 I_S = 3.00mA，利用 I_S 换向开关改变霍尔工作电流输入方向，分别测出零位霍尔电压 U_{01}、U_{02}，并计算不等位电阻：

$$R_{01}=\frac{U_{01}}{I_S},\ R_{02}=\frac{U_{02}}{I_S} \tag{3-19-8}$$

（2）测量霍尔电压 U_H 与工作电流 I_S 的关系。

1）先将 I_S、I_M 都调零，调节中间的霍尔电压表，使其显示为0mV。

2）将霍尔元件移至线圈中心，调节 I_M = 500mA，调节 I_S = 0.5mA，按表3-19-1中 I_S、I_M 正负情况切换“实验架”上的方向，分别测量霍尔电压 U_H 值（U_1、U_2、U_3、U_4）填入表3-19-1。以后 I_S 每次递增0.50mA，测量各 U_1、U_2、U_3、U_4 值。绘出 I_S-U_H 曲线，验证线性关系。

表3-19-1 测量 U_H-I_s 的关系 I_M = 500mA

I_S/mA	U_1/mV	U_2/mV	U_3/mV	U_4/mV	$U_H=\frac{U_1-U_2+U_3-U_4}{4}$/mV
	$+I_S$，$+I_M$	$+I_S$，$-I_M$	$-I_S$，$-I_M$	$-I_S$，$+I_M$	
0.50					
1.00					
1.50					
2.00					
2.50					
3.00					

（3）测量霍尔电压 U_H 与励磁电流 I_M 的关系。

1）先将 I_M、I_S 调零，调节 I_S 至3.00mA。

2）调节 I_M = 100，150，200，…，500mA（间隔为50mA），分别测量霍尔电压 U_H 值，填入表3-19-2中。

3）根据表3-19-2中所测得的数据，绘出 I_M-U_H 曲线，验证线性关系的范围，分析当 I_M 达到一定值以后，I_M-U_H 直线斜率变化的原因。

表 3-19-2 测量 U_H-I_M 的关系 $I_S = 3.00\text{mA}$

I_M/mA	U_1/mV	U_2/mV	U_3/mV	U_4/mV	$U_H = \frac{U_1 - U_2 + U_3 - U_4}{4}$/mV
	$+I_S$, $+I_M$	$+I_S$, $-I_M$	$-I_S$, $-I_M$	$-I_S$, $+I_M$	
100					
150					
200					
…					
500					

（4）计算霍尔元件的霍尔灵敏度。

如果已知 B，根据公式 $U_H = K_H I_S B\cos\theta = K_H I_S B$ 可知

$$K_H = \frac{U_H}{I_S B} \tag{3-19-9}$$

本实验采用的双线圈（DH4512、DH4512A）的励磁电流与总的磁感应强度对应值如表 3-19-3 所示。

表 3-19-3 I_M 与 B 的对应值

电流值 I_M/A	0.1	0.2	0.3	0.4	0.5
中心磁感应强度 B/mT	2.25	4.50	6.75	9.00	11.25

使用螺线管做霍尔效应实验时，螺线管中心磁感应强度根据式（3-19-12）计算。

（5）测量样品的电导率 σ。

样品的电导率为

$$\sigma = \frac{I_S L}{U_\sigma l d} \tag{3-19-10}$$

式中，I_S 是流过霍尔片的电流，单位是 A；U_σ 是霍尔片长度 L 方向的电压降，单位是 V。长度 L、宽度 l 和厚度 d 的单位均为 m，则 σ 的单位为 S/m（$1\text{S} = 1/\Omega$）。

实验时，将实验仪和测试架的转换开关切换至 U_σ。测量 U_σ 前，先对实验仪的毫伏表调零。这时 I_M 必须为 0，或者断开 I_M 连线。将工作电流从最小开始调节，测量 U_σ 值。因为霍尔片的引线电阻相对于霍尔片的体电阻来说很小，因此测量时引线电阻的影响可以忽略不计。

3. 测量通电圆线圈中磁感应强度大小 B 的分布。

实验时，将实验仪和测试架的转换开关切换至 U_H。

（1）先将 I_M、I_S 调零，调节中间的霍尔电压表，使其显示为 0mV。

（2）将霍尔元件置于通电圆线圈中心，调节 $I_M = 500\text{mA}$，调节 $I_S = 3.00\text{mA}$，测量相应的 U_H。

（3）将霍尔元件从中心向边缘移动，每隔 5mm 选一个点测出相应的 U_H，填入表 3-19-4。

（4）由以上所测 U_H 值，由公式 $U_H = K_H I_S B$ 得到

$$B = \frac{U_H}{K_H I_S} \tag{3-19-11}$$

计算出各点的磁感应强度，并绘 B-x 图，得出通电圆线圈内 B 的分布。

表 3-19-4 测量 U_H-x 的关系 $I_S=3.00\text{mA}$，$I_M=500\text{mA}$

x/mm	U_1/mV	U_2/mV	U_3/mV	U_4/mV	$U_H=\frac{U_1-U_2+U_3-U_4}{4}$/mV
	$+I_S$，$+I_M$	$+I_S$，$-I_M$	$-I_S$，$-I_M$	$-I_S$，$+I_M$	
0					
5					
10					
15					
20					
…					

【数据处理】

1. 计算表 3-19-1 中的 U_H，并绘出 I_S-U_H 曲线，验证线性关系。
2. 计算表 3-19-2 中的 U_H，并绘出 I_M-U_H 曲线，验证线性关系。
3. 根据前面的测量数据计算出 $K_H=\frac{U_H}{I_S B}$并写出测量结果。
4. 根据实验数据计算样品的电导率 σ。
5. 根据表 3-19-3 的测量数据 U_H 计算出相应的磁感应强度 B 的值，并绘制出 B-x 曲线。

【注意事项】

1. 当霍尔片未连接到实验架，并且实验架与测试仪未连接好时，严禁开机加电，否则极易使霍尔片遭受冲击电流而损坏。

2. 霍尔片性脆易碎、电极易断，严禁用手去触摸，以免损坏！在需要调节霍尔片位置时，必须谨慎。

3. 加电前必须保证测试仪的“I_S 调节”和“I_M 调节”旋钮均置零位（即逆时针旋到底），严防 I_S、I_M 电流未调到零就开机。

4. 测试仪的“I_S 输出”接实验架的“I_S 输入”，“I_M 输出”接“I_M 输入”。决不允许将“I_M 输出”接到“I_S 输入”处，否则一旦通电即会损坏霍尔片！

5. 注意：移动尺的调节范围有限！在调节到两边停止移动后，不可继续调节，以免因错位而损坏移动尺。

【预习思考题】

1. 了解霍尔元件的零位（不等位）电压 U_0 和不等位电阻 R_0 产生的原因。
2. 如果 I_M 电流过大，U_H 与 I_M 就不再满足正比关系，为什么？

【讨论题】

1. 了解霍尔效应的物理本质，理解 $U_H=K_H I_S B$ 中各个物理量的含义。
2. 为什么霍尔效应实验仪器在开关机时必须先把 I_S 和 I_M 电流旋钮调至最小？

附录一：测量螺线管磁场

【实验目的】

1. 了解螺线管磁场产生原理。

2. 学习霍尔元件用于测量磁场的基本的知识。

3. 学习用“对称测量法”消除副效应的影响，测量霍尔片的 U_H-I_S（霍尔电压与工作电流关系）曲线和 U_H-L（螺线管磁场分布）曲线。

【实验原理】

根据毕奥-萨伐尔定律，对于长度为 $2L$、匝数为 N_1、半径为 R 的螺线管，其离开中心点 x 处的磁感应强度为

$$B=\frac{\mu_0 nI}{2}\left(\frac{x+L}{[R^2+(x+L)^2]^{1/2}}-\frac{x-L}{[R^2+(x-L)^2]^{1/2}}\right) \tag{3-19-12}$$

式中，$\mu_0=4\pi\times10^{-7}\text{N/A}^2$，为真空磁导率；$n=N_1/2L$，为单位长度的匝数，本实验中螺线管的 $N_1=1800$ 匝。

对于“无限长”螺线管，$L>>R$，所以

$$B=\mu_0 nI$$

对于“半无限长”螺线管，在端点处有 $x=L$，且 $L>>R$，所以

$$B=\mu_0 nI/2$$

【实验内容】

1. 霍尔电压 U_H 与工作电流 I_S 关系的测量

从实验（一）中可知，霍尔电压不但与磁感应强度成正比，而且还与流过霍尔元件的电流成正比。为了得到较好的测量效果，在进行螺线管磁场分布测量前，应选取适合的工作电流。

2. 螺线管磁场的测量

选定霍尔片工作电流 3mA，螺线管线圈上施加 0.1A，0.2A，0.3A，0.4A，0.5A 电流，测量从螺线管中心位置到螺线管外 20mm 之间磁场分布。

【实验步骤】

按照说明书，连接好实验仪与测试仪之间的三组连线及一根控制线，确定 I_S 及 I_M 换向开关指示灯向下亮，表明 I_S 及 I_M 均为正值（当转换开关指示灯向上亮时表明 I_S 及 I_M 为负值）。

为了准确测量，应先对测试仪的 20mV 电压表进行调零。

调零时，用一根连接线将电压表的输入端短路，然后调节接线孔右边的调零电位器，使电压表显示值为 0.00mV。若经过一段时间后由于温度漂移的影响而使显示不为零，再按上述步骤重新调零。

1. 测绘 U_H-I_S 曲线

保持 I_M 值不变（取 $I_M=0.5A$），测绘 U_H-I_S 曲线（反复三次），记入表3-19-5中。

$I_M=0.5A$；I_S 取值：1.00~3.00mA。

表3-19-5 测量 U_H-I_S 的关系

I_S/mA	1.00	2.00	3.00
U_1/mV			
U_2/mV			
U_3/mV			

2. 测绘 U_H-L 曲线

实验仪及测试仪各开关位置同上。

保持值 I_S 不变，（取 $I_S=3.00mA$），测绘 $I_M=0.1A$，0.2A，0.3A，0.4A，0.5A 条件下 U_H-L 曲线，记入表3-19-6中。

I_M 取值：$I_M=0.100\sim0.500A$；$I_S=3.00mA$。

表3-19-6 测量 U_H-L 的关系

L/mm	U_1/mV	U_2/mV	U_3/mV	U_4/mV	U_5/mV
移动距离	$I_M=0.1A$	$I_M=0.2A$	$I_M=0.3A$	$I_M=0.4A$	$I_M=0.5A$
0.0mm					
1.0mm					
2.0mm					
…					

附录二：实验系统误差及其消除

测量霍尔电压 U_H 时，不可避免地会产生一些副效应，由此而产生的附加电压叠加在霍尔电压上，形成测量系统误差，这些副效应有：

（1）不等位电压 U_0。

由于制作时，两个霍尔电压不可能绝对对称地焊在霍尔片两侧（见图3-19-4a）、霍尔片电阻率不均匀、控制电流极的端面接触不良（见图3-19-4b）都可能造成A、B两极不处在同一等位面上，此时虽未加磁场，但A、B间存在电势差 U_0，此称不等位电压，$U_0=I_SR_0$，R_0是两等位面间的电阻，由此可见，在 R_0确定的情况下，U_0与 I_S的大小成正比，且其正负随 I_S的方向而改变。

（2）爱廷豪森效应。

当元件 x 方向通以工作电流 I_S，z 方向加磁场 $\boldsymbol{B}$ 时，由于霍尔片内的载流子速度服从统计分布，有快有慢（见图3-19-5）。在到达动态平衡时，在磁场的作用下慢速、快速的载流子将在洛伦兹力和霍尔电场的共同作用下，沿 y 轴分别向相反的两侧偏转，这些载流子的动能将转化为热能，使两侧的温升不同，因而造成 y 方向上的两侧的温差（T_A-T_B）。因为霍尔电极和元件两者材料不同，电极和元件之间形成温差电偶，这一温差在A、B间产生温差

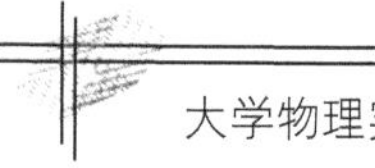

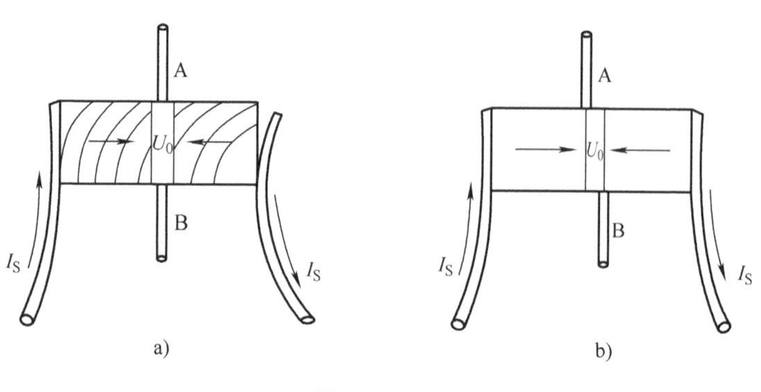

图 3-19-4

电动势 U_E，$U_E \propto IB$。这一效应称爱廷豪森效应，U_E 的大小及正负符号与 I、$\boldsymbol{B}$ 的大小和方向有关，跟 U_H 与 I、$\boldsymbol{B}$ 的关系相同，所以不能在测量中消除。

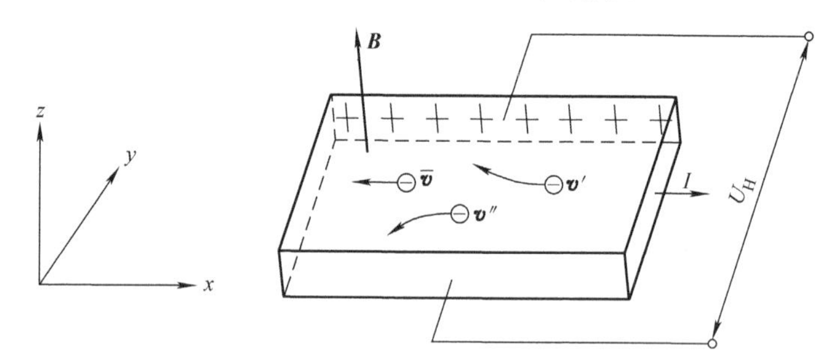

图 3-19-5　正电子运动平均速度（$v' < \bar{v}$、$v'' > \bar{v}$）

（3）伦斯脱效应。

由于控制电流的两个电极与霍尔元件的接触电阻不同，控制电流在两电极处将产生不同的焦耳热，引起两电极间的温差电动势，此电动势又产生温差电流（称为热电流）Q，热电流在磁场作用下将发生偏转，结果在 y 方向上产生附加的电势差 U_H（见图 3-19-5），且 $U_H \propto QB$，这一效应称为伦斯脱效应，由上式可知 U_H 的符号只与 $\boldsymbol{B}$ 的方向有关。

（4）里纪-杜勒克效应。

如（3）所述，霍尔元件在 x 方向有温度梯度$\frac{dT}{dx}$，引起载流子沿梯度方向扩散而有热电流 Q 通过元件，在此过程中载流子受 z 方向的磁场 $\boldsymbol{B}$ 作用下，在 y 方向引起类似爱廷豪森效应的温差 $T_A - T_B$，由此产生的电势差 $U_H \propto QB$，其符号与 $\boldsymbol{B}$ 的方向有关，与 I_S的方向无关。

为了减少和消除以上效应的附加电势差，利用这些附加电势差与霍尔元件工作电流 I_S、磁场 $\boldsymbol{B}$（即相应的励磁电流 I_M）的关系，采用对称（交换）测量法进行测量。

当 $+I_S$，$+I_M$ 时　　$U_{AB1} = +U_H + U_0 + U_E + U_N + U_R$

当 $+I_S$，$-I_M$ 时　　$U_{AB2} = -U_H + U_0 - U_E + U_N + U_R$

当 $-I_S$，$-I_M$ 时　　$U_{AB3} = +U_H - U_0 + U_E - U_N - U_R$

当 $-I_S$，$+I_M$ 时　　$U_{AB4} = -U_H - U_0 - U_E - U_N - U_R$

对以上四式做如下运算则得

$$\frac{1}{4}(U_{AB1} - U_{AB2} + U_{AB3} - U_{AB4}) = U_H + U_E$$

可见，除爱廷豪森效应以外的其他副效应产生的电势差会全部消除，因爱廷豪森效应所产生的电势差 U_E 的符号和霍尔电压 U_H 的符号，与 I_S 及 $\boldsymbol{B}$ 的方向关系相同，故无法消除，但在非大电流、非强磁场下，$U_H >> U_E$，因而 U_E 可以忽略不计，由此可得

$$U_H \approx U_H + U_E = \frac{U_1 - U_2 + U_3 - U_4}{4} \tag{3-19-13}$$

实验20 密立根油滴实验

电子的电量是物理学的基本常数之一，为了进一步证实元电荷的存在，在测定了电子荷质比之后，当务之急是要直接测出电子的电量。1911 年，密立根用实验的方法测定了电子的电量，证实了元电荷的存在，同时用无可辩驳的事实证实了物体带电的不连续性。由于密立根油滴实验设计巧妙，技术精湛，测量结果准确，一直被公认为实验物理的光辉典范。密立根因此荣获了 1923 年的诺贝尔物理学奖。

【实验目的】

1. 证明电荷的不连续性。
2. 测定电子的电荷。
3. 通过对实验仪器和油滴的选择、跟踪、测量等环节，培养学生科学的实验方法和严谨的态度。

【实验仪器】

油滴仪、喷雾器、实验用油。

【仪器介绍】

油滴仪由油滴盒、数码显微镜、电路箱、监视器等组成。

油滴盒结构如图 3-20-1 所示。直流电压通过上电极压簧和油滴盒基座输出至上、下电极板。圆片状的电极板是用铝制成的，其圆心处有一个直径 0.4mm 的小孔，油滴即从该小孔进入油滴盒。上、下电极板之间由胶木圆环绝缘，环的侧面开有一个显微镜观察孔、两个有机玻璃照明窗。窗外有两个红色半导体二极管，它们能够发出较亮的光束。透明的环形防风罩、油雾杯（带油雾孔）和盖子将油滴盒包围起来，保证了油滴盒内空气稳定、静止、无扰动。

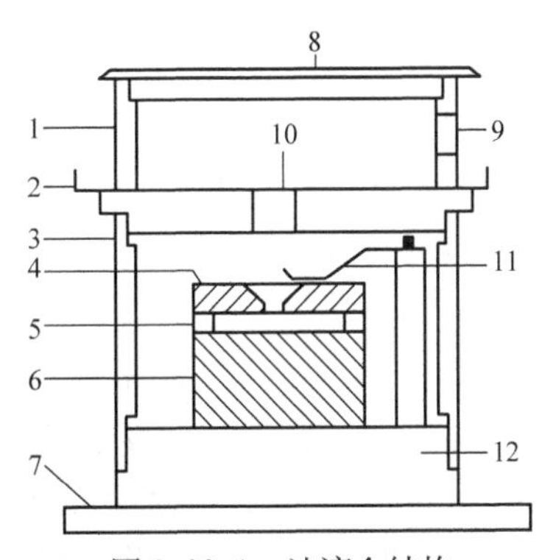

图 3-20-1 油滴盒结构
1—油雾杯 2—油雾孔开关 3—防风罩
4—上电极 5—油滴盒 6—下电极
7—基座 8—上盖板 9—喷雾口
10—油雾孔 11—上电极压簧
12—下电极压簧

通过安置在显微镜上的 CCD 数码摄像头，我们可以在监视器上看到油滴盒内极为微小的油滴。分划板、直流电、电子表、数字显示等电路装在显微镜下的电路箱内，面板如图 3-20-2 所示。K_1 控制上电极的正负，K_2 控制加减电压。拨

动 K_2 的同时，启动（或停止）电路箱内的电子秒表，“0V”与启动功能联动，“平衡”与停止功能联动。

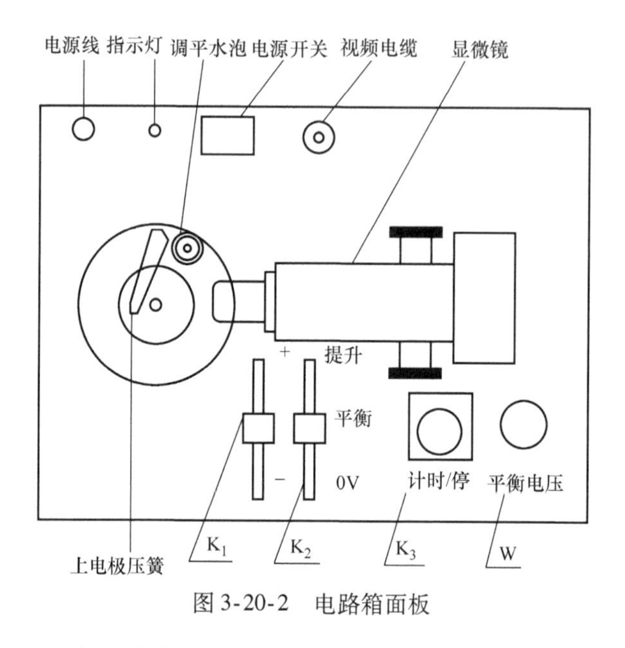

图 3-20-2　电路箱面板

仪器底部装有三只地脚，油滴盒基座上的水平气泡可以用来判断电场极板是否水平。

主要技术指标如下。

平均相对误差：<3%，极板电压：DC（0 ~ 700V），提升电压：200V，平行极板间距：5.00 ± 0.01mm，电子分划板：8 格 × 0.25mm，数字电压表量程：999V，数字计时器量程：99.99s，显微镜放大倍数：60 ×。

【实验原理】

如图 3-20-3 所示，一个质量为 m、带电量为 q 的油滴，处在间距为 d、电压 $U = 0$ 的平行极板之间，受到重力和空气黏滞力作用（不计空气浮力），做速度大小为 v_0 的匀速直线下落，由斯托克斯定律，有

$$6\pi a\eta v_0 = mg \tag{3-20-1}$$

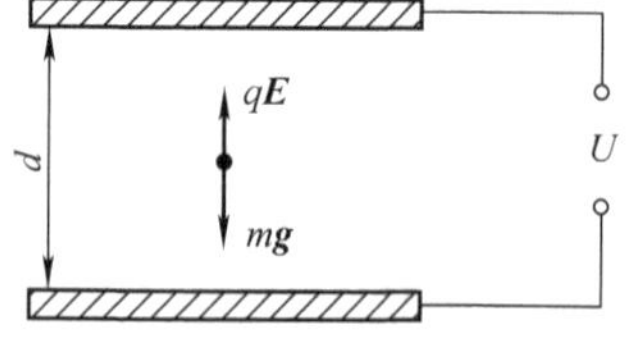

图 3-20-3　油滴受力分析

式中，η 是空气的黏度；a 是油滴的半径。当极板电压 $U \neq 0$ 时，油滴处在电场强度大小为 E 的静电场中。设电场力 qE 与重力的方向相反，并能够使油滴受电场力加速上升，由于空气黏滞力作用，上升一段距离后，油滴所受的黏滞力、重力与电场力达到平衡（忽略空气浮力），则油滴将以匀速上升，此时速度大小为 v_1，由斯托克斯定律，有

$$6\pi a\eta v_1 = qE - mg \tag{3-20-2}$$

又

$$E = \frac{U}{d} \tag{3-20-3}$$

可解出

$$q = mg\frac{d}{U}\left(1 + \frac{v_1}{v_0}\right) \tag{3-20-4}$$

为了测定油滴所带电量 q，除应测出 U、d 和速度大小 v_0、v_1 外，还需知油滴质量 m。由于在空气中悬浮和表面张力作用，可将油滴看作圆球，其质量为

$$m=\frac{4}{3}\pi a^3\rho \tag{3-20-5}$$

式中，ρ 是油滴的密度。由式（3-20-1）和式（3-20-5），得油滴半径

$$a=\sqrt{\frac{9\eta v_0}{2\rho g}} \tag{3-20-6}$$

考虑到油滴非常小，空气已不能看成连续介质，所以空气的黏度 η 应修正为 η'，即

$$\eta'=\frac{\eta}{1+\frac{b}{pa}} \tag{3-20-7}$$

式中，b 为修正常数；p 为空气压强；a 为未经修正过的油滴半径，由于它在修正项中，不必计算得很精确，由式（3-20-6）计算就够了。

设油滴匀速下降和上升距离均为 L，测出油滴匀速下降的时间 t_0，匀速上升的时间 t_1，则

$$v_0=\frac{L}{t_0}\ ,\ v_1=\frac{L}{t_1} \tag{3-20-8}$$

将式（3-20-5）~式(3-20-8）代入式（3-20-4），可得

$$q=\frac{18\pi}{\sqrt{2\rho g}}\left[\frac{\eta L}{1+b/(pa)}\right]^{\frac{3}{2}}\frac{d}{U}\left(\frac{1}{t_0}+\frac{1}{t_1}\right)\left(\frac{1}{t_0}\right)^{\frac{1}{2}}$$

令

$$K=\frac{18\pi}{\sqrt{2\rho g}}\left[\frac{\eta L}{1+b/(pa)}\right]^{\frac{3}{2}}d$$

得

$$q=K\left(\frac{1}{t_0}+\frac{1}{t_1}\right)\left(\frac{1}{t_0}\right)^{\frac{1}{2}}\frac{1}{U} \tag{3-20-9}$$

此式即为非平衡动态法测油滴电荷公式。

下面推导平衡静态法测油滴电荷的公式。调节极板电压 U（$\neq 0$）的大小，使油滴不动。此时 $v_1=0$，即 $t_1\rightarrow\infty$，由式（3-20-9）可得

$$q=K\left(\frac{L}{t_0}\right)^{\frac{3}{2}}\frac{1}{U}$$

或者

$$q=\frac{18\pi}{\sqrt{2\rho g}}\left[\frac{\eta L}{t_0\left(1+\frac{b}{pa}\right)}\right]^{\frac{3}{2}}\frac{d}{U} \tag{3-20-10}$$

上式即为平衡静态法测油滴电荷的基本公式。式中，ρ、g 、η、L、b、p、d 均为与实验条件和实验仪器有关的常数参数，在一般情况下可取下面的数值，也可由实验室给出。

油的密度：ρ = 981kg/m^3（20℃）；

重力加速度：g = 9.80m/s^2；

空气黏度：η = 1.83×10^{-5}kg/m·s；

油滴匀速下降距离：L = 1.0×10^{-3}m；

修正常数：$b = 8.23 \times 10^{-6}\text{m} \cdot \text{Pa}$；

大气压强：$p = 101325\text{Pa}$；

平行极板间距离：$d = 5.00 \times 10^{-3}\text{m}$。

将以上数据代入式（3-20-10），得

$$q = \frac{5.05 \times 10^{-15}}{\left[t(1 + 0.028\sqrt{t})\right]^{\frac{3}{2}}} \frac{1}{U} \tag{3-20-11}$$

由于空气阻力的存在，油滴是先经过一段变速运动然后才进入匀速运动的。但这段变速运动的时间非常短，小于计时器的显示电路精度（0.01s），故可以认为油滴自静止开始运动后，是立即达到匀速的。实验中只要测得油滴下降 $1.0 \times 10^{-3}\text{m}$（在电子分划板上是四个格）所用的时间 t 与平衡电压 U，就可以计算出油滴所带电量 q。

【实验内容】

密立根油滴实验是一个对操作技巧要求较高的实验，因此实验中必须仔细、认真。

1. 仪器调整

调节显微镜焦距：旋转焦距调节手轮，镜筒便沿导轨前后移动，使其白色前端和平台前端上下对齐（1mm 以内）。

调节水平：逆时针旋转手轮，则地脚降低；顺时针旋转手轮，则地脚升高。

2. 仪器使用

打开监视器和油滴仪电源开关，在监视器上先出现“OM98CCD 微机密立根油滴仪南京大学 025 – 361365”字样，5s 后自动进入测量状态，显示出分划板刻度线和极板电压、计时器时间。如想开机后直接进入测量状态，按一下“计时/停”按钮即可。

K_1置于“ + ”或“ – ”位均可，一般不经常变动。使用最频繁的是 K_2、W 和“计时/停”（K_3）。

在监视器面板下方有一小门，压一下小门打开调节盒，将对比度和亮度旋钮置于中等。如刻度线上下抖动（帧抖），微调左二旋钮即可解决。

3. 仪器维护

有时在实验过程中，虽然已经拨开油雾孔，且已调好显微镜焦距，但喷雾后却看不到油滴，这是由于多次喷雾所形成的积油堵塞了上电极极板中心的小孔。应关闭电源，也可以将 K_2置于“0V”档，然后取下油雾杯和上极板并揩擦油滴小孔内的积油。

不要将喷雾器的喷头伸入喷雾口内，以防大颗粒油滴堵塞油雾落入小孔。喷雾器喷头的正确位置是喷雾口外侧。

4. 测量练习

练习是顺利做好实验的重要一环，包括练习控制油滴运动，练习测量油滴运动时间和练习选择合适的油滴。

拨开油雾孔开关拨片喷雾后，可以在屏幕上看到许多油滴，如夜晚星空一般。重点观察目视直径为 0.5 ~ 1mm 的油滴。过小的油滴观察困难，布朗运动明显，会引入较大的测量误差；特别亮的油滴质量大，下降时间很短，测量时间的相对误差会增大；而当所带电荷个数超过 20 个时，电荷的颗粒性不明显，会给数据处理带来困难。

因此，选择一颗合适的油滴十分重要。通常选择平衡电压在 200 ~ 300V，匀速下落

1.0mm（四格）的时间在6～12s范围的油滴较适宜。将K_2置于“平衡”档，调W使极板电压适宜。注意观察那些运动缓慢的油滴，如不清晰可以微调焦距。试将K_2置于“0V”档，大概估计各颗油滴的下落速度，从中选一颗作为测量对象。

判断油滴是否平衡要有足够的耐性，用K_2将油滴移至某条刻度线上，仔细调节平衡电压，这样反复操作几次，经一段时间观察油滴确实不再移动了才认为是平衡。

另外测准油滴上升或下降某段距离所需的时间，要统一油滴到达刻度线什么位置才认为油滴已踏线。反复练习几次，使测出的各次时间的离散性较小。

5. 正式测量

用拨片关闭油雾孔，将已调平衡的油滴通过控制K_2移到“起跑”线上，按K_3，让计时器停止计时。然后将K_2拨向“0V”档（在油滴开始匀速下降的同时计时器开始计时）。到“终点”时迅速将K_2拨向“平衡”档，油滴立即静止（计时器也立即停止计时）。

对每颗油滴重复进行5次测量，每次测量都要检查和调整平衡电压，以减小偶然误差。测量5颗油滴后（见表3-20-1），输入计算机进行检查。

表3-20-1 实验数据参考表格

次数	油滴Ⅰ		油滴Ⅱ		油滴Ⅲ		油滴Ⅳ		油滴Ⅴ	
	U/V	t/s	U/V	t/s	U/V	t/s	U/V	t/s	U/V	t/s
1										
2										
3										
4										
5										

如果时间容许，还可以在实验室笔算任意一颗油滴所带的电量q，代入式（3-20-11），看看是否与计算机算出的结果一致。

※选做项目：用非平衡动态法测量元电荷e的值。

6. 检查数据

油滴仪附有一套数据处理软件。选实验参数设置，根据具体情况设定各参数，按“确定”按钮。在“第一个油滴数据”栏内，输入各油滴的平均电压、平均时间，按“计算”按钮后立即显示测量结果。相对误差小于6%的实验数据为合格。

【数据处理】

1. 平衡静态法的依据是式（3-20-11）。为了求元电荷e的值，通常使用“倒算法”来进行数据处理。即用公认值$e=1.60\times10^{-19}$C去除实验测得的电量值q，得到一个接近某一整数的数值，这个整数即是油滴所带元电荷的数目n。再用n去除实验测得的电量值q，便得到电子的电量e。

2. 将e的实验值与公认值比较，求出相对误差。

3. 学生自拟实验数据表格。

【注意事项】

1. 一次喷射油雾不宜过多，以免堵塞进油小孔。

2. 若油孔堵塞，要先去掉平衡电压与升降电压，然后进行擦拭。
3. 利用金属丝调焦时，一定要将两个电压开关均置于零。
4. 喷油时，两个电压开关均要置零，待看到亮点后再调节电压和微调手轮。

【预习思考题】

1. 未将电压开关置零，便利用金属丝在油滴盒中调焦，将会出现什么情况?
2. 喷油时，将电压开关置零，对实验的顺利进行有何益处?
3. 对同一个油滴进行多次测量时，每次都要重新聚焦，微调平衡电压，这是为什么?

【讨论题】

1. 长时间监测一个油滴，由于油的挥发，其质量会不断减小，将使哪些测量值发生变化?
2. 测量时间时，为什么要让油滴自由下落一段距离后，再开始计时?
3. 在跟踪一个油滴时，如果原来清晰的像突然变模糊了，应该怎么办?
4. 有无升降电压对实验会有什么影响?

实验21 迈克耳孙干涉仪

迈克耳孙干涉仪是美国物理学家迈克耳孙与莫雷合作设计出的一种精密光学仪器。他们利用这种干涉仪完成了著名的迈克耳孙-莫雷实验，对近代物理及计量技术产生过巨大影响，也为物理学的发展做出了重大贡献。后人利用该干涉仪的原理，研制出各种专用的干涉仪，并已广泛应用于生产和科技领域。

【实验目的】

1. 了解迈克耳孙干涉仪的结构、原理，并初步掌握其调节方法。
2. 观察等倾干涉、等厚干涉条纹特点。
3. 掌握用迈克耳孙干涉仪测定单色光波波长的方法。

【实验仪器】

迈克耳孙干涉仪、He-Ne激光器、钠光灯、扩束镜、凸透镜。

【仪器介绍】

迈克耳孙干涉仪是用分振幅的方法获得双光束干涉的仪器，其结构如图3-21-1所示。

M_1 和 M_2 为两个互相垂直的平面反射镜，每个反射镜的背面各有三个用来调节反射镜平面方位的调节螺钉。M_2 的下方有两个互相垂直的拉簧螺钉，可用来更细微地调节反射镜 M_2 的平面方位。分束板内侧镀有反射膜，反射膜与 M_1、M_2 成45°夹角。补偿板可使两光束经过玻璃中的光程相等。转动粗调手轮和微动鼓轮可使平面反射镜 M_1 沿导轨方向前后移动，移动的距离可从标尺、读数窗和微动鼓轮读出。标尺的分度值为1mm，读数窗中刻度

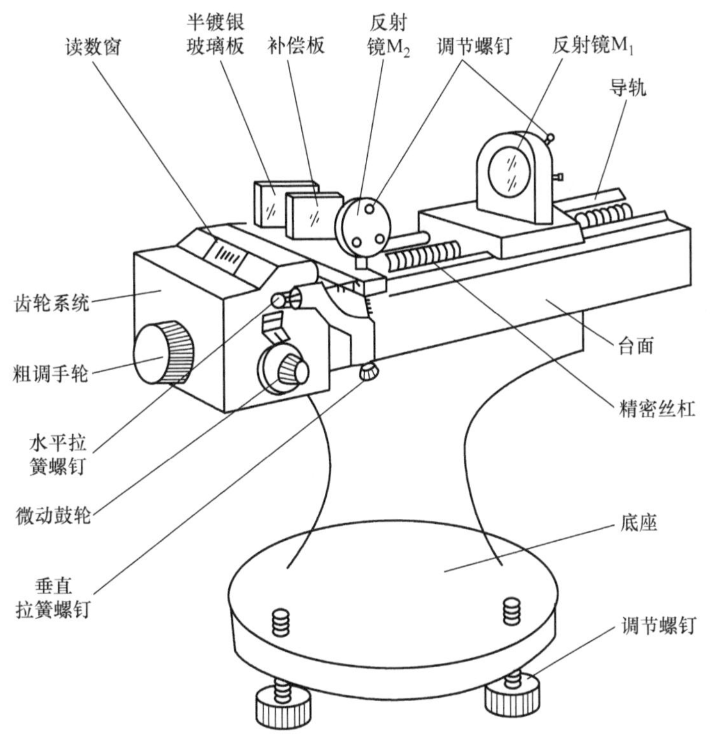

图 3-21-1　迈克耳孙干涉仪结构图

盘的分度值为 10^{-2}mm 微动鼓轮的分度值为 10^{-4}mm，可估读到 10^{-5}mm。

【实验原理】

1. 干涉条纹的产生

图 3-21-2 为迈克耳孙干涉仪的光路图。从光源 S 发出的光射到分束板上，反射膜将光束分成反射光束 1 和透射光束 2，两光束分别近于垂直入射 M_1、M_2。两光束经反射后在 E 处相遇，形成干涉条纹。从 E（光屏处）向 M_1 看去，可以看到 M_2 经反射膜反射的像 M_2'，两相干光束好像是一光束分别经 M_1、M_2' 反射而来的，因此，迈克耳孙干涉仪产生的干涉图样与 M_1、M_2' 之间空气层所产生的干涉是一样的。

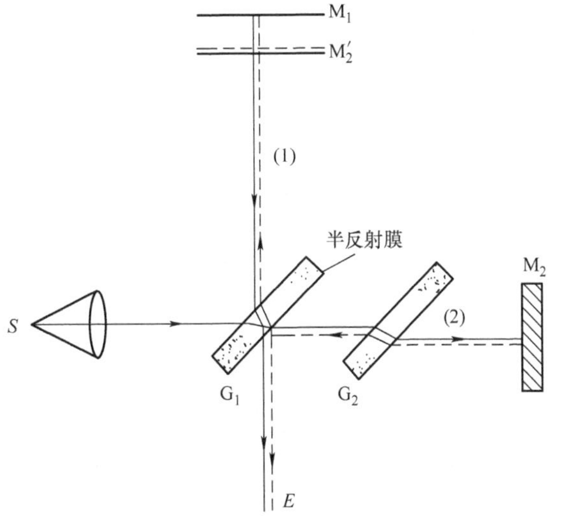

图 3-21-2　迈克耳孙干涉仪的光路图

2. 等倾干涉图样

当 M_1、M_2' 平行时（见图 3-21-3），得到的是等倾干涉图样。对倾角 i 相同的各光束从 M_1、M_2' 两表面反射的光线的光程差为

$$\Delta L = 2d\cos i \qquad (3\text{-}21\text{-}1)$$

式中，d 为 M_1 与 M_2' 之间的距离。干涉图样成像于无限远处（或透镜的焦平面上），用眼睛

在 E（光屏处）可观察到一组明暗相间的同心圆环。

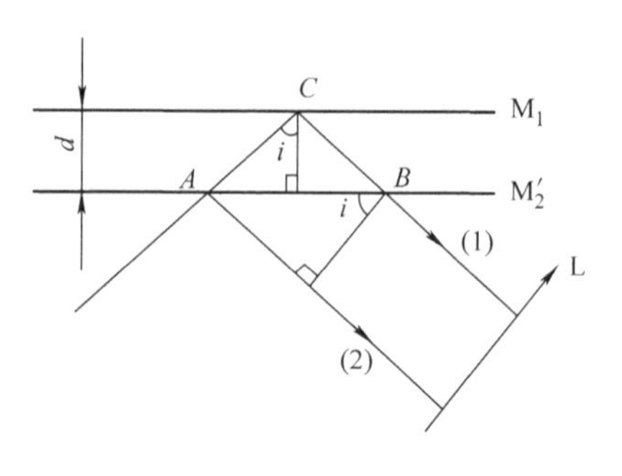

图 3-21-3　等倾干涉原理图

产生 k 级亮条纹的条件是

$$\Delta L = 2d\cos i_k = k\lambda \tag{3-21-2}$$

干涉圆环有以下特点：

（1）圆心处干涉条纹的级次最高。当 $i=0$ 时，$\Delta L = 2d = k\lambda$，因此，圆心处光程差最大，对应的干涉级次最高。

（2）d 增加时，圆心干涉级次越来越高，可以看到圆环一个一个从中心“冒出”来；反之，当 d 减小时，圆环一个一个向中心“缩进”去。每当“冒出”或“缩进”一个圆环，d 改变 $\lambda/2$。因此有

$$\lambda = \frac{2\Delta d}{\Delta k} \tag{3-21-3}$$

（3）由于 k 级和（$k+1$）级的亮条纹条件分别为

$$2d\cos i_k = k\lambda$$

$$2d\cos i_{k+1} = (k+1)\lambda$$

于是 k 级和（$k+1$）级亮条纹的角距离之差 Δi_k 为

$$\Delta i_k = -\frac{\lambda}{2d}\frac{1}{\bar{i}_k} \tag{3-21-4}$$

式中，$\bar{i}_k$ 是相邻两条纹的平均角距离。由式（3-21-4）可以看出，当 d 一定时，$\bar{i}_k$ 增大，Δi_k 就减小，故干涉圆环中心稀，边缘密。当 $\bar{i}_k$ 一定时，d 增大，Δi_k 减小，条纹变细；反之，条纹变粗。

3. 等厚干涉图样

当 M_1、M_2' 有一个很小夹角时（见图 3-21-4），产生等厚干涉条纹，其原理见实验 17 等厚干涉。干涉条纹有以下特点。

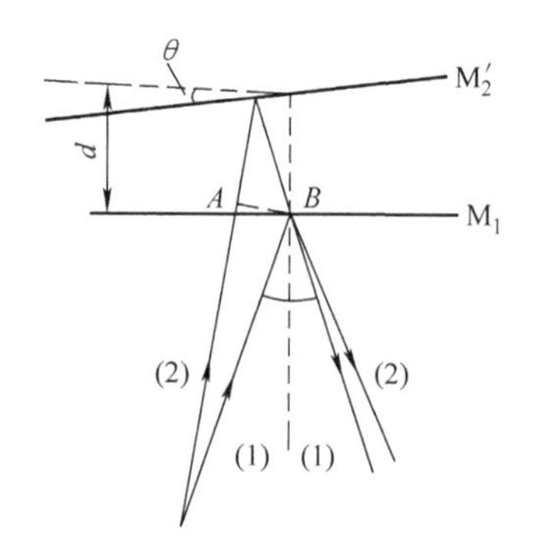

图 3-21-4　等厚干涉原理图

（1）在 M_1 与 M_2' 交界处，$d=0$，光程差（$\Delta L = 2d\cos i$）为零，将观察到直线干涉条纹。在交界线附近，d 很小，光程差的大小主要由 d 决定，可观察到一组平行于交线的直条纹。离交线较远处，干涉条纹变成弧形。

（2）当 M_1 与 M_2' 相交时，用白光照射，在交线附近可看到几条彩色干涉条纹。

【实验内容】

1. 打开激光器电源，使光源与干涉仪分束板 G_1 的中心及 M_2 镜的中心等高，且在一条直线上（目测判断即可）。此时，在图 3-21-2 的 E 处可看到由 M_1 和 M_2 反射的两个圆形均匀亮光斑。

2. 粗调 M_1 与 M_2 互相垂直。实验室已将 M_1 镜面的法线调至与丝杠平行，同学只能调 M_2 镜，除非必要，尽量不要动 M_1。先从 E 处观察，看到 M_1、M_2 反射的两个亮光斑后，通

过粗调手轮将 M_1 移动至50cm附近处。再调节 M_2 后面的螺钉，使这两行亮光斑完全对应重合，此时可看见光斑发光有闪烁现象。一般情况下，此时放上观察屏即可看到干涉条纹。继续调这三颗螺钉使条纹变粗变圆，最后得到圆形条纹。这时 M_1 与 M_2 大致垂直。若此时条纹较密或条纹较稀疏，可通过粗调手轮来改变 M_1 的前后位置，使条纹疏密适中。

3. 细调 M_1、M_2 互相垂直。看到干涉圆环后，如果眼睛上下或左右移动时看到有圆环从中心"冒出"或"缩进"，表明 M_1、M_2' 还不平行。这时只能利用 M_2 下的拉簧螺钉来调节，直到移动眼睛看不到圆环"冒出"或"缩进"为止。这时 M_1 与 M_2 就完全垂直了。

4. 定性观察，选定测量区。钠光实际上是由 $\lambda=589.0$nm 和 $\lambda=589.6$nm 这两个波长的光组成的。当 M_1、$\overline{M_2'}$ 的间距 d 一定时，λ_1 和 λ_2 的干涉环的级数是不同的，即

$$\Delta L=2d=k_1\lambda_1$$

$$\Delta L=2d=k_2\lambda_2$$

当光程差 $\Delta L=k_1\lambda_1=(k_1+1/2)\lambda_2$（$k_1$ 为正整数）时，波长为 λ_1 和 λ_2 的光在同一点所形成的干涉条纹一个是明的，一个是暗的，因而使得视场中的干涉条纹的对比度降低（所谓条纹的对比度，是指在整个视场中条纹清晰可见的程度）。如果两光束的光强相等，则条纹的对比度等于零，即看不清条纹。若光程差继续改变，不再符合上述条件，条纹又逐渐清晰。直到光程差达到 $\Delta L'=k_1'\lambda_1=(k_1'+1/2)\lambda_2$ 时，再次遇到对比度为零的情况。

缓慢旋转粗调手轮，观察对比度变化情况。选定干涉圆环对比度较好而且疏密合适的区域，调好仪器的零点，准备进行测量。

5. 测量光的波长。调鼓轮移动 M_1，条纹每"冒出"或"缩进"50个干涉圆环就记录一次 M_1 的位置 d_i，连续记录250个干涉圆环，即6个 M_1 的位置 d_0，d_1，…，d_5。

【数据处理】

1. 列表记录 d_0，d_1，…，d_5，将数据平分两组，用逐差法处理数据。

2. 求出光波波长 λ，并与光波波长的标准值（钠光为589.3nm，He-Ne激光为632.8nm）进行比较，求出百分误差。

【注意事项】

1. 为了避免引入螺距差，每次测量必须沿同一方向转动鼓轮，中途不能反转。

2. 迈克耳孙干涉仪是精密光学仪器，光学元件严禁用手触摸。转动粗调手轮时要缓慢。

【预习思考题】

1. 试述迈克耳孙干涉仪的原理及调节方法。

2. 如何利用干涉条纹对比度的变化，测量钠光双线的波长差 $\Delta\lambda$？

3. 如何应用干涉条纹的"冒出"或"消失"，测量钠光的平均波长 λ？

【讨论题】

1. 在观察等倾干涉条纹时，若视线向左移动时中心条纹"冒出"，而向右移动时中心条纹"消失"，问 M_1 与 M_2' 的间距是否处处相等，是怎样变化的，应如何调整？

2. 调出等倾干涉条纹的关键是什么？

3. 调出等厚干涉条纹的关键是什么?

实验22　设计性实验

设计性实验可以更全面地培养学生分析问题和解决问题的能力。学生应根据给定的实验任务和要求，认真查阅资料，做好实验的准备，自行确定测量方法，设计好实验线路，选择合适的仪器，拟定实验方案等，经教师审查通过后才能进行实验。

下面拟定出几个实验选题供同学们选做。

1. 测量直径 $D\approx25$mm、高 $H\approx55$mm 的金属圆柱体的体积。

【要求】

（1）$\Delta V/V\leqslant0.1\%$ 或 $\Delta V/V\leqslant1.0\%$；

（2）试分别列出所选用的量具名称与规格；

（3）计算出测量结果 $V\pm\Delta V$。

【提示】

（1）误差分配采用等作用原则；

（2）量具的选择应包括其名称、分度值及量程。

2. 用伏安法测定标称值为 56Ω 和 5600Ω、额定功率都是 0.25W 的电阻器的阻值。

【要求】

（1）测量结果的相对误差$\leqslant1.5\%$；

（2）根据给定电阻的参数及误差要求合理地选择仪表；

（3）设计出实验线路使方法误差最小；

（4）计算出测量结果 $R\pm\Delta R$。

【提示】

（1）误差分配采用等作用原则；

（2）仪表选择应包括仪表的名称、量程和准确度等级；

（3）测电阻时，工作电流不可超过允许值。

3. 测量一个额定电压为 6V、额定功率为 2W 的小灯泡的伏安特性曲线，并求出具体函数关系式。

【要求】

（1）根据给定灯泡的参数，选择合适的仪表；

（2）设计出测量电路使方法误差最小；

（3）利用测得的伏安特性曲线求出电压与电流的函数关系式。

【提示】

（1）当电流不太大时，钨丝灯泡的伏安特性满足关系式 $U=kI^n$，其中 k 和 n 为常数；

（2）利用曲线改直方法求出待定常数 k 和 n。

4. 将量程 $I_g=100\mu A$ 的表头改装成能测 0～5～10mA、0～5～10V 的多用表。

【要求】

（1）用半偏法测出表头的内阻 R_g；

（2）用电位差计测表头的满度电流 I_g；

（3）设计电路，计算出分流电阻和降压电阻的阻值；

（4）对改装表进行校准。

【提示】

（1）通电前，把表头的零点调准；

（2）注意表头的正负极不能接错。

5. 用箱式电桥测表头的内阻 R_g。

【要求】

（1）设计测量方案；

（2）计算出测量结果 $R_g \pm \Delta R_g$。

【提示】

（1）通过表头的电流应小于表头的满量程；

（2）注意表头的正负极不能接错。

6. 用 UJ31 型箱式电位差计校准 0～5mA、1.5 级的毫安表。

【要求】

（1）画出校准电路图，写出计算公式；

（2）写出校准步骤；

（3）校准，并画出校准曲线。

【提示】

（1）通过计算来选择与毫安表串联的标准电阻的阻值；

（2）设计控制电路，选择电源及变阻器规格。

7. 用自检法测一个 $k \approx 10^{-6}$A/mm 的张丝式检流计的内阻。

【要求】

（1）画出测量电路，写出计算公式；

（2）测量检流计内阻。

【提示】

（1）自检法实质上是电桥法，但它是利用被测检流计本身的指示来判断电桥是否平衡，而不另外用零示器；

（2）用电桥平衡条件——对角线两点电位相等，设计测量电路，并说明调节电桥平衡及判断电桥平衡的方法；

（3）根据内阻的粗略值选择桥臂电阻，并注意观察电路灵敏度。

8. 用 UJ31 型箱式电位差计测量 0～3mA、内阻约为 3Ω 的毫安表的内阻。

【要求】

（1）画出实验电路图，写出测量公式；

（2）测出毫安表内阻。

【提示】

（1）根据毫安表两端电压，正确选择电位差计量限；

（2）设计毫安表连接回路中的控制电路，正确选择变阻器规格。

9. 脉冲波形变换。

【要求】

（1）画出实验电路图，写出相关公式；

（2）在示波器上调试出微分、积分电路波形。

【提示】

（1）根据 *RC* 电路的原理进行设计；

（2）注意电路元件参数的选择。

10. 电子元件判定。

【要求】

（1）判定给定的未知电子元件的种类；

（2）测出给定的电子元件的参数。

【提示】

（1）未知电子元件为二极管、电阻、电容；

（2）根据二极管、电阻、电容的电学特性来设计判断方法及参数测量方法。

实验 23　稳态法测量不良导体的导热系数

导热系数是表征物质热传导性质的物理量。材料结构的变化与所含杂质的不同对材料导热系数数值都有明显的影响，因此材料的导热系数常常需要由实验去具体测定。

测量导热系数的实验方法一般分为稳态法和动态法两类。在稳态法中，先利用热源对样品加热，样品内部的温差使热量从高温向低温处传导，样品内部各点的温度将随加热快慢和传热快慢的影响而变动。当适当控制实验条件和实验参数使加热和传热的过程达到平衡状态，则待测样品内部可能形成稳定的温度分布，根据这一温度分布规律就可以计算出导热系数。而在动态法中，最终在样品内部所形成的温度分布是随时间变化的，如呈周期性的变化，变化的周期和幅度亦受实验条件和加热快慢的影响，与导热系数的大小有关。

【实验目的】

本实验应用稳态法测量不良导体（橡皮样品）的导热系数，学习用物体散热速率求传导速率的实验方法。

【实验仪器】

FD-TC-B型导热系数测定仪装置如图3-23-1所示，它由电加热器、铜加热盘C、圆盘样品B、铜散热盘P、支架及调节螺钉、温度传感器以及控温与测温器组成。

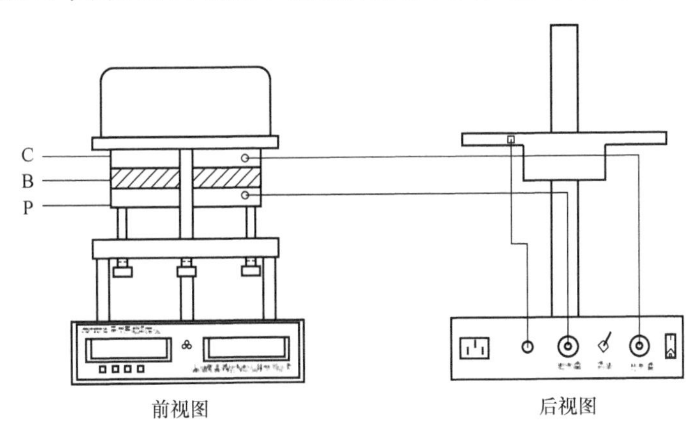

图3-23-1 FD-TC-B型导热系数测定仪装置图

【实验原理】

1898年C. H. Lees首先使用平板法测量不良导体的导热系数。这是一种稳态法，实验中样品制成平板状，其上端面与一个稳定的均匀发热体充分接触，下端面与一均匀散热体相接触。由于平板样品的侧面积比平板平面小很多，可以认为热量只沿着上下方向垂直传递，横向由侧面散去的热量可以忽略不计，即可以认为样品内只有在垂直样品平面的方向上有温度梯度，在同一平面内各处的温度相同。

设稳态时样品的上、下平面温度分别为θ_1、θ_2，根据傅里叶传导方程，在Δt时间内通过样品的热量ΔQ满足

$$\frac{\Delta Q}{\Delta t}=\lambda\frac{\theta_1-\theta_2}{h_B}S \tag{3-23-1}$$

式中，λ为样品的导热系数；h_B为样品的厚度；S为样品的平面面积。实验中样品为圆盘

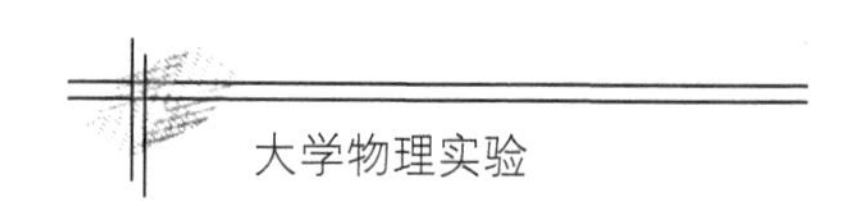

状，设圆盘样品的直径为 d_B，则由式（3-23-1）得

$$\frac{\Delta Q}{\Delta t}=\lambda\,\frac{\theta_1-\theta_2}{4h_B}\pi d_B^2 \tag{3-23-2}$$

实验装置如图 3-23-1 所示，固定于底座的三个支架上，支撑着一个铜散热盘 P，散热盘 P 可以借助底座内的风扇，实现稳定有效的散热。散热盘上安放面积相同的圆盘样品 B，样品 B 上放置一个圆盘状铜加热盘 C，其面积也与样品 B 的面积相同，加热盘 C 是由单片机控制的自适应电加热，可以设定加热盘的温度。

当传热达到稳定状态时，样品上、下表面的温度 θ_1 和 θ_2 不变，这时可以认为加热盘 C 通过样品传递的热流量与散热盘 P 向周围环境散热量相等。因此，可以通过散热盘 P 在稳定温度 θ_2 时的散热速率来求出热流量$\frac{\Delta Q}{\Delta t}$。

实验时，当测得稳态时的样品上、下表面温度 θ_1 和 θ_2 后，将样品 B 抽去，让加热盘 C 与散热盘 P 接触，当散热盘的温度上升到高于稳态时的 θ_2 值 20℃或者 20℃以上后，移开加热盘，让散热盘在电扇作用下冷却，记录散热盘温度 θ 随时间 t 的下降情况，求出散热盘在 θ_2 时的冷却速率$\left.\frac{\Delta\theta}{\Delta t}\right|_{\theta=\theta_2}$，则散热盘 P 在 θ_2 时的散热速率为

$$\frac{\Delta Q}{\Delta t}=mc\left.\frac{\Delta\theta}{\Delta t}\right|_{\theta=\theta_2} \tag{3-23-3}$$

式中，m 为散热盘 P 的质量；c 为其比热容。

在达到稳态的过程中，散热盘 P 的上表面并未暴露在空气中，而物体的冷却速率与它的散热表面积成正比，为此，稳态时散热盘 P 的散热速率的表达式应做面积修正，则

$$\frac{\Delta Q}{\Delta t}=mc\left.\frac{\Delta\theta}{\Delta t}\right|_{\theta=\theta_2}\frac{(\pi R_P^2+2\pi R_P h_P)}{(2\pi R_P^2+2\pi R_P h_P)} \tag{3-23-4}$$

式中，R_P 为散热盘 P 的半径；h_P 为其厚度。

由式（3-23-2）和式（3-23-4）可得

$$\lambda\,\frac{\theta_1-\theta_2}{4h_B}\pi d_B^2=mc\left.\frac{\Delta\theta}{\Delta t}\right|_{\theta=\theta_2}\frac{(\pi R_P^2+2\pi R_P h_P)}{(2\pi R_P^2+2\pi R_P h_P)} \tag{3-23-5}$$

所以样品的导热系数为

$$\lambda=mc\left.\frac{\Delta\theta}{\Delta t}\right|_{\theta=\theta_2}\frac{(R_P+2h_P)}{(2R_P+2h_P)}\frac{4h_B}{(\theta_1-\theta_2)}\frac{1}{\pi d_B^2} \tag{3-23-6}$$

【实验内容】

1. 取下固定螺钉，将样品放在加热盘与散热盘中间，样品要求与加热盘、散热盘完全对准；要求上、下绝热薄板对准加热和散热盘。调节底部的三个微调螺钉，使样品与加热盘、散热盘接触良好，但注意不宜过紧或过松。

2. 按照图 3-23-1 插好加热盘的电源插头；再将两根连接线的一端与机壳相连，另一有传感器端插在加热盘和散热盘小孔中，要求传感器完全插入小孔中，并在传感器上抹一些硅油或者导热硅脂，以确保传感器与加热盘和散热盘接触良好。在安放加热盘和散热盘时，还应注意使放置传感器的小孔上下对齐。（注意：加热盘和散热盘两个传感器要一一对应，不

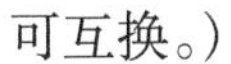

可互换。）

3. 接上导热系数测定仪的电源，开启电源后，左边表头首先显示“FDHC”，然后显示当时温度，当转换至“b = = · =”时，用户可以设定控制温度。设置完成按“确定”键，加热盘即开始加热。右边显示散热盘的当时温度。

4. 加热盘的温度上升到设定温度值时，开始记录散热盘的温度，可每隔 1min 记录一次，待在 10min 或更长的时间内加热盘和散热盘的温度值基本不变时，可以认为已经达到稳定状态了。

5. 按复位键停止加热，取走样品，调节三个螺钉使加热盘和散热盘接触良好，再设定温度到 80℃，加快散热盘的温度上升，使散热盘温度上升到高于稳态时的 θ_2 值 20℃左右即可。

6. 移去加热盘，让散热盘在风扇作用下冷却，每隔 10s（或者 30s）记录一次散热盘的温度示值，由临近 θ_2 值的温度数据中计算冷却速率 $\left.\frac{\Delta\theta}{\Delta t}\right|_{\theta=\theta_2}$。也可以根据记录数据作冷却曲线，用镜尺法作曲线在 θ_2 点的切线，根据切线斜率计算冷却速率。

【数据处理】

根据测量得到的稳态时的温度值 θ_1 和 θ_2，以及在温度 θ_2 时的冷却速率，由公式 $\lambda = mc\left.\frac{\Delta\theta}{\Delta t}\right|_{\theta=\theta_2}\frac{(R_P+2h_P)}{(2R_P+2h_P)}\frac{4h_B}{(\theta_1-\theta_2)}\frac{1}{\pi d_B^2}$ 计算不良导体样品的导热系数，并分析误差来源。

【注意事项】

1. 该测定仪用单片机控制，最高控制温度为 80℃，读数误差为 0.1℃。电加热时加热指示灯闪亮，随着与设定值的接近，闪亮变慢，超过设定温度 1℃即自动关闭加热电源，低于设定温度自动开启。

2. 加热盘和散热盘侧面两个小孔安装数字式温度传感器，不可插错。近电源开关的接插件为加热传感器，应插入加热盘上，另一个传感器插在散热盘上的小孔，特别注意插小孔之前涂上少许导热硅脂或者硅油，使其接触良好。

3. 使用前将加热盘与散热盘及样品的表面擦干净，可以涂上少量硅油或者导热硅脂，以保证接触良好。在固定安装加热盘、散热盘和样品时三个调节螺钉不宜过紧或过松，用力要均匀（手感一致）。

4. 在实验过程中，需移开加热盘时，请先关闭加热电源，移开热圆筒时，手应握固定轴转动，以免烫伤；实验结束后，切断总电源，保管好测量样品，不要使样品两端面划伤，以免影响实验的精度。

【预习思考题】

1. 应用稳态法是否可以测量良导体的导热系数？如可以，对实验样品有什么要求？实验方法与测不良导体有什么区别？

2. 什么是镜尺法？镜尺法画切线利用了什么原理？

【讨论题】

1. 为什么求冷却速率$\left.\frac{\Delta\theta}{\Delta t}\right|_{\theta=\theta_2}$时取临近 θ_2 值的温度数据来计算？

2. 如果样品和上盘中间有空气隙将如何调节？

附录一：实验数据测量及处理举例

样品：橡胶。　　　　室温：20℃。

散热盘比热容（纯铜）：$c=385\mathrm{J/(kg\cdot K)}$。　　　　散热盘质量：$m=891.42\mathrm{g}$。

1. 散热盘厚度 h_P（多次测量取平均值）

表 3-23-1　散热盘厚度（不同位置测量）

h_P/mm	7.63	7.62	7.73	7.61	7.73	7.65

所以散热盘 P 的厚度：$h_P=7.66\mathrm{mm}$。

2. 散热盘半径 R_P（多次测量取平均值）

表 3-23-2　散热盘直径（不同角度测量）

D_P/mm	130.00	129.98	130.00	129.99	130.01	130.00

所以散热盘 P 的半径：$R_P=65.00\mathrm{mm}$。

3. 橡胶样品厚度 h_B（多次测量取平均值）

表 3-23-3　橡胶样品厚度（不同位置测量）

h_B/mm	8.07	8.07	8.06	8.05	8.05	8.06

所以橡胶样品的厚度：$h_B=8.06\mathrm{mm}$。

4. 橡胶样品直径 d_B（多次测量取平均值）

表 3-23-4　橡胶样品直径（不同角度测量）

d_B/mm	129.22	128.82	128.92	129.16	129.00	128.99

所以橡胶样品的厚度：$d_B=129.02\mathrm{mm}$。

5. 温度测量

稳态时（10min 内温度基本保持不变），样品上表面的温度示值 $\theta_1=80.2$℃，样品下表面温度示值 $\theta_2=45.0$℃；

每隔 10s 记录一次散热盘冷却时的温度示值（见表 3-23-5）。

表 3-23-5　散热盘自然冷却时温度记录

θ/℃	47.9	47.4	47.0	46.5	46.0	45.5	45.1
θ/℃	44.7	44.2	43.8	43.4	43.0	42.6	42.2

6. 数据处理

作冷却曲线如图 3-23-2 所示。

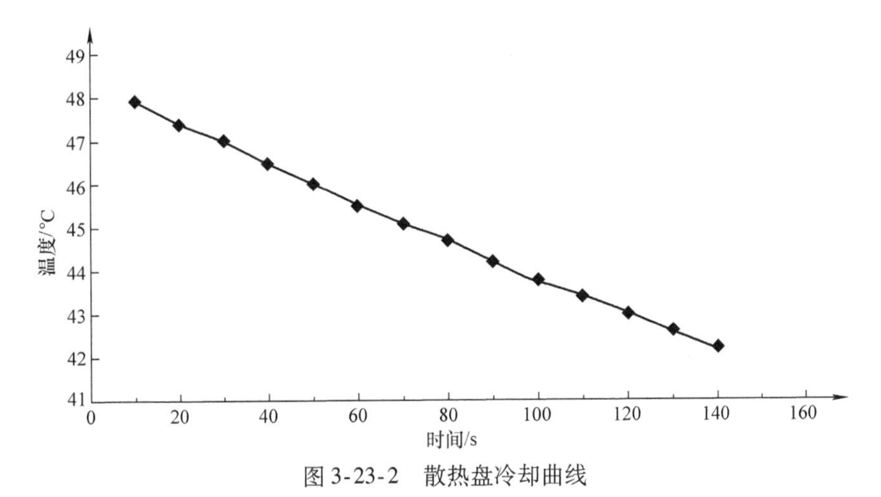

图 3-23-2 散热盘冷却曲线

取临近 θ_2 温度的测量数据求出冷却速率 $\left.\frac{\Delta\theta}{\Delta t}\right|_{\theta=\theta_2}=0.040℃/\mathrm{s}$（或者用镜尺法求出冷却速率）。

将测量数据代入式（3-23-6）计算得到

$$\lambda=mc\left.\frac{\Delta\theta}{\Delta t}\right|_{\theta=\theta_2}\frac{(R_P+2h_P)}{(2R_P+2h_P)}\frac{4h_B}{(\theta_1-\theta_2)}\frac{1}{\pi d_B^2}$$

$$=\left(891.42\times10^{-3}\times385\times0.040\times\frac{65.00+2\times7.66}{2\times65.00+2\times7.66}\times\frac{4\times8.06}{80.2-45.0}\times\frac{1}{\pi\times(129.02\times10^{-3})^2}\right)\mathrm{W/(m\cdot K)}$$

$$=0.13\mathrm{W/(m\cdot K)}$$

查阅相关资料知，橡胶在20℃的条件下测定导热系数为0.13～0.23W/(m·K)。

附录二：FD-TC-B 导热系数测定仪

一、概述

本实验仪是用稳态法测不良导体导热系数的实验仪器，FD-TC-B 型是 FD-TC-II 型改进型，加热盘原手工操作改为单片机自适应控制测温传感器，读数显示为摄氏度，精度是0.1℃，散热盘测温传感器由另一单片机控制，读数精度也为0.1℃。该仪器结构牢固、测控方便，已广泛应用于大专院校普通物理热学实验。

二、用途

1. 测量不良导体的导热系数，本仪器附有橡胶样品供教学测试用。
2. 学习用物体散热速率求热传导速率的实验方法。
3. 学习温度传感器的应用方法。

三、仪器组成与技术指标

（一）仪器组成（见图3-23-1）

（1）热源：电热管、加热铜板。

（2）样品架：样品支架、样品板。

（3）测温部分：单片电脑测温及控制仪。

（4）橡胶样品、导热硅脂（配件）。

（二）技术指标

1. 温控仪与测温仪

（1）温度计显示工作温度：0～100℃

（2）恒温控制温度：室温～80℃

（3）控制恒温显示分辨率：0.1℃

2. 温度传感器 DS18B20 的结构与技术特性（控温及测量用）

（1）温度测量范围：－55～＋125℃

（2）测温分辨率：0.0625℃

（3）引脚排列（见图 3-23-3）

（4）封装形式：TO-92

详细应用软硬件请参阅相关资料。

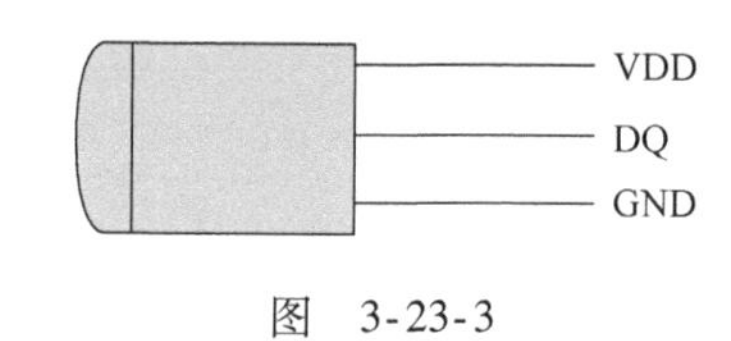

图 3-23-3

3. 不良导体导热系数测量

不确定度≤10%。

【安装步骤】

1. 取下固定螺钉，将样品放在加热盘与散热盘中间，然后固定；调节底部的三个微调螺钉，使样品与加热盘、散热盘接触良好，不宜过紧或过松。

2. 插好加热板的电源插头；再将两根连接线的一端与机壳相连，另一端的传感器分别插在加热盘和散热盘小孔中（注意：要一一对应，不可互换）。

3. 开启电源后，左边表头显示从“FDHC”→“当时温度”→“b＝＝·＝”，其含义是告知用户请设定控制温度。右边表头显示散热盘的测量温度。

【使用方法】

1. 设定加热器控制温度：按升温键左边表显示由 B00.0 可上升到 B80.0℃。一般设定 75～80℃较为适宜。根据室温选择后，再按确定键，显示变为 AXX.X 之值，即表示加热盘此刻的温度值，加热指示灯闪亮，打开电扇开关，仪器开始加热。

2. 加热盘的温度上升到设定温度值时，开始记录散热盘的温度，可以每隔 1min 记录一次，待在 10min 内加热盘和散热盘的温度都基本保持不变，可以认为已经达到稳定状态了。

3. 按复位键停止加热，取走样品，调节三个螺钉使加热盘和散热盘接触良好，再设定温度到 80℃加快加热盘 C 的温度上升（按升温键和确定键），使散热盘在原温度上升 20℃左右即可。

4. 移去加热盘，让散热盘在风扇作用下冷却，每隔 10s（或者稍长时间，如 20s 或者 30s）记录该盘的温度。作散热曲线，计算散热盘的冷却速率。

散热速率的修正及导热系数的计算见式（3-23-4）～式（3-23-6）。

实验 24　液体表面张力系数的测定

液体的表面张力是表征液体性质的一个重要参数。表面张力是由液体分子间很大的内聚力引起的。处于液体表面层中的分子比液体内部稀疏，所以它们受到指向液体内部的力的作用，使得液体表面层犹如张紧的橡胶膜，有收缩趋势，从而使液体尽可能地缩小它的表面积。这就是我们常见的树叶上的水滴接近球形的原因。这种液体表面的张力作用，从性质上看，类似固体内部的拉伸应力，只不过这种应力存在于极薄的表面层内，而且不是由于弹性形变引起的，任何液体表面都受到表面张力的作用。

测定液体表面张力的方法有很多，如拉脱法、毛细管法和最大气泡压力法等。其中拉脱法是直接测量方法，毛细管法是间接测量的方法。本实验分别采用拉脱法和毛细管法测量液体表面张力系数。

（一）拉脱法

拉脱法是测量液体表面张力系数常用的方法之一。该方法的特点是，用称量仪器直接测量液体的表面张力，测量方法直观，概念清楚。

【实验目的】

1. 了解液体表面的性质。
2. 用拉脱法测量室温下液体的表面张力系数。
3. 学习力敏传感器的定标方法。

【实验仪器】

硅压阻式力敏传感器、三位半数字电压表、力敏传感器固定支架、升降台、底板及水平调节装置、游标卡尺、吊环、玻璃器皿、砝码。

【实验原理】

测量一个已知周长的金属片从待测液体表面脱离时需要的力，求得该液体表面张力系数的实验方法称为拉脱法。若金属片为环状吊片时，考虑一级近似，可以认为脱离力为表面张力系数乘以脱离表面的周长，即

$$F=\alpha\pi(D_1+D_2) \tag{3-24-1}$$

式中，F 为脱离力；D_1、D_2 分别为圆环的外径和内径；α 为液体的表面张力系数。

硅压阻式力敏传感器由弹性梁和贴在梁上的传感器芯片组成，其中芯片由四个硅扩散电阻集成一个非平衡电桥，当外界压力作用于金属梁时，在压力作用下，电桥失去平衡，此时将有电压信号输出，输出电压大小与所加外力成正比，即

$$\Delta U=KF \tag{3-24-2}$$

式中，F 为外力的大小；K 为硅压阻式力敏传感器的灵敏度；ΔU 为传感器输出电压。

【实验内容】

1. 力敏传感器的定标

每个力敏传感器的灵敏度都有所不同，在实验前，应先将其定标，定标步骤如下：

（1）打开仪器的电源开关，将仪器预热15min以上。

（2）在传感器梁端头小钩中，挂上砝码盘，调节调零旋钮，使数字电压表显示为零。

（3）在砝码盘上分别放质量为0.5g、1.0g、1.5g、2.0g、2.5g、3.0g的砝码，记录相

应这些砝码作用下，数字电压表的读数值 U 于表3-24-1中。

（4）用最小二乘法作直线拟合，求出传感器灵敏度 K。

表3-24-1　测量 K 实验数据参考表格

砝码质量/g	0.5	1.0	1.5	2.0	2.5	3.0
电压 U/mV						

2. 环的测量与清洁

（1）用游标卡尺测量金属圆环的外径 D_1 和内径 D_2。

（2）环的表面状况与测量结果有很大的关系，实验前应将金属环状吊片在 NaOH 溶液中浸泡20～30s，然后用净水洗净。

3. 液体的表面张力系数测量

（1）如图3-24-1所示，将金属环状吊片挂在传感器的小钩上，调节升降台，将液体升至靠近环片的下沿，观察环状吊片下沿与待测液面是否平行，如果不平行，将金属环状片取下后，调节吊片上的细线，使吊片与待测液面平行。

（2）调节容器下的升降台，使其渐渐上升，将环片的下沿部分全部浸没于待测液体，然后反向调节升降台，使液面逐渐下降，这时，金属环片和液面间形成环形液膜，继续下降液面，测出环形液膜即将拉断前瞬间数字电压表读数值 U_1 和液膜拉断后一瞬间数字电压表读数值 U_2（见表3-24-2）。

（3）将实验数据代入式（3-24-2）和式（3-24-1），求出液体的表面张力系数，并与标准值进行比较。

表3-24-2　测量 α 实验数据参考表格

编号	U_1/mV	U_2/mV	ΔU/mV	F/N	α/(N/m)
1					
2					
3					
4					
5					

金属环外径 D_1 = ________ cm，内径 D_2 = ________ cm，水的温度 t = ________ ℃。

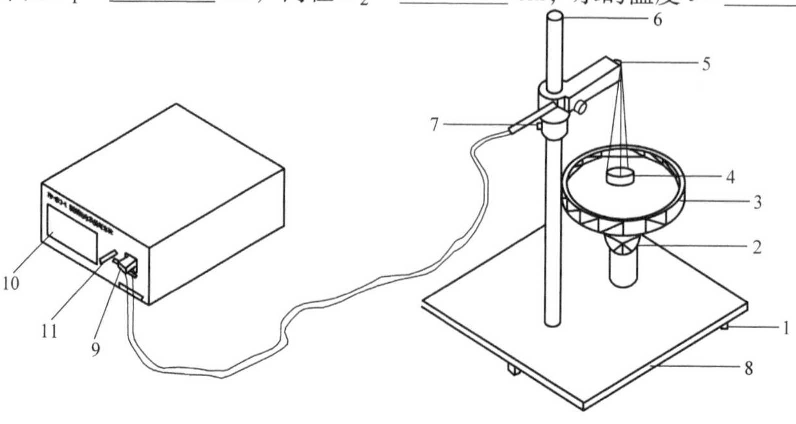

图3-24-1　液体表面张力测定装置

1—调节螺钉　2—升降螺钉　3—玻璃器皿　4—吊环　5—力敏传感器　6—支架
7—固定螺钉　8—底座　9—航空插头　10—数字电压表　11—调零旋钮

【数据处理】

1. 计算传感器灵敏度。用最小二乘法拟合得 K 和相关系数 r 的值。

2. 计算在温度 t 时水的表面张力系数的测量值，并查找理论值。

3. 计算出水的表面张力系数绝对误差和相对误差。

$$\Delta\alpha = \left|\alpha_{理} - \alpha_{测}\right|, \quad E = \frac{\left|\alpha_{理} - \alpha_{测}\right|}{\alpha_{理}} \times 100\%$$

4. 写出测量结果

$$\begin{cases} \alpha = \alpha_{测} \pm \Delta\alpha \\ E = \dfrac{\left|\alpha_{理} - \alpha_{测}\right|}{\alpha_{理}} \times 100\% \end{cases}$$

【注意事项】

1. 吊环表面要光滑，沿口要平整，必须严格处理干净。必要时可洗净油污或杂质后，用清洁水冲洗干净，并用热吹风烘干。

2. 吊环水平必须调节好，注意：偏差1°，测量结果引入误差为0.5%；偏差2°，则误差1.6%。吊环的三个吊线有两根可以调节长度，可仔细调整至水平状态。

3. 仪器开机需预热15min。

4. 在旋转升降台时，动作要轻，不要太快，尽量使液体的波动要小。

5. 实验室内不可有风，以免吊环摆动致使零点波动，导致所测系数不正确。

6. 若液体为纯净水，在使用过程中要防止灰尘和油污及其他杂质污染，特别注意手指不要接触被测液体。

7. 力敏传感器只能受微小力，所以挂、取被测物时，动作一定要轻，其使用时用力不宜大于0.098N（对应于10g质量的被测物）。过大的拉力容易损坏传感器。

8. 实验结束必须将吊环用清洁纸擦干，放入专门的干燥的盒内。

【预习思考题】

实验时将吊环从水中拉起的过程必须时刻保证“三线对齐”，应如何操作?

【讨论题】

1. 如何分析当圆环不水平时引入的测量误差?

2. 在对力敏传感器定标时，如果初始未清零，则对仪器灵敏度有何影响?

（二）毛细管法

把几根内径不同的细玻璃管插入水中，可以看到，管内的水面比容器里的水面高，管子的内径越小，里面的水面越高。浸润液体在细管里升高的现象和不浸润液体在细管里降低的现象，叫作毛细现象。能够产生明显毛细现象的管叫作毛细管。毛细现象是液体表面张力的一种表现形式。

【实验目的】

1. 学习用毛细管法测量液体表面张力系数。
2. 掌握读数显微镜的使用方法。

【实验仪器】

读数显微镜、毛细管、烧杯、温度计、蒸馏水、洗涤液等。

【实验原理】

当液体和固体接触时，若固体和液体分子之间的吸引力大于液体分子间的吸引力，液体就会沿固体表面扩张，形成薄膜附着在固体上，这种现象称为浸润。反之，若固体和液体分子间的吸引力小于液体分子间的吸引力，则液体不会在固体表面扩张，这种现象称为不浸润。在液体和固体接触时，液体表面的切线与固体表面的切线在液体内部所成的角度 φ 称为接触角，如图 3-24-2 所示。φ 角为锐角时，属于浸润情况；$\varphi=0$ 时，称为完全浸湿；φ 为钝角时，属于不浸润情况；$\varphi=\pi$ 时，称为完全不浸润。浸润与否取决于液体、固体的性质。如纯水能完全浸润结晶的玻璃，但不能浸润石蜡。水银不能浸润玻璃，但能浸润干净的铜、铁等。

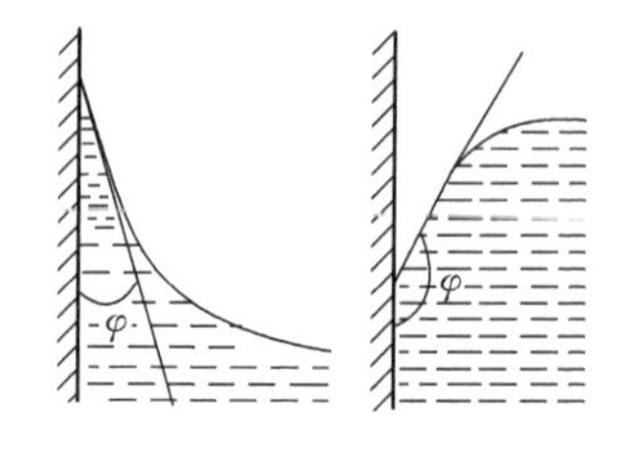

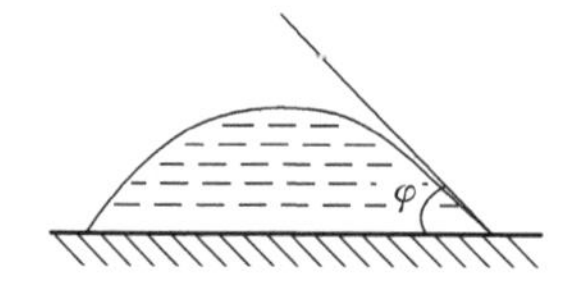

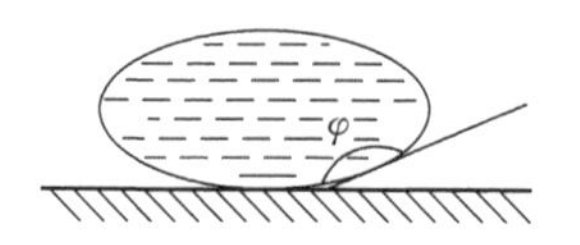

图 3-24-2　液体表面与固体表面接触角

如果将一洁净的毛细管（即内径很小而且各处均匀的玻璃管）垂直插入无限广延的水中，由于浸润的缘故，水就沿着管内圆柱壁上升。但是，由于存在着表面张力，表面会收缩。两者综合作用的结果，水面最后就平衡在一定位置，形成一个凹面，称弯月面。若完全浸润，凹面上周沿恰与管壁相切，水面可近似地看成半径为 r（即毛细管内半径）的半球面，如图 3-24-3 所示。设平衡时水柱高度为 h，管内水柱在铅直方向受到四个外力的作用：液柱上端的大气对它施加的向下的压力 f_A；液柱下端的液体对它施加的向上的压力 f_B；沿管壁的表面张力 F，方向向上；液柱自身的重力 W。液柱下端与管外水面等高，其压强也为大气压强，故，$f_A=f_B$，可见管内水柱的平衡条件为 $F=W$；设 r 为毛细管半径，则表面张力 F 与周长 $2\pi r$ 成正比，即

$$F=\alpha\cdot 2\pi r \tag{3-24-3}$$

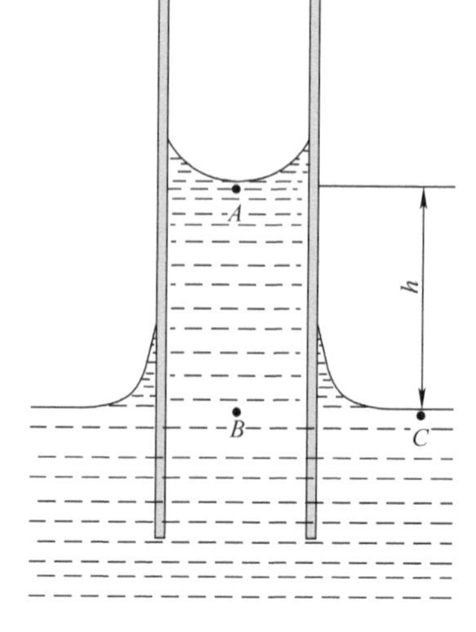

图 3-24-3　毛细管插入水中的情形

则

$$2\pi r\alpha = \pi r^2 \rho gh \tag{3-24-4}$$

所以，水的表面张力系数

$$\alpha = \frac{1}{2}\rho ghr \tag{3-24-5}$$

式中，ρ 为水的密度；g 为重力加速度。测量时以管中凹面最低点（A 点）到管外平液面（如 C 点）的高度为 h，而在此高度以上凹面周围还有少量的水。因为可以将毛细管中的凹面看成半球面，所以凹面周围的水的体积等于

$$\pi r^2 \cdot r - \frac{1}{2}\cdot\frac{4}{3}\pi r^3 = \frac{1}{3}\pi r^3 \tag{3-24-6}$$

即等于管中高为 $\frac{1}{3}r$ 的水柱的体积。因此，上述讨论中的 h 值，应增加 $\frac{1}{3}r$ 的修正值。于是式（3-24-5）变为

$$\alpha = \frac{1}{2}\rho gr\left(h + \frac{r}{3}\right) \tag{3-24-7}$$

故只要精确测量毛细管的半径 r 和液柱高度 h，便可算出表面张力系数 α。

【实验内容】

1. 测量准备。

在洗净的烧杯中装入适量液体，将毛细管插入其中，首先倾斜毛细管并轻微抖动，此时毛细管内几乎充满液体来润湿毛细管内壁，然后使毛细管直立。若毛细管中有气泡可取出毛细管，用力将水甩出后再插入液体。

2. 读数显微镜的基本操作。

（1）首先旋转测微滚轮使显微镜筒上下移动，直至显微镜光轴对准待测物体。

（2）旋转目镜调焦旋钮使显微镜中的十字叉丝清晰，如十字叉丝不水平，可旋转目镜使其水平。

（3）调节调焦手轮改变物镜到待测物体的距离，从而看清物体。

（4）读数由坐标尺和测微滚轮两部分组合，测量时要避免回程误差。

3. 水柱高度的测定。

（1）调节支架：充分浸润毛细管后，将毛细管直立于烧杯中，调节显微镜及烧杯支架，找到水柱并对焦。

（2）测量顺序：为避免回程误差应首先将十字叉丝移到测量范围之外，如水柱上方，毛细管中的水面由于吸附作用产生湾月面，而向下凹，但由于显微镜成倒立像，所以在显微镜中观察到的是向下凸起，实验时应在叉丝线与弯月面顶部相切时读数，记为 h_1，继续移动镜筒至烧杯中水面，会看到一定宽度的分界层，测量时应使十字叉丝对准分界层顶部，读数为 h_2，两次读数之差即为水柱高度 $h = |h_1 - h_2|$。为减小随机误差，应测量 3 次以上。

4. 毛细管直径的测量。

（1）将毛细管水平放置于支架上并对准显微镜物镜中心，开始时物镜到毛细管前段的距离可以较近，方便对准，慢慢移动镜头，直到在目镜中看到清晰的圆环状的像。为避免回程误差，首先将十字叉丝移到圆环外侧，再向中心移动，直到水平线与圆环内侧相切，记录读数 d_1。继续移动十字叉丝直到与另一侧相切，读数记为 d_2，读数之差为毛细管内径 $d =$

$|d_1-d_2|$，多次测量以消除随机误差，然后，将毛细管绕管轴旋转一角度，再测一次内径。如此转动 3 至 4 次重复测量。

（2）将毛细管管口另一端对准显微镜，进行同样的测量。最后求出毛细管直径的平均值。测量时注意防止回程误差。

5. 用温度计测量水的温度 t。

6. 计算在温度 t 时水的表面张力系数及其不确定度。

7. 实验数据参考表格见表 3-24-3。

表 3-24-3　实验数据参考表格

次数	h_1/mm	h_2/mm	h/mm	d_1/mm	d_2/mm	d/mm	r/mm
1							
2							
3							
4							
5							
平均值							

【数据处理】

1. 计算水柱高度 h、毛细管内径 d 及半径 r 的算数平均值。
2. 计算在温度 t 时水的表面张力系数的测量值，并查找理论值。
3. 计算出水的表面张力系数绝对误差和相对误差。

$$\Delta\alpha=|\alpha_{理}-\alpha_{测}|,\ E=\frac{|\alpha_{理}-\alpha_{测}|}{\alpha_{理}}\times100\%$$

4. 写出测量结果

$$\begin{cases}\alpha=\alpha_{测}\pm\Delta\alpha\\ E=\dfrac{|\alpha_{理}-\alpha_{测}|}{\alpha_{理}}\times100\%\end{cases}$$

【注意事项】

1. 实验时要特别注意清洁，不能用手摸水、毛细管下半部和烧杯内侧。
2. 实验后应将毛细管浸在洗涤液中。

【预习思考题】

假如毛细管在水面以上的长度小于水在毛细管中可能上升的高度，水是否将源源不断地从毛细管上端流出?

【讨论题】

1. 能否用毛细管法测量水银的表面张力系数?
2. 将毛细管法和拉脱法测量结果的准确性进行比较?

实验25 冰熔解热的测量

物质从固相转变为液相的相变过程称为熔解。一定压强下晶体开始熔解时的温度称为该晶体在此压强下的熔点。对于晶体而言，熔解是组成物质的粒子由规则排列向不规则排列转变的过程，破坏晶体的点阵结构需要能量，因此，晶体在熔解过程中虽吸收能量，但其温度却保持不变。物质的某种晶体熔解成为同温度的液体所吸收的能量，叫作该晶体的熔解潜热，也称为熔解热。

【实验目的】

1. 学习用混合量热法测定冰的熔解热。
2. 应用有物态变化时的热交换定律来计算冰的熔解热。
3. 了解一种粗略修正散热的方法——抵偿法。

【实验仪器】

温度计、量热器、物理天平、保温瓶、秒表、毛巾等。

【实验原理】

本实验用混合量热法测定冰的熔解热。其基本做法如下：把待测系统 A 和一个已知热容的系统 B 混合起来，并设法使它们形成一个与外界没有热量交换的孤立系统 C（C = A + B)。这样 A（或 B）所放出的热量，全部被 B（或 A）所吸收。因为已知热容的系统在实验过程中所传递的热量 Q，是可以由其温度的改变 ΔT 和热容 C 计算出来的，即 $Q = C\Delta T$，因此待测系统在实验过程中所传递的热量也就知道了。

实验时，量热器装有热水（约高于室温 10℃，占内筒容积 1/2），然后放入适量冰块，冰熔解后混合系统将达到热平衡。此过程中，原实验系统放热，设为 $Q_{放}$，冰吸热融成水，继续吸热使系统达到热平衡温度，设吸收的总热量为 $Q_{吸}$。

因为是孤立系统，则有

$$Q_{放} = Q_{吸} \tag{3-25-1}$$

设混合前实验系统的温度为 T_1，其中热水质量为 m_1（比热容为 c_1），内筒的质量为 m_2（比热容为 c_2），搅拌器的质量为 m_3（比热容为 c_3）。冰的质量为 m（冰的温度和冰的熔点均认为是 0℃，设为 T_0），数字温度计浸入水中的部分放出的热量忽略不计。设混合后系统达到热平衡的温度为 T（此时应低于室温 10℃ 左右），冰的熔解热由 L 表示，根据式（3-25-1)有

$$mL + mc_1(T - T_0) = (m_1c_1 + m_2c_2 + m_3c_3)(T_1 - T)$$

因 $T_0 = 0℃$，所以冰的熔解热为

$$L = \frac{(m_1c_1 + m_2c_2 + m_3c_3)(T_1 - T)}{m} - Tc_1 \tag{3-25-2}$$

综上所述，保持实验系统为孤立系统是混合量热法所要求的基本实验条件。为此整个实

验在量热器内进行，但由于实验系统不可能与环境温度始终一致，因此不满足绝热条件，可能会吸收或散失能量。所以当实验过程中系统与外界的热量交换不能忽略时，就必须做一定的散热修正。

牛顿冷却定律告诉我们，系统的温度 T_s 如果略高于环境温度 θ（如两者的温度差不超过15℃），系统热量的散热速率与温度差成正比，用数学形式表示为

$$\frac{dQ}{dt}=K(T_s-\theta)$$

式中，K 为常数，它与量热器表面积、表面情况和周围环境等因素有关。

散热修正：通过作图用外推法可得到混合时刻的热水温度 T_1' 和热平衡的温度 T'。

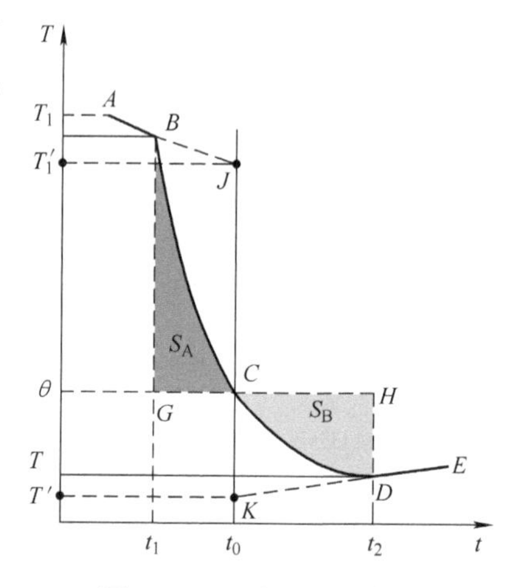

图 3-25-1　水温变化曲线

图 3-25-1 中 AB 和 DE 分别表示热水的温度和冰水混合后系统达到热平衡的温度随时间变化线段。记录冰水混合后系统达到室温 T_0 的时刻 t_0，图中 BCG 的面积 S_A 与系统向环境散热量有关，CDH 的面积 S_B 与系统自环境吸热量有关。当 BCG 的面积 S_A 等于 CDH 的面积 S_B 时，过 t_0 作 t 轴的垂线，与 AB 和 DE 的延长线分别交于 J、K 点，则 J 对应的温度为 T_1'，K 对应的温度为 T'。（隔 15s 或 20s 测一个点）

【实验内容】

1. 将内筒擦干净，用天平称出其质量 m_2。（搅拌器质量 m_3 数据已提供）

2. 内筒中装入适量的水（约高于室温 10℃，占内筒容积 1/2），用天平称得内筒和水的质量 m_2+m_1。

3. 将内筒置于量热器中，盖好盖子，插好搅拌器和温度计，开始计时并轻轻上下搅动量热器中的水，观察热水的温度变化（如每隔 15s 记录一个数据），直到温度稳定，记录稳定的初始温度 T_1。

4. 初始温度记录后马上从冰箱中取出预先备好的冰块（3～6 块），用毛巾将冰上所附水珠吸干，小心地放入量热器中。

5. 用搅拌器轻轻上下搅动量热器中的水，记录温度随时间的变化，当系统出现最低温 T（℃）时，说明冰块完全熔解，系统基本达到热平衡，再记录回升温度 2～3 个点。

6. 将内筒拿出，用天平称出内筒和水的质量 m_2+m_1+m。

7. 实验完毕，整理仪器，处理数据。

【数据处理】

已知参数：水的比热容 $c_1=4.186\times10^3$ J/(kg·℃)，内筒（铁）的比热容为 $c_2=0.448\times10^3$ J/(kg·℃)，搅拌器（铜）的比热容为 $c_3=0.38\times10^3$ J/(kg·℃)，搅拌器的质量为 $m_3=6.24$g，冰的溶解热参考值 $L=3.335\times10^5$ J/kg。

表 3-25-1 质量和温度的测量值

名称	内筒质量	内筒+水质量	加冰后总质量	初始温度	平衡温度	环境温度	冰的温度
符号单位	m_2/g	$(m_2+m_1)/\mathrm{g}$	$(m_2+m_1+m)/\mathrm{g}$	$T_1/℃$	$T/℃$	$\theta_{环}/℃$	$T_0/℃$
数值							

表 3-25-2 温度随时间的变化值（时间间隔__ s，记录 10 ~ 20 个点）

时间										
温度/℃										
时间										
温度/℃										

根据公式计算熔解热以及相对于参考值的百分比误差。

【注意事项】

1. 室温应取实验前、后的平均值；水的初温可高出室温 10 ~ 15℃；配置温水时，又应略高于 1 ~ 2℃。

2. 严守天平的操作规则。

3. 投冰前应将其拭干，且不得直接用手触摸；其质量不能直接放在天平盘上称衡，而应由投冰前、后量热器连同水的质量差求得。

4. 为使温度计示值确实代表系统的真实温度，整个实验过程中（包括读取前）要不断轻轻地进行搅拌（搅拌的方式应因搅拌器的形状而异）。

5. 搅拌动作要轻，幅度不要太大，以免将水溅到量热筒外。

【预习思考题】

1. 混合量热法必须保证什么实验条件？本实验如何从仪器、实验安排和操作等方面来保证？

2. 本实验中的“热学系统”由哪些组成？量热器的内筒、外筒、盖、温度计、搅拌器及搅拌器上的绝缘把手都属于热学系统吗？

【讨论题】

1. 冰块投入量热器内筒时，若冰块外面附有水，将对实验结果产生什么影响？（只需定性说明）

2. 整个实验过程中为什么要不停地轻轻搅拌？分别说明投冰前后搅拌的作用。

实验 26 空气比热容比的测量

理想气体的摩尔定压热容 $C_{p,\mathrm{m}}$ 和摩尔定容热容 $C_{V,\mathrm{m}}$ 之比称为气体的比热容比，用符号 γ 表示（即 $\gamma=\dfrac{C_{p,\mathrm{m}}}{C_{V,\mathrm{m}}}$），又称气体的绝热系数，它是一个重要的物理量，经常出现在热力学方程中。比热容比在工程技术中有很重要的应用，如热机的效率及声波在空气中的传播特性都与空气的比热容比有关。

【实验目的】

1. 测量室温下的空气比热容比。
2. 学习用绝热膨胀法测定空气的比热容比。
3. 观测热力学过程中状态变化及基本物理规律。

【实验仪器】

储气瓶一套（包括玻璃瓶、活塞两只、橡胶塞、打气球）、两只传感器（扩散硅压力传感器和电流型集成温度传感器 AD590 各一只）、测空气压强的三位半数字电压表、测空气温度的四位半数字电压表、连接电缆及电阻。

【实验原理】

实验遵循两条基本原则：①保持系统为孤立系统；②测量一个系统的状态参量时，应保证系统处于平衡态。

如图 3-26-1 所示，实验开始时，首先打开活塞 C2，储气瓶与大气相通，当瓶内充满与周围空气同压强同温度的气体后，再关闭活塞 C2。

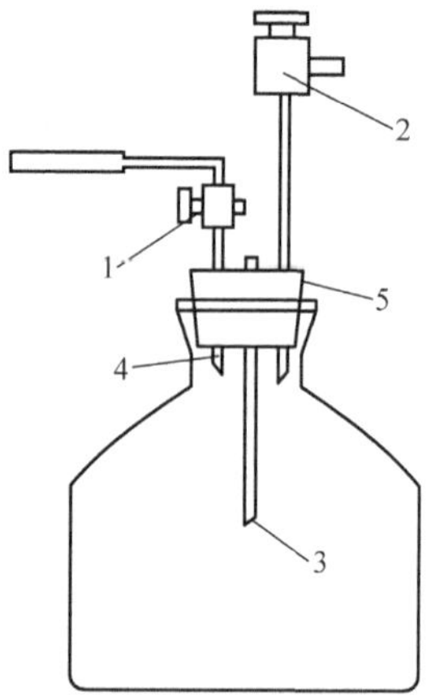

打开充气活塞 C1，将原处于环境大气压强为 p_0、室温为 T_0 的空气，用打气球从活塞 C1 处向瓶内打气，充入一定量的气体，然后关闭充气活塞 C1。此时瓶内空气被压缩而压强增大，温度升高，等待瓶内气体温度稳定，即达到与周围温度平衡。此时的气体处于状态Ⅰ（p_1，V_1，T_0），其中 V_1 为储气瓶容积。

然后迅速打开放气阀门 C2，使瓶内空气与周围大气相通，瓶内气体做绝热膨胀，将有一部分体积为 ΔV 的气体喷泻出储气瓶。当听不见气体冲出的声音，即瓶内压强为大气压强 p_0，瓶内温度下降到 T_1（$T_1 < T_0$），此时，立即关闭放气阀门 C2。由于放气过程较快，瓶内保留的气体由状态Ⅰ（p_1，V_1，T_0）转变为状态Ⅱ（p_0，V_2，T_1），如图 3-26-2 所示。

图 3-26-1　测量仪器示意图
1—进气活塞 C1　2—放气活塞 C2
3—温度传感器　4—传感器探头
5—橡胶塞

由于瓶内气体温度 T_1 低于室温 T_0，所以瓶内气体慢慢从外界吸热，直至达到室温 T_0 为止，此时瓶内气体压强也随之增大为 p_1。稳定后的气体状态为Ⅲ（p_2，V_2，T_0），从状态Ⅱ到状态Ⅲ的过程可以看作是一个等容吸热的过程。

总之，气体从状态Ⅰ到状态Ⅱ是绝热过程，由泊松公式得

$$\frac{p_1^{\gamma-1}}{T_0^{\gamma}}=\frac{p_0^{\gamma-1}}{T_1^{\gamma}} \tag{3-26-1}$$

从状态Ⅱ到状态Ⅲ是等容过程，对同一系统，由盖-吕萨克定律得

$$\frac{p_0}{T_1}=\frac{p_2}{T_0} \tag{3-26-2}$$

由以上两式可以得到

$$\left(\frac{p_1}{p_0}\right)^{\gamma-1}=\left(\frac{p_2}{p_0}\right)^{\gamma} \qquad (3\text{-}26\text{-}3)$$

两边取对数，化简得

$$\gamma=(\lg p_0-\lg p_1)/(\lg p_2-\lg p_1) \qquad (3\text{-}26\text{-}4)$$

利用式（3-26-4），通过测量 p_0、p_1 和 p_2 的值就可求得空气的比热容比。

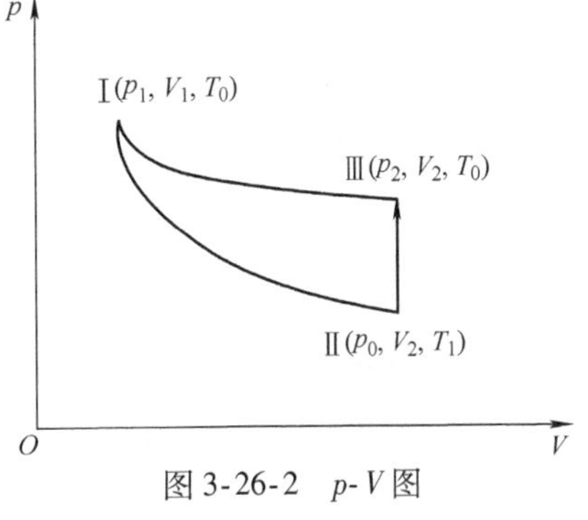

图 3-26-2 p-V 图

【实验内容】

1. 按图 3-26-3 接好仪器的电路，注意 AD590 的正负极不要接错。用 Forton 式气压计测定大气压强 p_0，用温度计测量环境温度。

2. 开启电源，将电子仪器部分预热 20min，然后用调零电位器调节零点，把三位半数字电压表示值调到 0。

3. 将活塞 C2 关闭，活塞 C1 打开，用打气球把空气稳定、徐徐地打入储气瓶 B 内，用压力传感器和 AD590 温度传感器测量空气的压强和温度，记录瓶内压强均匀稳定时的压强 p_1 和温度 T_0（室温为 T_0）（p_1 取值范围控制在 130 ~ 150mV 之间。由于仪器只显示大于大气压强的部分，实际计算时式（3-26-4）中的压强大小为 $p_1=p_0+p_1$）。

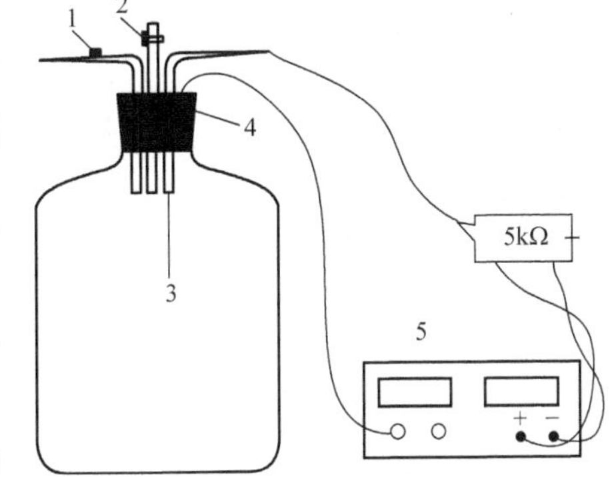

图 3-26-3 系统连接图

1、2—活塞 3—传感器 4—橡胶塞 5—测量仪器

4. 突然打开活塞 C2，当储气瓶的空气压强降低至环境大气压强 p_0 时（即放气声消失），迅速关闭活塞 C2。

5. 当储气瓶内空气的气压稳定，温度上升至室温 T_0 时，记下储气瓶内气体的压强 p_{III}（由于仪器只显示大于大气压强的部分，实际计算时式（3-26-4）中的压强 $p_2=p_0+p_{\text{III}}$）。

6. 记录完毕后，打开 C2 放气，当压强显示降低到“0”时关闭 C2。

7. 重复步骤 2 ~ 6。

8. 用测量公式（3-26-4）进行计算，求得空气比热容比值。

表 3-26-1 数据记录表

测量次数		状态 I 压强显示值 p_1/mV	状态 I 温度 T_1/mV	状态 III 压强显示值 p_{III}/mV	状态 III 温度 T_{III}/mV	状态 I 气体实际压强 $p_1=p_0+p_1$ / 10^5Pa	状态 III 气体实际压强 $p_2=p_0+p_{\text{III}}$ / 10^5Pa	γ
正常关闭	1							
	2							
	3							
	平均值							
提前关闭	1							
	2							
推迟关闭	1							
	2							

【注意事项】

1. 实验开始之前，应注意把调零电位器调至零点，否则会对实验引起一定误差。

2. 实验操作过程中，一定要等到储气瓶中压强稳定再进行读数，否则会引起较大误差。

【数据处理】

1. 计算正常关闭、提前关闭和推迟关闭几种情况下的实际压强 p_1 和 p_2 的算数平均值。

2. 用测量公式（3-26-4）计算正常关闭、提前关闭和推迟关闭几种情况下的空气比热容比值 γ。

3. 计算正常关闭时空气比热容比值的不确定度及相对不确定度。

4. 写出测量结果。

5. 分析不同情况下空气比热容比值的偏差。

【预习思考题】

1. 泊松公式成立的条件是什么?

2. 比热容比 $\gamma=(\lg p_0-\lg p_1)/(\lg p_2-\lg p_1)$ 中并没有温度出现，那为什么要用温度传感器 AD590 来精确测定温度呢?

【讨论题】

1. 怎样做才能在几次重复测量中保证 p_1 的数值大致相同? 这样做有何好处? 若 p_1 的数值很不相同，对实验有无影响?

2. 打开活塞 C2 放气时，若提前关闭或滞后关闭活塞，各会给实验带来什么影响?

3. 本实验的误差来源于哪几个方面? 最大误差是哪个因素造成的? 怎样减少误差?

实验 27　激光全息照相

全息照相是 20 世纪 60 年代发展起来的一门新技术，这是一种通过一定手段再现出物体的立体图像的照相术。全息照相被广泛用于立体显示、干涉计量、全息显微术、信息处理、生物医学、无损检验与探伤、全息防伪等方面。

【实验目的】

1. 初步了解全息照相技术的原理。

2. 掌握拍摄、冲洗全息照片的基本技术。

3. 了解全息照相基本装置的特点。

【实验仪器】

防震全息台、氦-氖激光器、扩束透镜、分束棱镜（或分束板）、反射镜、毛玻璃屏、调节支架、米尺、计时器、照相冲洗设备等。

【实验原理】

光是一种电磁波，由表征它的方程 $y = A\cos(\omega t + \varphi)$ 可以知道，它具有振幅 A 和相位 $\omega t + \varphi$ 两个信息。光波的记录和再现，就必须将光波的这两个信息，即振幅和相位完全反映出来。全息照相和普通照相不同，它利用了光的波动性，不仅能够记录和再现光的强度（振幅的平方），而且还能记录和再现光的相位分布，所以观察全息照片时，看到被摄物是三维立体的，形象逼真。

典型的全息照相光路如图 3-27-1 所示，激光器发出的激光由分束镜 BS 将光线一分为二，一束光线经反射镜 M_2 反射再经过扩束后照射在被摄物体上，这束光线称为物光（O 光）；另一束光线经反射镜 M_1 反射再经过扩束后直接照射在感光材料上，因而称为参考光（R 光）；物光和参考光出自同一光源并且两束光的光程差在激光的相干长度以内，因而物光和参考光是相互干涉的，在全息干板 P 处相干并形成干涉条纹，这些条纹记录了物光的所有振幅和相位信息，它们全部被记录在感光材料上。感光材料（全息干板或胶片）经过曝光、显影和定影后，即可得到一张菲涅耳全息图。

全息照片的摄制包括记录和再现两个过程。

1. 全息照片的记录——光的干涉

根据光的干涉理论，干涉条纹的亮暗对比程度反映了参与干涉的两束光波的相对程度的差别。若一束光波的强度分布均匀，那么不同部位干涉条纹的亮暗对比程度就反映了另一束光波的强度分布。而干涉条纹的疏密程度则反映了参与干涉的两束光波相位上的差别。

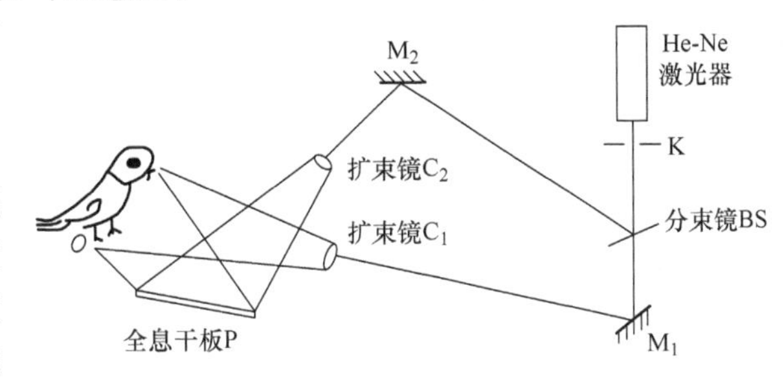

图 3-27-1　全息照相光路图

为了形象地了解全息照相记录情形，我们以最简单的一个物点干涉为例说明（见图 3-27-2）。图 3-27-2a 中参考光波 B 是平面波，一个物点发出的光波是球波，所以参考光与物光在感光板上交叠形成复杂的同心圆环状干涉图样，我们称它为一个物点的全息图。感光板经过冲洗后，亮条纹形成不透光的圆环，暗条纹形成透光的圆环。而且离圆心越远，相邻透光间距越来越小，所以我们通常把一个物点形成全息图看作一组光学带片。波带环的圆心位于该物点至感光板的垂线垂足处。一个物体由无数个物点组成，所以一个物点的全息图是许多圆环状波带片的组合。在离圆心较远处的物光可看作平行光束，它与参考光的交角为 θ，按干涉理论，那里产生的干涉条纹的间距为

$$d = \lambda / \sin\theta \tag{3-27-1}$$

推荐的显影液为 D-19，显影时间少于 3 分钟，定影液为 F-5，定影时间为 20 分钟。

2. 全息照片的再现——光的衍射

由于在全息照片上记录的不是被摄物的直接形象，而是复杂的干涉条纹簇，所以在观察时要采用特定的再现手段，利用光的衍射实现光路图如图 3-27-3 所示。

光栅衍射公式

$$d\sin\varphi = k\lambda \quad (k = 0,\ \pm 1,\ \pm 2\cdots) \tag{3-27-2}$$

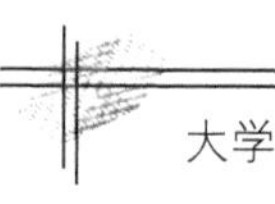

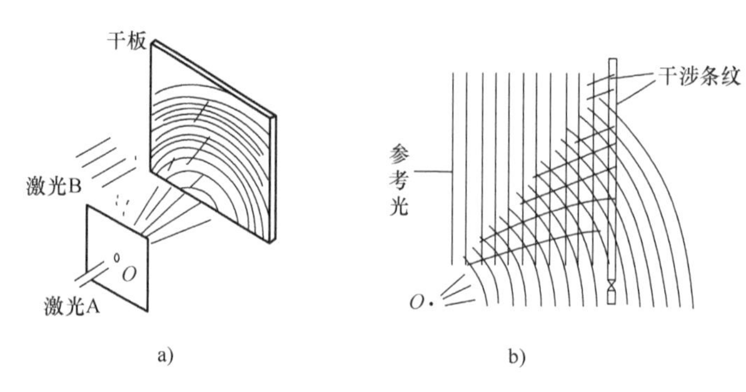

图 3-27-2　一个物点的拍摄记录

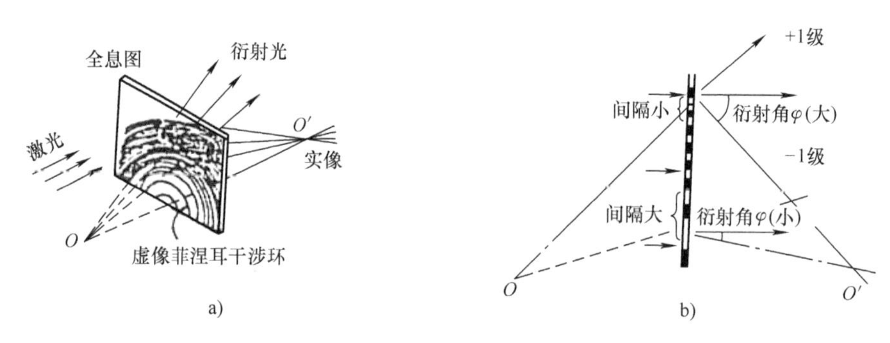

图 3-27-3　一个物点的再现

式中，φ 是衍射角；k 是衍射光级数。

对于第一级衍射光有 $\sin\varphi_1 = \lambda/d$，与式（3-27-1）比较得

$$\varphi = \theta \qquad (3\text{-}27\text{-}3)$$

式（3-27-3）说明经过光栅衍射的第一级光，它的方向与形成该处的干涉条纹的物光方向完全一致。进一步分析指出第一级衍射光波的相位也与物光的相位相同。

3. 全息照片的特点

（1）全息照片再现出来的被摄物形象逼真，而且都是三维立体的。

（2）全息照片具有可分割的特性，即使取全息照片的任意一小块，都能再现原物的完整形象。

（3）一张感光片可多次记录，重叠曝光，可使多个物体的全息图记录在一张全息照片中。

（4）全息照片所再现出的被摄物像亮度可以改变和调节。

（5）全息照片再现的景象范围很大。

（6）全息照片没有正片和负片之分，再现时，仍可获得与母片一样的再现形象。

（7）全息照片中记录的光学信息可以互换。

（8）全息照片中记录的物象可以方便地放大和缩小。

【实验内容】

1. 检查全息防震台的稳定性。
2. 按图 3-27-1 所示的实验光路安排并布置元件，拍摄所给静物的全息照片。

3. 调节开关定时器，曝光时间 30 ~ 60s，关上光源使室内全黑，让激光光源的光开关 K 合上，把全息干板安装在干板架上。

4. 人员停止活动，静待 1 ~ 2min，工作台稳定后，按动定时器开关，使干板曝光。

5. 将已曝光的干板放在 D-19 显影液显影中，随时在绿灯下观察，当感光片夹持处出现黑白界线即停止显影，把干板放在 F-15 定影液中定影 15min。把定影好的干板放入缓慢流动的清水中冲洗 30min。

6. 观察所摄得全息照片的再现物像。

（1）观察虚像：利用图 3-27-3 所示再现光路，将全息照片按拍摄时相同的方位，眼睛贴近全息照片，透过照片向拍摄时物体放置的方向观察，既可寻得再现虚像。

（2）观察实像：将未经扩束的激光按拍摄时参考光的入射方向直接射向全息照片的背面，利用毛玻璃屏观察再现实像。

【注意事项】

1. 绝对不能用眼睛直视未扩束的激光束，以免造成视网膜永久性损伤。
2. 激光器及电源已由实验教师调好，不得再调动。
3. 拍摄时使用的光学元件应保持清洁，切勿自己擦拭。
4. 在曝光时，切勿触及全息防震台，人员不许走动或说话。
5. 照相暗室中显影、水洗、定影等的条件和操作顺序应严格按照规定进行。

【数据处理】

1. 记录实际拍摄光路。
2. 记录曝光、显影、定影的时间。

【预习思考题】

全息照相应具备什么条件?

【讨论题】

1. 普通照相与全息照相的区别是什么?
2. 为什么每一个碎片都能产生完整的像?

实验 28 光拍频法测量光速

光速是物理学中重要的常数之一。由于它的测定与物理学中许多基本的问题有密切的联系，如天文测量、地球物理测量和空间技术的发展等计量工作的需要，对光速的精确测量显得更为重要，它已成为近代物理学中的重点研究对象之一。

测量光速的方法很多，本实验采用声光调制形成光拍的方法来测量。实验集声、光、电于一体。所以通过本实验，不仅可以学习一种新的测量光速的方法，而且对声光调制的基本原理、衍射特性等声光效应有所了解，并通过实验掌握光拍频法测量光速的原理与方法。

【实验目的】

1. 了解声光效应的应用。
2. 掌握光拍法测量光速的原理与方法。

【实验仪器】

GSY-Ⅳ型光速测定仪、XJ17 型通用示波器、E324 型数字频率计等。

光速测定仪的主要结构有四大部分：

1. 发射部分：He-Ne 激光器，声光移频器，超高频功率信号源。
2. 光路：光阑，全反镜 M_0、$M_2 \sim M_{10}$，半反镜 M、M_1，斩光器。
3. 接收部分：光电接收盒，分频器。
4. 电源：He-Ne 激光器电源，±15V 直流稳压电源。

图 3-28-1 所示是测量光速实验装置图。图 3-28-1a 是 GSY-Ⅳ型光速测定仪光路示意图，图 3-28-1b 是电路原理框图。由超高频功率信号源产生频率为 f 的超声波信号送到声光调制器，在声光介质中产生驻波超声场，此时声光介质形成相位光栅，当 He-Ne 激光束垂直射入声光介质时，将产生 L 级对称衍射，任一级衍射光都含有拍频 $\Delta f = 2f$ 的光拍信号，假设选用第一级衍射光，可用光阑选出这一束光。经半反镜 M_1 将这束光分成两路：远程光束①依次经全反射镜 M_2，M_3，…等多次反射后透过半反镜 M_1 后接入斩光器，由小型电动机带动，轮流挡住其中一路光束，让光敏接收器轮流接收①路或②路光信号。如果将这路光通过光敏接收器后直接加到示波器上观察它们的波形，还是比较困难的，因为 He-Ne 激光束和频移光束包含许多频率成分，致使有用的拍频信号被淹没，所以难以观察。

为了能够选出清晰的拍频信号，接收电路中采用选频放大电路，如图 3-28-1b 所示，以滤除激光器的噪声和衍射光束中不需要的频率成分，而只让频率为（$2f \pm 0.25$）MHz 的拍频通过，从而提高了接收电路的信噪比。

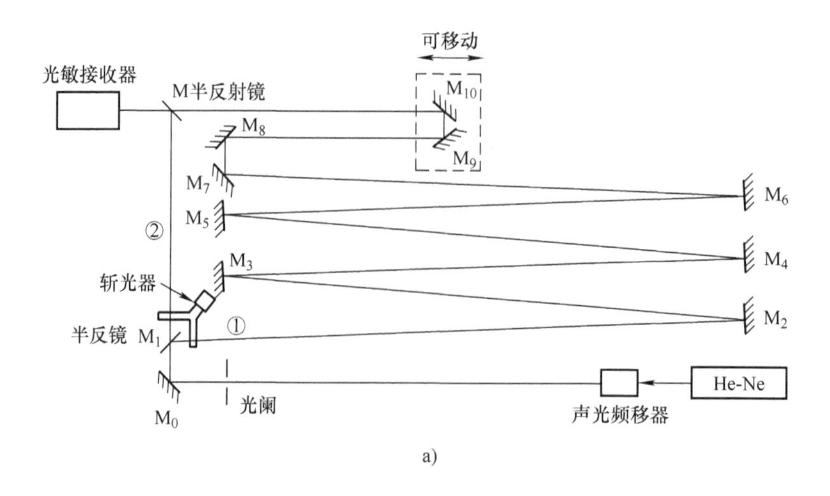

图 3-28-1 测量光速实验装置图

a）光路示意图

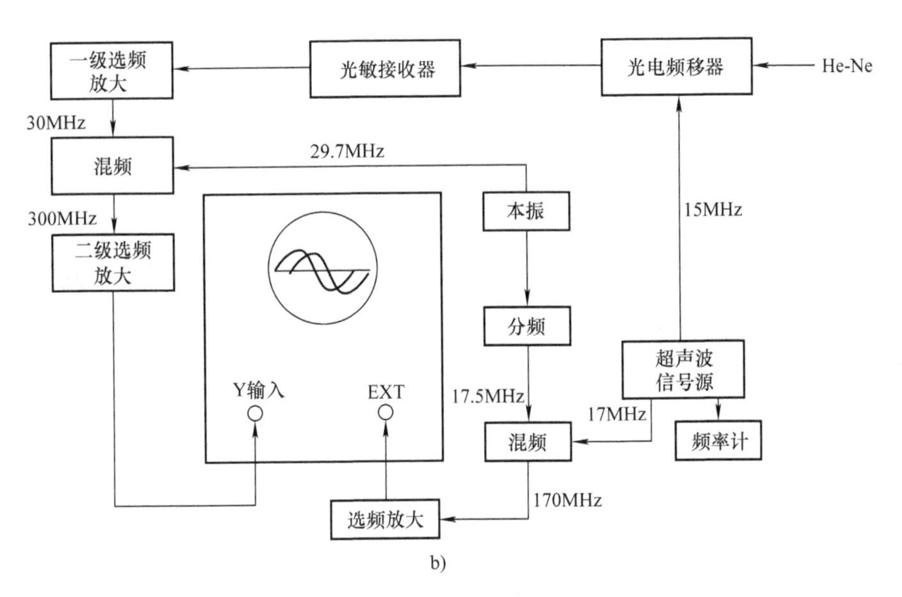

图 3-28-1　测量光速实验装置图（续）

b）电路原理框图

实验中为了能用普通示波器观察拍频信号，在一级选频放大电路后面加入混频电路，把拍频信号差频为几百千赫兹的较低频信号送到示波器 Y 轴。另外，还用超声信号源的信号经另一混频电路差频后作为示波器 X 轴同步触发信号，使扫描与信号同步，在示波器的屏幕上显示出清晰、稳定的两光束电信号波形。然后通过移动滑动平台，改变两光束间的光程差，在示波器上观察到两束光的相位变化。当两束光相位相同时，光拍波波长 $\Delta\lambda_s$ 恰好等于两光束的光程差 Δx。所以测出超声波频率和光拍频波的波长，则计算出光的传播速度 c。

【实验原理】

本实验采用声光调制器产生具有一定频差、重叠在一起的两光束，从而方便地获得光拍频的传播。通过光电倍增管检测光拍信号，用示波器比较光拍传播空间两点的相位，从而测量激光在空气中的传播速度。

1. 光拍的形成和传播

光是一种电磁波，根据振动叠加原理，频率较大而频率差较小、速度相同的两同向传播的简谐波相叠加即形成拍。若有振幅同为 E_0、圆频率分别为 ω_1 和 ω_2（频差 $\Delta\omega=\omega_2-\omega_1$ 较小）的两列沿 x 轴方向传播的平面光波，波动方程为

$$E_1=E_0\cos(\omega_1 t-k_1 x+\varphi_1)$$

$$E_2=E_0\cos(\omega_2 t-k_2 x+\varphi_2)$$

式中，$k_1=2\pi/\lambda_1$，$k_2=2\pi/\lambda_2$ 为波数；φ_1 和 φ_2 分别为两列波在坐标原点的初相位。若这两列光波的偏振方向相同，则叠加后的总场为

$$E=E_1+E_2=2E_0\cos\left[\frac{\omega_1-\omega_2}{2}\left(t-\frac{x}{c}\right)+\frac{\varphi_1-\varphi_2}{2}\right]\cos\left[\frac{\omega_1+\omega_2}{2}\left(t-\frac{x}{c}\right)+\frac{\varphi_1-\varphi_2}{2}\right] \tag{3-28-1}$$

上式是沿 x 轴方向前进的波，其圆频率为$(\omega_1+\omega_2)/2$，振幅为

$$2E_0\cos\left[\frac{\Delta\omega}{2}\left(t-\frac{x}{c}\right)+\frac{\varphi_1-\varphi_2}{2}\right]$$

显然，E 的振幅是时间和空间的函数，以频率 $\Delta f=(\omega_1-\omega_2)/2\pi$ 周期性地变化，称这种低频的行波为“光拍频波”，Δf 就是拍频。如图 3-28-2a 所示为拍频的行波场在某一时刻 t 的空间分布，振幅的空间分布周期就是拍频波长，以 λ 表示。

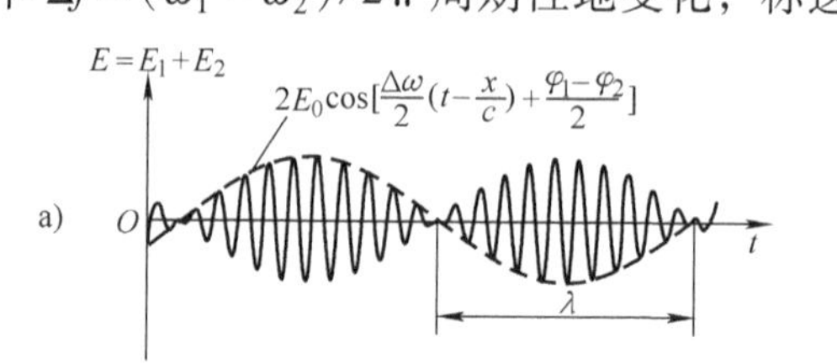

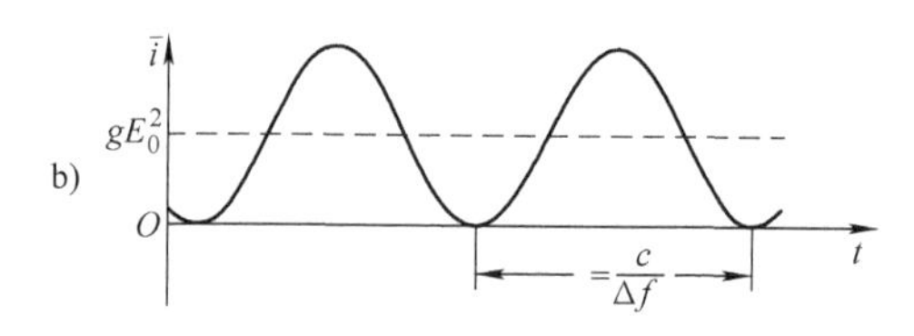

图 3-28-2　拍频的行波场在某一时刻 t 的空间分布

当用光电探测器接收这个拍频波时，因为光电探测器所产生的光电流系光强（即电场强度的平方）所引起，故光电流为

$$i_0=gE^2 \tag{3-28-2}$$

式中，g 为探测器的光电转换常数。将式（3-28-1）代入式（3-28-2），同时注意到，由于光频甚高（$f_0>10^{14}$Hz），探测器的光敏面来不及反映频率如此高的光强变化，迄今仅能反映频率为 10^8 Hz 以下的光强变化而产生光电流，将 i_0 对时间 τ 积分，并取对光探测器的响应时间 $\tau\left(\frac{1}{f_0}<\tau<\frac{1}{\Delta f}\right)$ 的平均值，结果 i_0 的积分中高频项为零，只留下常数项和缓变项，即

$$\overline{i_0}=\frac{1}{\tau}\int_\tau i_0\,\mathrm{d}t=gE^2\left\{1+\cos\left[\Delta\omega\left(t-\frac{x}{c}\right)+\Delta\varphi\right]\right\} \tag{3-28-3}$$

式中，$\Delta\omega$ 是与 Δf 相对应的角频率；$\Delta\varphi=\varphi_1-\varphi_2$ 为初相位。在某一时刻，光电流 i 的空间分布如图 3-28-2b 所示，可见光探测器输出的光电流包含有直流和光拍信号两种成分。滤去直流成分，即可得频率为拍频 Δf、相位与初相和空间位置 x 有关的光拍信号。

图 3-28-3 是光拍信号在某一时刻的空间分布。这就是说，处在不同空间位置的光探测器，在同一时刻有不同相位的光电流输出。所以可以用比较相位的方法间接地决定光速。

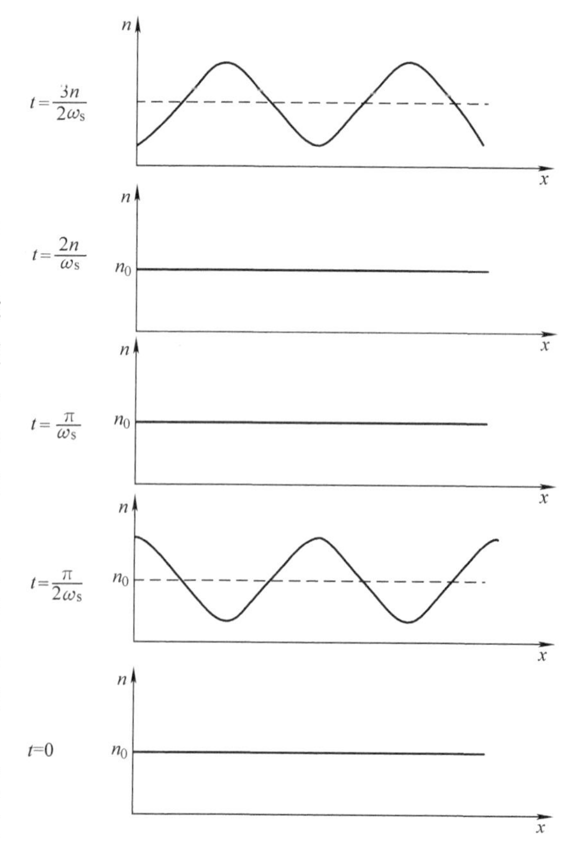

图 3-28-3　光拍信号的空间分布

设空间某两点之间的光程差为 ΔL，该两点的光拍信号的相位差为 $\Delta\varphi$，根据式（3-28-3）应有

$$\Delta\varphi = \frac{\Delta\omega \cdot \Delta L}{c} = \frac{2\pi\Delta f \cdot \Delta L}{c} \tag{3-28-4}$$

如果将光拍频波分为两路，使其通过不同的光程后入射同一光电探测器，则该探测器所输出的两个光拍信号的相位差 $\Delta\varphi$ 与两路光的光程差 ΔL 之间的关系仍由式（3-28-4）确定。当 $\Delta\varphi = 2\pi$ 时，$\Delta L = f$，即光程差恰为光拍波长，此时式（3-28-4）简化为

$$c = \Delta f \cdot \lambda \tag{3-28-5}$$

可见，只要测定了 Δf 和 λ，即可确定光速 c。

2. 相拍二光束的获得

为产生光拍频波，要求相拍两光束具有一定（较小）的频率差。为了获得具有这样特殊的两束光，使激光束产生固定频移的办法甚多，最常用的办法是通过超声波与光波的相互作用来实现超声波与光波相互作用。本实验是利用超声和激光同时在某些介质中互相作用来实现的。超声（弹性波）在介质中传播，引起介质光折射率发生周期性变化，成为一相位光栅，使入射激光束发生衍射，其结果是光强受到声功率的调制，同时引起衍射光束的频率产生与声频有关的频移，从而达到使激光束频移的目的。

利用声光效应产生光频移的方法有两种：一种是行波法，如图 3-28-4a 所示。在声光介质与声源（压电换能器）相对的端面上敷以吸声材料，防止声反射，保证介质中只有声行波通过。声光相互作用的结果，激光束产生对称多级衍射。第 l 级衍射光的角频率为 $\omega_l = \omega_0 + l\Omega$，其中 ω_0 和 Ω 分别为入射光和超声的圆频率，$l = \pm1,\ \pm2\cdots$为衍射级数，则通过光路调节，可使零级与 +1 级二光束平行叠加，沿同一条路径传播，即可产生频差为 Ω 的光拍频波。

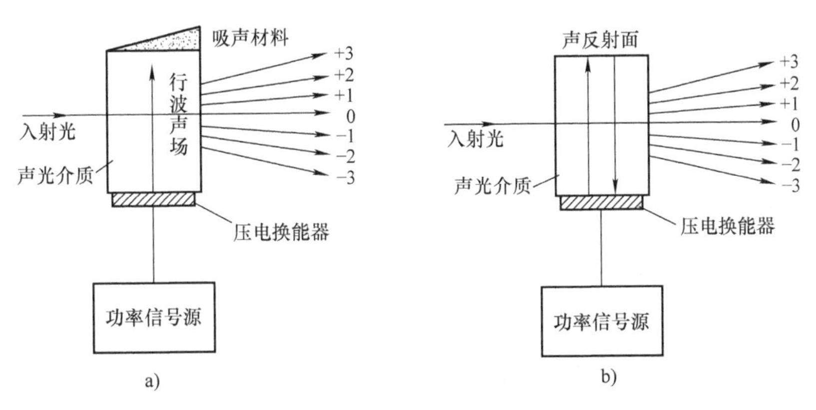

图 3-28-4 相拍二光束获得示意图

a）行波法 b）驻波法

另一种是驻波法，如图 3-28-4b 所示。利用声波的反射，使介质中存在驻波声场（相应于介质的传声厚度为半声波长的整数倍情况）。它也产生 l 级对称多级衍射，而且衍射光比行波法时强得多，第 l 级的衍射光频为 $\omega_{l,m} = \omega_0 + (l + 2m)\Omega$，其中 l，$m = 0,\ \pm1,\ \pm2\cdots$。可见，在同一级衍射光束内就含有许多不同频率的光波的叠加（当然强度也各不相同）。因此，不需要经过光路的调节就能获得拍频波。通常选取第一级，由 $m = 0$ 和 -1 两种频率成分叠加得到拍频为 $2f$ 的拍频波。

【实验内容】

本实验利用声光调调制测量 He-Ne 激光（$\lambda=632.8\text{nm}$）在空气中的传播速度 c。并求测量标准偏差 σ_c。

与公认值比较，求百分误差。

1. 实验装置的调试

（1）按图 3-28-1b 连接好所用仪器的线路，高频信号源的信号输出端接频率计 F_A，打开频率计开关，频率旋钮置于 100Hz，扫频时间置于 0.01s，打开高频（超声波）信号源，分频器 y 轴输出端接示波器的 y 轴输入端，x 轴输出端接示器 x 外触发（或 EXT）。

（2）接通激光光源的开关，调节工作电流至 4～5mA（或小于 4mA），以最大激光光强输出为准，预热 15min，使激光输出稳定，并调节激光束与装置导轨平行。

（3）打开示波器电源开关，y 轴增幅旋至 2V/diV，x 轴扫描时间旋至 0.5μs/diV，示波器右下四个旋钮分别置于：自动、+、内、AC。

（4）接通稳压电源开关，直流电压为 +15V（红灯亮），电源正常供电。细心调节超声波频率，调节激光束通过声光介质并与驻声场充分互相作用（通过调节频移器底座上的螺钉完成），调节高频信号源频率微调旋钮，使之产生二级以上最强的衍射光斑。

（5）调节光阑，用光阑选取所需的（零级或一级）光束，调节 M_0、M_1 方位，使①②路光都能按预定要求的光路进行。

（6）按图 3-28-4a 中的光路，调节各全反射镜、半反射镜调节架，使二光束均垂直入射到接收头窗口，并注意使全反射镜和半反射镜处于同一高度，以保证光束通过多次反射后仍处于同一水平面上。

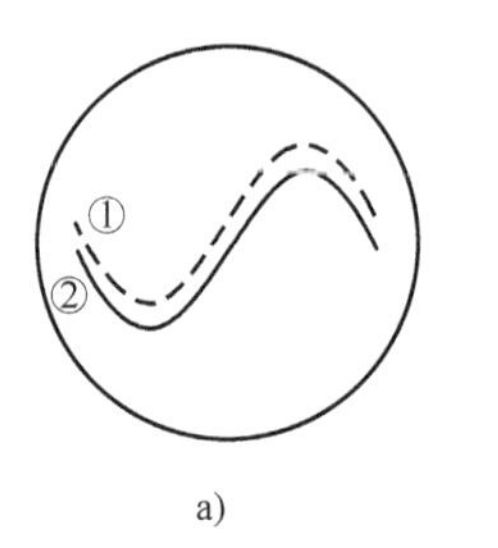

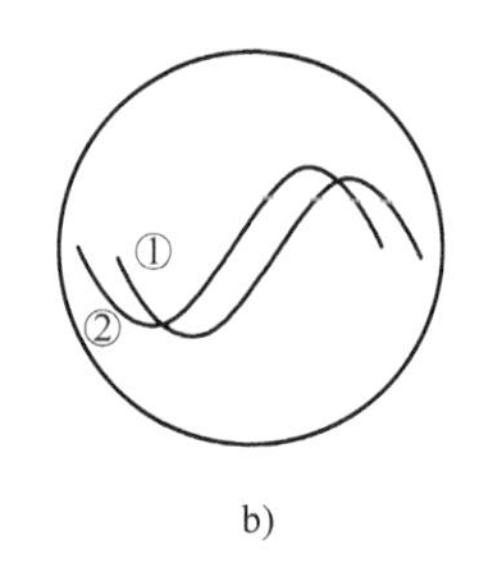

图 3-28-5　两束光同相和有相位差的情况
a）同相　b）有相位差

（7）依次用斩光器分别挡住②路或①路光束，调节①路或②路光束使经其各自光路后分别射入光敏接收器，调节光敏接收器方位，使示波器荧光屏上能分别显示出它们清晰的正弦波，正弦波有相位变化。调节出射光束与光探测器光敏面的相对位置，使得两束光产生的正弦波形幅度相等。当两束光光程差为拍频波的波长 λ 时，两波形完全重合，如图 3-28-5a 所示；否则有相位差，如图 3-28-5b 所示。

（8）前后移动滑动平板，调节两路光的光程差，使示波器上两正弦波形完全重合（相位差为 2π），此时两路光的光程差 ΔL 即为拍频波长 λ。

2. 测量拍频的波长

用米尺测量两光束的光程差 ΔL，拍频 $\Delta f=2f$，其中 f 为超声波频率，由数字频率计读出。精确测定功率信号源的频率 f，反复进行多次，并记录测量数据，根据公式 $c=2f\cdot\Delta L$ 计算 He-Ne 激光在空气中的传播速度 c，并计算标准偏差，将实验值与公认值相比较进行误差分析。

【数据处理】

1. 求出激光（$\lambda=632.8\text{nm}$）在空气中的传播速度 c。
2. 求测量标准偏差 σ_c。
3. 与公认值比较，求百分误差。

【注意事项】

1. 声光频移器引线等不得随意拆卸。
2. 切忌用手或其他物体接触光学元件的光学面，实验结束盖上防护罩。
3. 切勿带电触摸激光管电极等高压部位，以保证人身安全、仪器安全。
4. 提高实验精度，防止假相移的产生。

为了提高实验精度，除准确测量超声波频率和光程差外，还要注意对二束光相位的精确比较。如果实验中调试不当，可能会产生虚假的相移，结果影响实验精度。

如图 3-28-6 所示的近程光①沿透镜 L 的光轴入射并会聚于 P_1点，远程光②偏离 L 的光轴入射并会聚于 P_2点，由于光敏面 P_1点与 P_2点的灵敏度和光电子渡越时间 τ 不同，使两束光产生虚假相移。

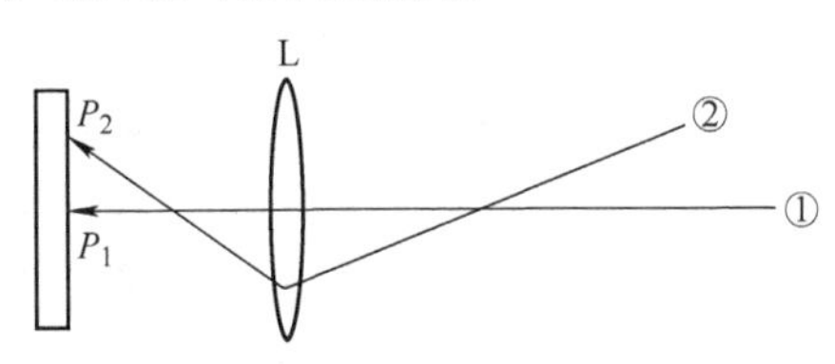

图 3-28-6　虚假相移产生示意图

检查是否产生虚假相移的办法是分别遮挡远、近程光，观察两路光束在光敏面上反射的光是否经透镜后都成像于光轴上。

【预习思考题】

1. “拍”是怎样形成的？它有什么特性？
2. 声光调制器是如何形成驻波衍射光栅的？激光束通过它后其衍射有什么特点？

【讨论题】

1. 根据实验中各个量的测量精度，估计本实验的误差，如何进一步提高本实验的测量精度？
2. 如何将光速仪改成测距仪？

实验 29　偏振光的研究

光的偏振现象是波动光学的一种重要现象，它的发现证实了光是横波，即光的振动垂直于它的传播方向。随着科学技术的发展，光的偏振性质在光学计量、光弹技术、薄膜技术等领域有着重要的应用。

【实验目的】

1. 观察光的偏振现象，巩固理论知识。

2. 了解产生与检验偏振光的原件与仪器。

3. 掌握产生与检验偏振光的方法。

【实验仪器】

激光器、偏振片、1/4 波片。

【实验原理】

1. 自然光与偏振光

一般光源发出的光，其振动方向可取与传播方向垂直的任何方向，且每一方向的振幅相等，这种光称为自然光。若各方向振幅不等，某一方向的光较强，这种光称为部分偏振光。若仅在一个固定方向上有光振动，这种光称为全偏振光，简称偏振光。偏振光的振动方向与传播方向所决定的平面叫偏振光的振动面，与振动面垂直且包含传播方向的平面叫偏振面。

2. 偏振光的获得

利用自然光在两种媒质的分界面上的反射和折射可得到部分偏振光或完全偏振光。当自然光投射到玻璃片时，反射光中垂直入射面的光振动较强，而折射光中平行入射面的光振动较强，反射光与折射光的偏振化程度决定于入射角 i，当 $i=i_B$，即满足 $\tan i_B=n_{21}$ 时反射光为完全偏振光。此时，折射光的偏振化程度也最强，并且反射光线与入射光线垂直。

除此以外，光在各向异性晶体中的传播可产生偏振光，利用某些物质的二向色性也可产生偏振光。根据这些原理，人们制造出了偏振器，常用的有尼科尔棱镜、偏振片等。偏振器用于产生偏振光时称为起偏器，用于检验偏振光的偏振状态时称为检偏器。

3. 偏振光的检验

偏振片对某一方向的振动吸收很少，而对于其他方向的光振动吸收特别强烈，故偏振片只允许某一特定方向振动的光通过，这个方向称为偏振片的偏振化方向，俗称“通光方向”。用图 3-29-1 所示装置观察偏振光，图中 T_1、T_2 表示两个偏振片，其上的短线方向为通光方向。当自然光 S 通过起偏器 T_1 时，即成为偏振光。以光的传播方向为轴，旋转检偏器 T_2 可发现，通过 T_2 的偏振光强度随旋转角度的改变而有规律的变化。

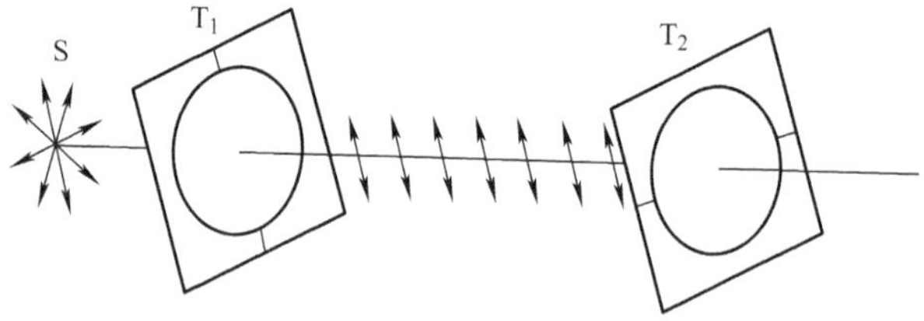

图 3-29-1　自然光通过两垂直偏振片的变化

按马吕斯定律，强度 E_0 的偏振光通过检偏器后，透射光的强度为 $I=I_0\cos^2\theta$，其中 θ 为 T_1、T_2 通光方向的夹角。通光方向互相平行时，透射光强度最大；而通光方向相互垂直时，光完全不能通过。本实验采用光电池检测透过检偏器的相对强度。这个强度大小可用光电流大小表示。

4. 椭圆偏振光与圆偏振光的获得

一束光线射入各向异性的晶体后，出现双射现象，即分裂成两束光线，沿不同的方向传播。当改变入射角时，两束折射光之一恒遵守折射定律，称为寻常光线，用 o 光表示；另一束光线不遵守折射定律，称为非寻常光线，用 e 光表示。

如图 3-29-2 所示，当振幅为 A 的偏振光垂直入射一平晶，由于晶体对 o 光和 e 光的折射率不同，二束光的传播速度不同，当穿过厚度为 L 的晶片后，二束光将有光程差 $\Delta=\frac{2\pi}{\lambda}(n_o-n_e)L$，相应的相位差为 $\varphi=\frac{2\pi}{\lambda}(n_o-n_e)L$，其中 n_o、n_e 分别为晶片对 o 光和 e 光的折射率，λ 为入射偏振光的波长。设 X 为光的传播方向，Y 和 Z 分别为 o 光和 e 光的振动方向，则可列出二束光的振动方程分别为

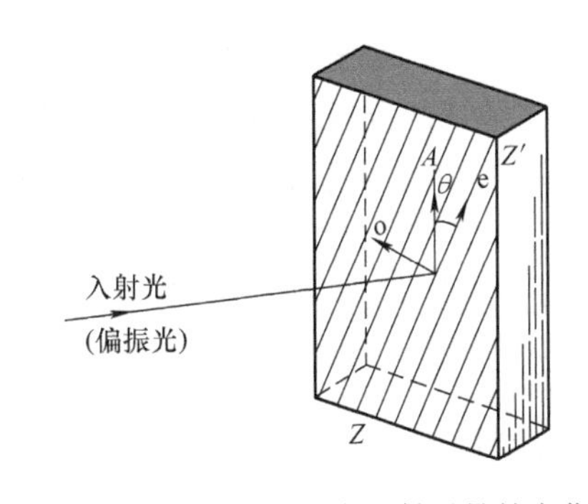

图 3-29-2 偏振光垂直入射平晶的变化

$$Y=A_o\cos\omega t$$

$$Z=A_e\cos(\omega t+\varphi)$$

其中 A_o、A_e 分别为 o 光和 e 光的振幅，合并上面两式得光的振动方程为

$$\frac{Z^2}{A_e^2}+\frac{Y^2}{A_o^2}-\frac{2ZY}{A_oA_e}\cos\varphi=\sin2\varphi$$

5. 几种特殊情况

（1）$\varphi=2k\pi$ 时，方程为 $\frac{Z}{A_e}-\frac{Y}{A_o}=0$，出射光为平面偏振光，振动方向与入射光相同。

（2）$\varphi=(2k+1)\pi$，方程为 $\frac{Z}{A_e}+\frac{Y}{A_o}=0$，出射光仍为平面偏振光，但振动方向相对于原入射光转了 2θ。

（3）$\varphi=(2k+1)\pi/2$，方程为 $\frac{Z^2}{A_e^2}+\frac{Y^2}{A_o^2}=1$，出射光为椭圆偏振光，且椭圆的两轴分别与晶体的主截面平行与垂直。

【实验内容】

1. 起偏

将激光束投射到屏幕上，插入一偏振片，使偏振片在垂直于光束的平面内旋转，观察光强变化，判断从激光器中出射的光的偏振状态。

2. 消光

在第一片偏振片和屏幕之间加入第二个偏振片，将第一片固定，旋转第二片，观察实验现象。

3. 三块偏振片的实验

使两块偏振片处于消光位置，再在它们之间插入第三块偏振片，解释这时为何有光通过，第三块偏振片取何位置时光最强？最弱？

4. 圆偏振光和椭圆偏振光的产生

（1）按光路图使偏振片 A 和 B 的偏振轴正交。然后插入一片 1/4 波片 C。

（2）以光线为轴先转动 C 使消光，然后使 B 转过 360°观察现象。

（3）再将 C 从消光位置转过 15°、30°、45°、60°、75°、90°，每次都将 B 转过 360°，观察实验现象，记录实验结果。

5. 区分偏振光与自然光；椭圆偏振光与部分偏振光

通过以上手段，可以一般区分开线偏振光与其他状态的光，但是对圆偏振光与自然光，

椭圆偏振光与部分偏振光之间用一片偏振片是无法区分开它们的。如果再提供一片 1/4 波片 C 加在检偏的偏振光前，就可以鉴别。

利用所给的光源和装置，尝试鉴别不同光源：

1）圆偏振光与自然光。

2）椭圆偏振光与部分偏振光。

3）判断光源中的圆偏振光为左旋还是右旋。

【注意事项】

1. 实验中各元件不能用手摸，实验完毕后按规定位置放置好。
2. 不要让激光束直接照射或反射到人眼内。

【数据处理】

1. 观察并分析起偏和消光现象。
2. 三片偏振片的实验（自然光源）。

第一片偏振片角度 0°，第二片偏振片角度 90°，第三片偏振片角度 360°。

表 3-29-1　实验数据记录表（一）

	光强最强	消光
角度		

3. 圆偏振光与椭圆偏振光的产生。

第一片偏振片 0°，第二片偏振片中间插入一片 1/4 波片，将波片转动 15°、30°、45°、60°、75°、90°，每次都将第二个偏振片转 360°，观察现象。

表 3-29-2　实验数据记录表（二）

	有无光强变化	有无消光	结论
15°			
30°			
45°			
60°			
75°			
90°			

4. 分析 1/4 波片的作用。

【预习思考题】

按光矢量的不同振动状态，通常把光波分为哪几种？

【讨论题】

1. 怎样鉴别自然光、部分偏振光和线偏振光？
2. 怎样区别圆偏振光和椭圆偏振光？
3. 线偏振光经过 1/4 波片后偏振状态发生了什么变化？

实验30　模拟法描绘静电场

电场强度和电势是描述静电场的两个主要的物理量，通常用电力线和等势面来描述。但除了一些特殊的、简单的带电体外，一些带电体在空间形成的静电场的分布（即电场强度和电势的分布情况），一般很难写出他们的数学表达式，因此通常采用实验方法来研究。但由于我们用静电仪表对静电场中的电场强度和电势进行测量时，会因测量仪器的介入而导致原静电场发生变化，所以采用模拟法，即用稳恒电流场模拟静电场进行测量更为准确。

【实验目的】

1. 了解用模拟法测绘静电场分布的原理。
2. 用模拟法测绘静电场的分布，绘出等势线和电力线。

【实验仪器】

静电场描绘仪、水槽电极、静电场描绘仪电源、连接线。

【仪器介绍】

静电场描绘仪由电极架、电极（3 种水槽电极）、同步探针等组成，还有配套的静电场描绘仪电源。

1. 静电场描绘仪

静电场描绘仪示意图如图 3-30-1 所示，仪器的下层用于放置水槽电极，上层用于安放坐标纸。P 是测量探针，用于在水中测量等势点；P′是记录探针，可将 P 在水中测得的各电势点同步地记录在坐标纸上（打出印迹）。由于 P、P′是固定在同一探针架上的，所以两者绘出的图形完全相同。

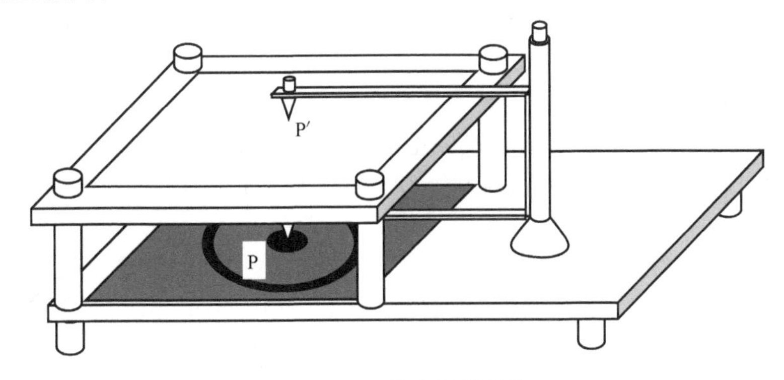

图 3-30-1　静电场描绘仪

2. 水槽电极

电极的外形如图 3-30-2 所示。

3. 同步探针

同步探针由装在探针座上的两根同样长短的弹性簧片及装在簧片末端的两根细而圆滑的

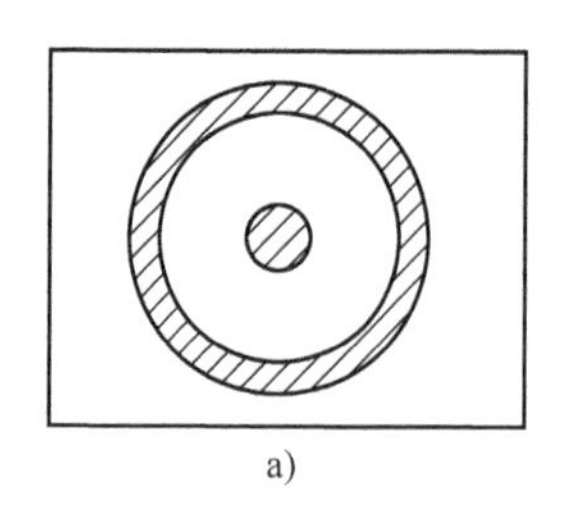

a)

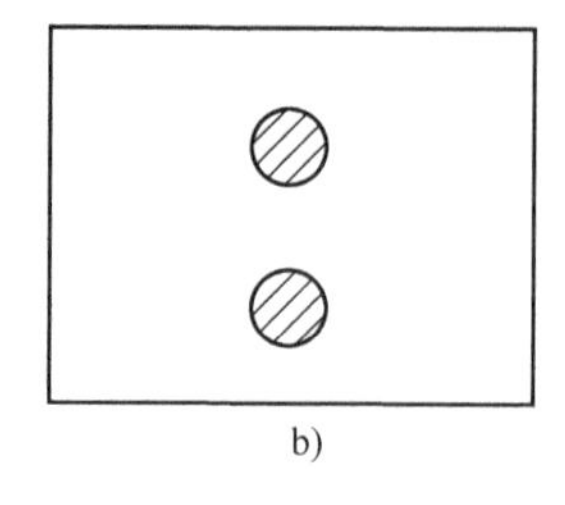

b)

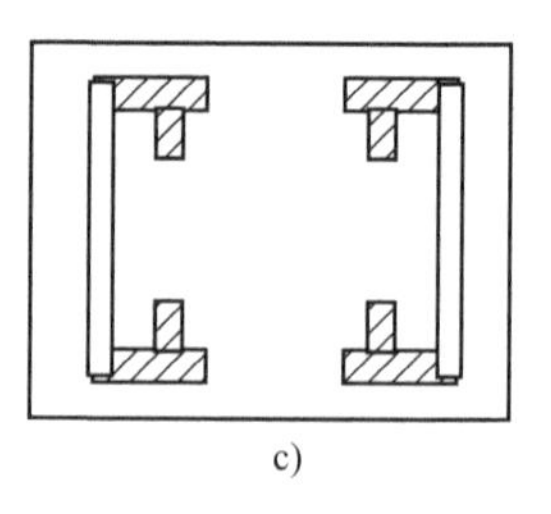

c)

图 3-30-2 电极

a）同轴圆柱电极 b）平行导线电极 c）聚焦电极

钢针组成，如图 3-30-3 所示。下探针深入水槽自来水中，用来探测水中电流场各处的电势数值，上探针略向上翘起，两探针处于同一铅直线上，当探针座在电极架下层右边的平板上自由移动时，上、下探针探出等势点后，用手指轻轻按下上探针上的按钮，上探针针尖就在坐标纸上打出相应的等势点。

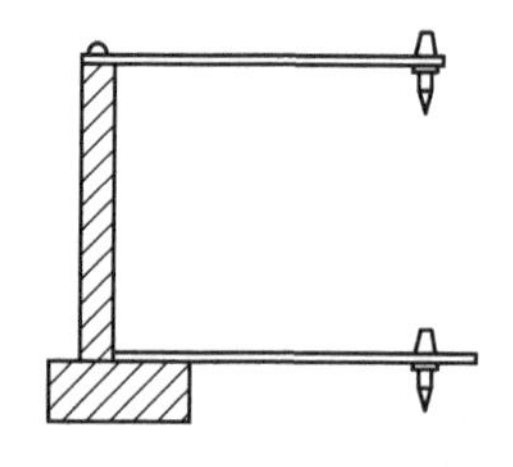

图 3-30-3 同步探针

【实验原理】

在一些电子器件和设备中，有时需知道其中的电场分布，一般都通过实验的方法来确定。直接测量电场有很大的困难，所以实验时常采用一种物理实验的方法——模拟法，即仿造一个电流场（模拟场）与原静电场完全一样。因为电流密度 $\boldsymbol{j}$ 正比于电场强度 $\boldsymbol{E}$，即 $\boldsymbol{j}=\sigma\boldsymbol{E}$，$\sigma$ 为该点的电导率（微分形式的欧姆定律），因此可用此定律间接地测出被模拟的电场中各点的电势，连接各等电势点作出等势线。根据电力线与等势线的正交关系，描绘出电力线，即可形象地了解电场情况，以加深对电场强度、电势和电势差概念的理解。

1. 平行导线的电场分布

由图 3-30-4 所示，两点电荷 A、B 带等量异号电荷，其上电位分别为 $+V$ 和 $-V$，由于对称性，等势面也是对称分布的。

做实验时，以电导率 σ 合适的自来水或导电纸为导电质，若在两电极上加一定的电压，可以测出两点电荷的电场分布。

2. 同轴圆柱面的电场分布

如图 3-30-5 所示，圆环 B 的中心置一正电荷源 A，由于对称性，等势面都是同心圆。设小圆的电势为 V_a，半径为 a，大圆的电势为 V_b，半径为 b，则电场中距离轴心为 r 处的电势可表示为

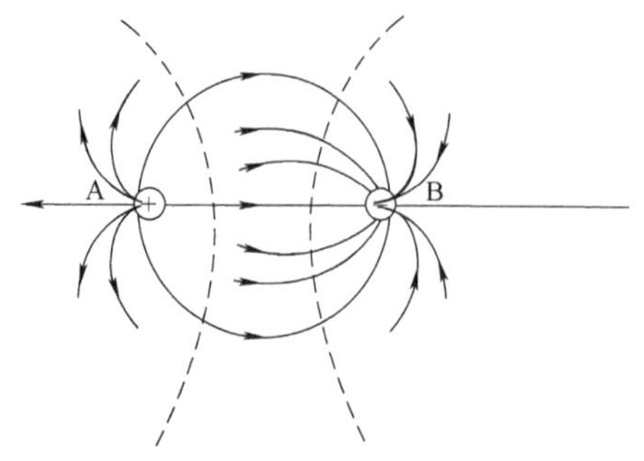

图 3-30-4 平行导线的电场分布

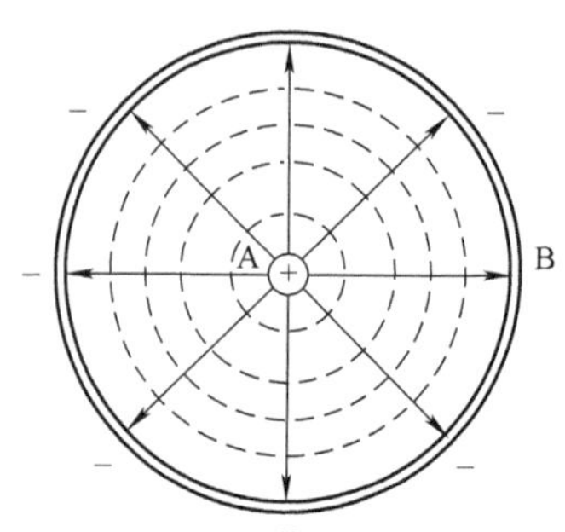

图 3-30-5 同轴圆柱面的电场分布

$$V_r = V_a - \int_a^r \boldsymbol{E} \cdot \mathrm{d}\boldsymbol{r} \tag{3-30-1}$$

又根据高斯定理，则圆环内 r 点的电场强度

$$E = K/r \quad (\text{当 } a < r < b \text{ 时}) \tag{3-30-2}$$

式中，K 由圆环的电荷密度决定。

将式（3-30-2）代入式（3-30-1）有

$$V_r = V_a - \int_a^r \frac{K}{r}\mathrm{d}r = V_a - K\ln\frac{r}{a} \tag{3-30-3}$$

在 $r=b$ 处应有

$$V_b = V_a - K \cdot \ln(b/a)$$

所以

$$K = \frac{V_a - V_b}{\ln b/a} \tag{3-30-4}$$

如果取 $V_a = V_0$，$V_b = 0$，将式（3-30-4）代入式（3-30-3），得到

$$V_r = V_0 \frac{\ln b/r}{\ln b/a} \tag{3-30-5}$$

为了计算方便，上式也可表示为

$$V_r = V_0 \frac{\lg b/r}{\lg b/a} \tag{3-30-6}$$

式（3-30-6）决定了等势线沿 r 分布的规律，可做定量测量进行分析对比。

3. 聚焦电极的电场分布

示波管的聚焦电场由第一聚焦电极 A_1 和第二加速电极 A_2 组成。A_2 的电位比 A_1 的电势高。从电子枪 Y 点散发出的热电子经过此电场时，由于受到电场力的作用，使电子聚焦和加速。图 3-30-6 所示的就是其电场分布。通过此实验，可了解静电透镜的聚焦作用，加深对阴极射线示波管的理解。

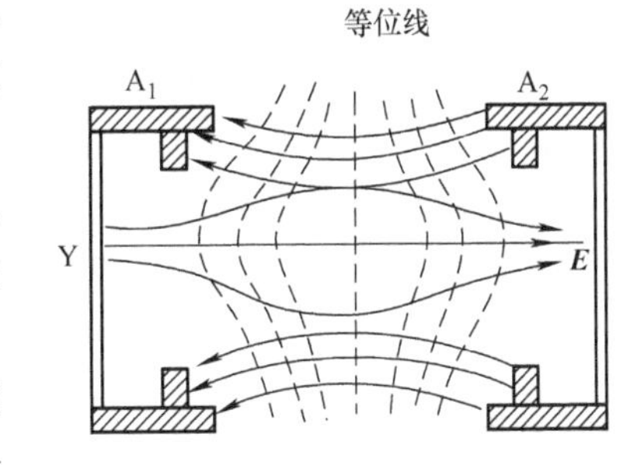

图 3-30-6 聚焦电极的电场分布

当用自来水做介质时，为避免直流电压长时间加在电极上，致使电极产生“极化作用”，影响电流场的分布，故本实验在两极间通以交流电压，此交流电压的有效值与直流电压是等效的，所以其模拟的效果和位置与直流电流场完全相同。为减少用电压表测量电势时引入的系统误差，本实验采用高内阻的交流数字电压表测量。

【实验内容】

1. 先作同轴圆柱面的电场分布，测量电路如图 3-30-7 所示，线路接好后经教师检查方可通电。

2. 将静电场描绘电源上“测量”与“输出”转换开关打向“输出”端，调节电压到 10V。

3. 然后将“测量”与“输出”转换开关打向“测量”端。

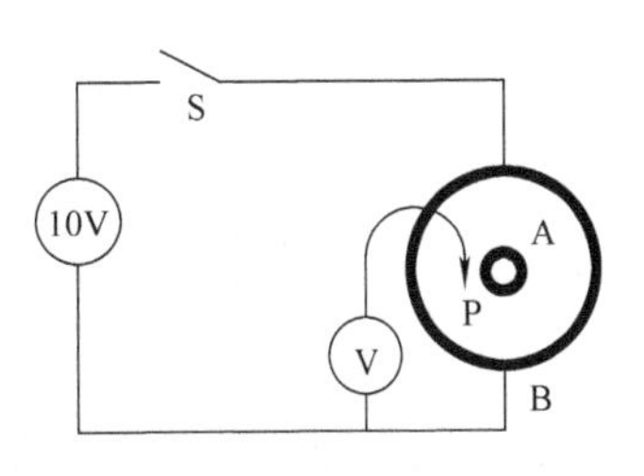

图 3-30-7 同轴圆柱面电场分布测量电路

4. 将坐标纸平铺于电极架的上层并用磁条压紧，移动双

层同步探针选择电势点，压下上探针打点，然后移动探针选取其他等势点并打点，即可描出一条等势线。

5. 本实验要求测绘出电势为2V、3V、4V、5V、6V、7V、8V的七条等势线。

6. 重复步骤4、5，可测绘出不同电极的等势线和电力线。

7. 测试结束关闭电源，整理好导线和电极。

【数据处理】

1. 用光滑曲线将测得的各等势点连成等势线，并标出每条等势线对应的电势值。

2. 在各测得的电势分布图上用虚线至少画出八条电力线，注意电力线的箭头方向，以及电力线与等势线的正交关系。

3. 对同轴电缆的测绘结果，要将坐标纸上各等势线的电势值及相应圆环的半径的平均值填入表3-30-1中，由此作出 V_r-$\bar{r}$ 曲线，并与计算结果相比较。

表3-30-1　实验数据记录表

V_r/V	2.00	3.00	4.00	5.00	6.00	7.00	8.00
$\bar{r}$/cm							

【注意事项】

1. 水盘内各处水深要相同但不要太深，以5mm左右为宜。

2. 测绘前先分析一下电极周围等势线的形状，以及是否具有对称性，对等势点的位置做一估计，以便有目的地进行探测。

3. 操作时，右手平稳地移动探针架，同时注意保持探针P、P′处于同一铅垂线上，以免测绘结果失真。

4. 为保证测绘的准确性，每条等势线上不得少于10个测量点。

【预习思考题】

1. 用模拟法测得的电势分布是否与静电场的电势分布一样？

2. 如果实验时电源的输出电压不够稳定，那么是否会改变电力线和等势线的分布？

【讨论题】

试从你测绘的等势线和电力线分布图，分析何处的电场强度较强？何处的电场强度较弱？

实验31　*RLC* 串联电路谐振特性的研究

谐振现象是正弦稳态电路的一种特定的工作状态。通常，谐振电路由电容、电感和电阻组成，按照其原件的连接形式可分为串联谐振电路、并联谐振电路和耦合谐振电路等。

由于谐振电路具有良好的选择性，在通信与电子技术中得到广泛应用。比如，串联谐振时电感电压或电容电压大于激励电压的现象，在无线电通信技术领域获得有效的应用。例如，当无线电广播或电视接收机调谐在某个频率或频带上时，就可使该频率或频带内的信号特别强，而把其他频率或频带内的信号滤去，这种性能即称为谐振电路的选择性。所以研究串联谐振有重要的意义。

【实验目的】

1. 研究 *RLC* 串联电路的幅频特性。
2. 通过实验认识 *RLC* 串联电路的谐振特性。

【实验仪器】

DH4503RLC 电路实验仪、电阻箱、数字储存示波器、导线。

【实验原理】

RLC 串联电路如图 3-31-1 所示。若交流电源 U_S 的电压为 U，角频率为 ω，各元件的阻抗分别为

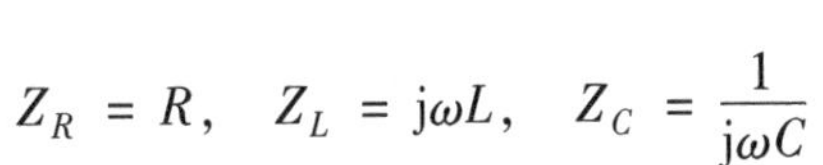

$$Z_R = R, \quad Z_L = \mathrm{j}\omega L, \quad Z_C = \frac{1}{\mathrm{j}\omega C}$$

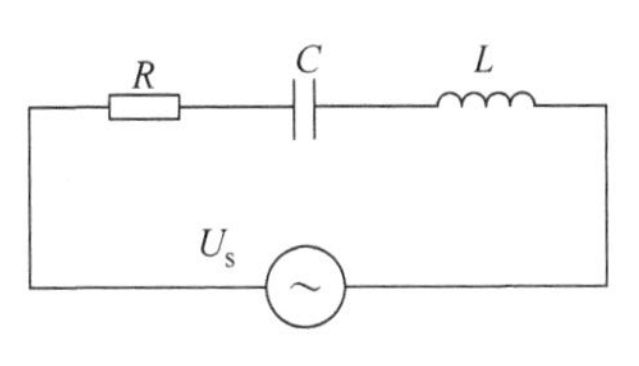

图 3-31-1 *RLC* 串联电路

则串联电路的总阻抗为

$$Z = R + \mathrm{j}\left(\omega L - \frac{1}{\omega C}\right) \tag{3-31-1}$$

串联电路的电流为

$$\dot{I} = \frac{\dot{U}}{Z} = \frac{\dot{U}}{R + \mathrm{j}\left(\omega L - \frac{1}{\omega C}\right)} = I\mathrm{e}^{\mathrm{j}\varphi} \tag{3-31-2}$$

式中，电流有效值为

$$I = \frac{U}{|Z|} = \frac{U}{\sqrt{R^2 + \left(\omega L - \frac{1}{\omega C}\right)^2}} \tag{3-31-3}$$

电流与电压间的相位差为

$$\varphi = \arctan\frac{\omega L - \frac{1}{\omega C}}{R} \tag{3-31-4}$$

它是频率的函数，随频率的变化关系如图 3-31-2 所示。

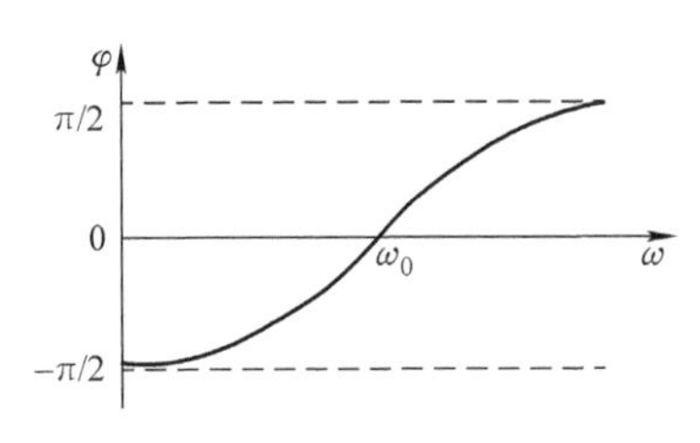

图 3-31-2 *RLC* 串联电路的相频特性

电路中各元件电压有效值分别为

$$U_R = RI = \frac{R}{\sqrt{R^2 + \left(\omega L - \frac{1}{\omega C}\right)^2}}U \tag{3-31-5}$$

$$U_L = \omega LI = \frac{\omega L}{\sqrt{R^2 + \left(\omega L - \frac{1}{\omega C}\right)^2}}U \tag{3-31-6}$$

$$U_C = \frac{1}{\omega C}I = \frac{1}{\omega C\sqrt{R^2 + \left(\omega L - \frac{1}{\omega C}\right)^2}}U \tag{3-31-7}$$

由式（3-31-5）、式（3-31-6）和式（3-31-7）可知，U_R、U_L和U_C随频率变化关系如图3-31-3所示。

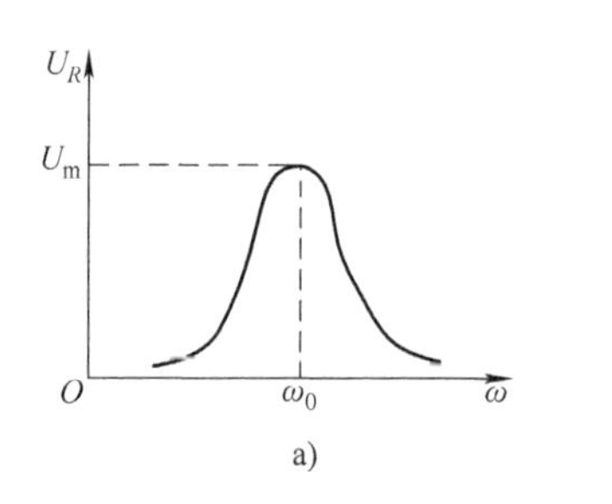

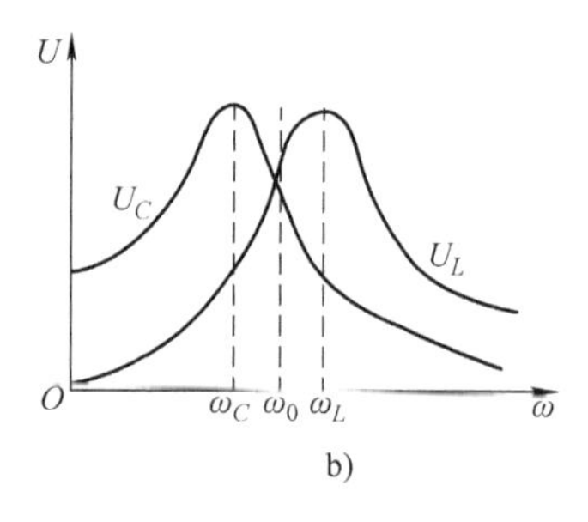

图3-31-3　*RLC* 串联电路的幅频特性

式（3-31-5）、式（3-31-6）和式（3-31-7）反映元件 R、L 和 C 的幅频特性，当

$$\frac{1}{\omega C} = \omega L \tag{3-31-8}$$

时，$\varphi=0$，即电流与电压同相位，这种情况称为串联谐振，此时的角频率称为谐振角频率，并以 ω_0表示，则有

$$\omega_0 = \frac{1}{\sqrt{LC}} \tag{3-31-9}$$

从图3-31-2和图3-31-3可见，当发生谐振时，U_R和I有极大值，而U_L和U_C的极大值都不出现在谐振点，它们极大值U_{LM}和U_{CM}对应的角频率分别为

$$\omega_L = \sqrt{\frac{2}{2LC - R^2C^2}} = \frac{1}{\sqrt{1 - \frac{1}{2Q^2}}}\omega_0 \tag{3-31-10}$$

$$\omega_C = \sqrt{\frac{1}{LC} - \frac{R^2}{2L^2}} = \sqrt{1 - \frac{1}{2Q^2}}\,\omega_0 \tag{3-31-11}$$

式中，Q 为谐振回路的品质因数。如果满足 $Q > \frac{1}{\sqrt{2}}$，可得相应的极大值分别为

$$U_{LM} = \frac{2Q^2U}{\sqrt{4Q^2 - 1}} = \frac{QL}{\sqrt{1 - \frac{1}{4Q^2}}} \tag{3-31-12}$$

$$U_{CM} = \frac{QU}{\sqrt{1 - \frac{1}{4Q^2}}} \tag{3-31-13}$$

电流随频率变化的曲线即电流频率响应曲线（见图3-31-4）也称谐振曲线。为了分析电路的频率特性将式（3-31-3）做如下变换：

$$I(\omega) = \frac{U}{\sqrt{R^2 + \left(\omega L - \frac{1}{\omega C}\right)^2}} = \frac{U}{\sqrt{R^2 + \left(\frac{\omega\omega_0 L}{\omega_0} - \frac{\omega_0}{\omega\omega_0 C}\right)^2}}$$

$$= \frac{U}{\sqrt{R^2 + \rho^2\left(\frac{\omega}{\omega_0} - \frac{\omega_0}{\omega}\right)^2}} = \frac{U}{R\sqrt{1 + Q^2\left(\frac{\omega}{\omega_0} - \frac{\omega_0}{\omega}\right)^2}}$$

$$= \frac{I_0}{\sqrt{1 + Q^2\left(\frac{\omega}{\omega_0} - \frac{\omega_0}{\omega}\right)^2}}$$

从而得到

$$\frac{I}{I_0} = \frac{1}{\sqrt{1 + Q^2\left(\frac{\omega}{\omega_0} - \frac{\omega_0}{\omega}\right)^2}} \tag{3-31-14}$$

式（3-31-14）表明，电流比 I/I_0 由频率比 ω/ω_0 及品质因数 Q 决定。谐振时 $\omega/\omega_0=1$，$I/I_0=1$，而在失谐时 $\omega/\omega_0 \neq 1$，$I/I_0<1$。由图3-31-4b可见，在 L、C 一定的情况下，R 越小，串联电路的 Q 值越大，谐振曲线就越尖锐。Q 值较高时，ω 稍偏离 ω_0，电抗就有很大增加，阻抗也随之很快增加，因而使电流从谐振时的最大值急剧地下降，所以 Q 值越高，曲线越尖锐，称电路的选择性越好。

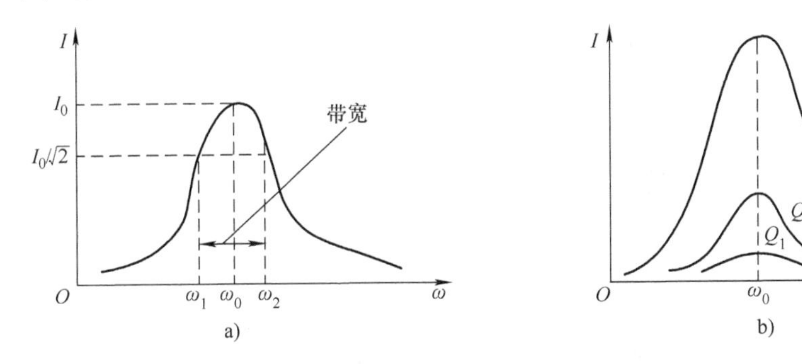

图3-31-4 电流频率响应曲线

为了定量地衡量电路的选择性，通常取曲线上两半功率点（即在 $\frac{I}{I_0}=\frac{1}{\sqrt{2}}$ 处）间的频率宽度为"通频带宽度"，简称带宽，如图3-31-4所示，用来表明电路的频率选择性的优劣。

由式（3-31-14）可知，当 $\frac{I}{I_0}=\frac{1}{\sqrt{2}}$ 时，$\frac{\omega}{\omega_0}-\frac{\omega_0}{\omega}=\pm\frac{1}{Q}$，若令

$$\frac{\omega_1}{\omega_0}-\frac{\omega_0}{\omega_1}=-\frac{1}{Q} \tag{3-31-15}$$

$$\frac{\omega_2}{\omega_0}-\frac{\omega_0}{\omega_2}=\frac{1}{Q} \tag{3-31-16}$$

解得

$$\omega_1=\omega_0\sqrt{1+\left(\frac{1}{2Q}\right)^2}-\frac{\omega_0}{2Q} \tag{3-31-17}$$

$$\omega_2=\omega_0\sqrt{1+\left(\frac{1}{2Q}\right)^2}+\frac{\omega_0}{2Q} \tag{3-31-18}$$

所以带宽为

$$\Delta\omega=\omega_2-\omega_1=\frac{\omega_0}{Q} \tag{3-31-19}$$

可见，Q 值越大，带宽 $\Delta\omega$ 越小，谐振曲线越尖锐，电路的频率选择性就好。

【实验内容】

1. 计算电路参数

根据自己选定的电感 L 值，计算谐振频率 $f_0=2\text{kHz}$ 时，RLC 串联电路的电容 C 的值，然后计算品质因数 $Q=2$ 和 $Q=5$ 时电阻 R 的值。

2. 实验步骤

（1）按照实验电路图 3-31-5 连接电路，r 为电感线圈的直流电阻，C 为电容箱，R 为电阻箱，U_S 为音频信号发生器。

（2）$Q=5$，调节好相应的 R，将数字储存示波器接在电阻 R 两端，调节信号发生器的频率，由低逐渐变高（注意要维持信号发生器的输出幅度不变），读出示波器电压值，并记录。

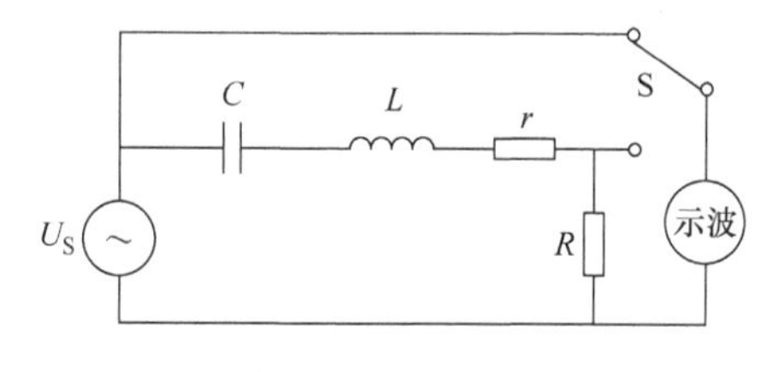

图 3-31-5　电路图

（3）把示波器接在电感两端重复步骤（2），读出 U_L 的值。

（4）把示波器接在电容两端重复步骤（2），读出 U_C 的值。

（5）使得 $Q=2$，重复步骤（2）（3）（4）。

【数据处理】

1. 在同一坐标纸上画出 $Q=5$ 时 3 条谐振曲线 U_R-f、U_C-f、U_L-f 图并分析。

2. 在同一坐标纸上分别画出在 $Q=5$ 和 $Q=2$ 的 I-f 图比较并分析（I 由 $\frac{U_R}{R}$ 得出）。

【注意事项】

1. 由于信号发生器的输出电压随频率而变化，所以在测量时每改变一次频率，均要调

节输出电压，本实验要求在整个测量过程中输出电压保持1.0V。

2. 测量时，在谐振点附近频率要密一些，以保证曲线的光滑。

【预习思考题】

1. 如何判断电路是否发生谐振？测试谐振点的方案有哪些？
2. 要提高 RLC 串联电路的品质因数，电路参数应如何改变？

【讨论题】

1. 电路发生谐振时，为什么输入电压不能太大？
2. 电路在谐振时，对应的 U_L 与 U_C 是否相等？如有差异，原因何在？

实验32 毕-萨实验

【引言】

毕奥-萨伐尔定律适用于计算一个稳定电流所产生的磁场。这电流是连续流过一条导线的电荷，电流量不随时间而改变，电荷不会在任意位置累积或消失。请注意，该定律的应用，隐性地依赖着磁场的叠加原理成立。也就是说，每一个微小线段的电流所产生的磁场，其矢量的叠加和给出了总磁场。对于电场和磁场，叠加原理成立是因为它们是一组线性微分方程的解。更明确地说，它们是麦克斯韦方程组的解。

【实验目的】

1. 测定长直导体和圆形导体环路激发的磁感应强度与导体电流的关系。
2. 测定长直导体激发的磁感应强度与距导体轴线距离的关系。
3. 测定圆形导体环路激发的磁感应强度与环路半径以及距环路距离的关系。

【实验仪器】

毕-萨实验仪、电流源、待测圆环、待测直导线、铝合金槽式导轨及支架。

【实验原理】

根据毕奥-萨伐尔定律，导体所载电流强度为 I 时，在空间 P 点处，由导体线元产生的磁感应强度为

$$\mathrm{d}B = \frac{\mu_0}{4\pi}\,\frac{I}{r^2}\mathrm{d}\boldsymbol{l} \times \frac{\boldsymbol{r}}{r} \tag{3-32-1}$$

式中，$\mu_0 = 4\pi \times 10^{-7}\mathrm{T\cdot m/A}$，为真空磁导率；线元长度、方向由矢量 $\mathrm{d}\boldsymbol{l}$ 表示；从线元到空间 P 点的位置矢量用 $\boldsymbol{r}$ 表示（见图3-32-1）。

计算总磁感应强度意味着积分运算。只有当导体具有确定的几何形状时，才能得到相应的解析解。例如，一根无限长导体，在距轴线 r 的空间产生的磁场为

$$B = \frac{\mu_0 I}{4\pi} \frac{2}{r} \qquad (3\text{-}32\text{-}2)$$

其磁感应线呈同轴圆柱状分布（见图3-32-2）。

半径为 R 的圆形导体环路在沿圆环轴线距圆心 x 处产生的磁场为

$$B = \frac{\mu_0 I}{4\pi} \frac{2\pi R^2}{(R^2 + x^2)^{\frac{3}{2}}} \qquad (3\text{-}32\text{-}3)$$

其磁感应线平行与轴线（见图3-32-3）。

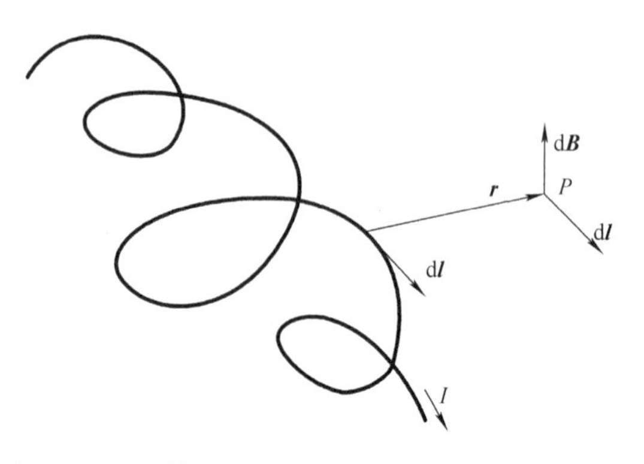

图3-32-1　导体线元在空间 P 点所激发的磁感应强度

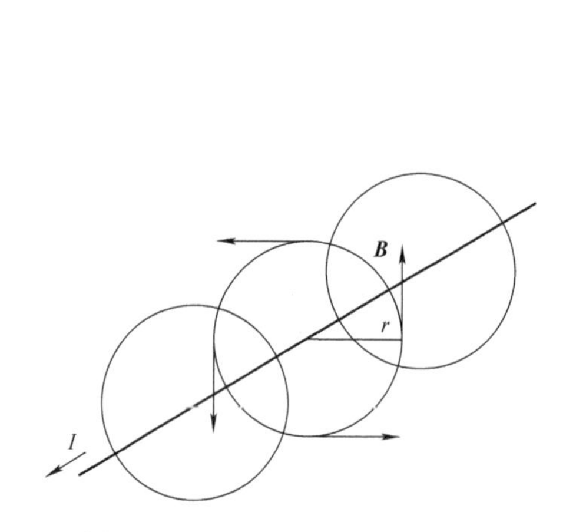

图3-32-2　无限长导体激发的磁场

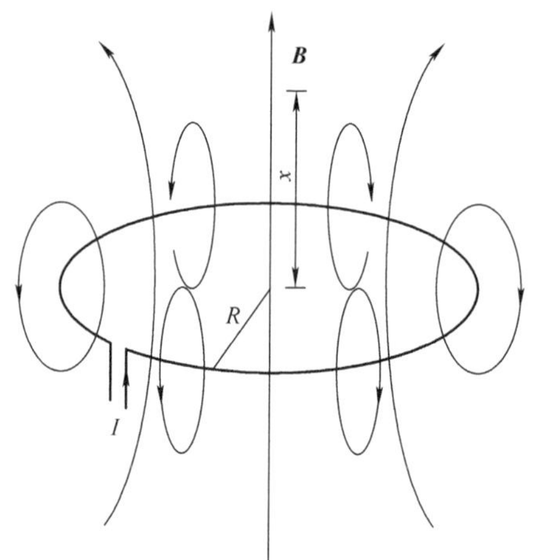

图3-32-3　圆形导体环路激发的磁场

本实验中，上述导体产生的磁场将分别利用轴向以及切向磁感应强度探测器来测量。磁感应强度探测器件非常薄，对于垂直其表面的磁场分量响应非常灵敏。因此，不仅可以测量磁场的大小，也可以测量其方向。对于长直导体，实验测定了磁感应强度大小 B 与距离 r 之间的关系；对于圆形导体，测定了磁感应强度 B 与轴向坐标 x 之间的关系。另外实验还验证了磁感应强度 B 与电流强度 I 之间的关系。

【实验内容】

1. 长直导体激发的磁场

（1）将长直导体插入支座上。

（2）长直导体接至恒流源。

（3）将磁感应强度探测器与毕-萨实验仪连接，方向切换为垂直方向，并调零。

（4）将磁感应强度探测器与长直导体中心对准。

（5）向探测器方向移动长直导体，尽可能使其接近探测器（距离 $l=0$）。

（6）从0开始，逐渐增加电流强度 I，每次增加1A，直至10A。逐次记录测量到的磁感应强度 B 的值。

（7）令 $I=10\text{A}$，逐步向右移动磁感应强度探测器，测量磁感应强度 B 与距离 l 的关系，并记录相应数值。

2. 圆形导体环路激发的磁场

（1）将长直导体换为 $R=40\text{mm}$ 的圆形导体。

（2）圆形导体接至恒流源。

（3）将磁感应强度探测器与毕-萨实验仪连接，方向切换为水平方向，并调零。

（4）调节磁感应强度探测器的位置至导体环中心。

（5）从0开始，逐渐增加电流强度 I，每次增加1A，直至10A。逐次记录测量到的磁感应强度 B 的值。

（6）令 $I=10\text{A}$，逐步向右及向左移动磁感应强度探测器，测量磁感应强度 B 与坐标 x 的关系，记录相应数值。

（7）将40mm导体环替换为80mm及120mm导体环。分别测量磁感应强度 B 与坐标 x 的关系。

【数据记录】

1. 长直导体激发的磁场

表3-32-1 长直导体激发的磁场 B 与电流 I 的关系（$l=0\text{mm}$）

I/A	B/mT
0	
1	
2	
3	
4	
5	
6	
7	
8	
9	
10	

表3-32-2 长直导体激发的磁场 B 与距离 r 的关系（$I=10\text{A}$）

r/mm	B/mT
5.2	
6.2	
7.2	
8.2	
10.2	
14.2	
17.2	
21.2	
26.2	
37.2	
55.2	

2. 圆形导体环路激发的磁场

表 3-32-3　$R=40$mm 圆形导体环路激发的磁感应强度 B 与电流 I 的关系（$x=0$）

I/A	B/mT
0	
1	
2	
3	
4	
5	
6	
7	
8	
9	
10	

表 3-32-4　圆形导体环路激发的磁感应强度 B 与坐标 x 的关系

x/cm	B/mT（$R=20$mm）	B/mT（$R=40$mm）	B/mT（$R=60$mm）
-10			
-7.5			
-5.0			
-4.0			
-3.0			
-2.5			
-2.0			
-1.5			
-1.0			
-0.5			
0.0			
0.5			
1.0			
1.5			
2.0			
2.5			
3.0			
4.0			
5.0			
7.5			
10.0			

【数据处理】

1. 根据表 3-32-1 数据绘制磁感应强度 B 与电流强度 I 之间的关系曲线。
2. 根据表 3-32-2 数据绘制磁感应强度 B 与电流强度 I 之间的关系曲线。
3. 根据表 3-32-3 数据绘制磁感应强度 B 与电流强度 I 之间的关系曲线。
4. 根据表 3-32-4 数据绘制磁感应强度 B 与电流强度 I 之间的关系曲线。

【注意事项】

1. 测量前，测量仪必须预热 5min。
2. 测量时要远离电源，避免电磁辐射和磁场梯度对测量的影响。
3. 确认导线正确连接，开关电源时一定保证电流值调至最小，避免拉拽磁场探测器的连线。

【预习思考题】

1. 毕奥-萨伐尔定律的内容是什么？
2. 举例说明毕奥-萨伐尔定律的主要应用。

【讨论题】

1. 简述毕-萨实验仪测微小磁场的原理，如何进一步提高测量磁场的精确度？

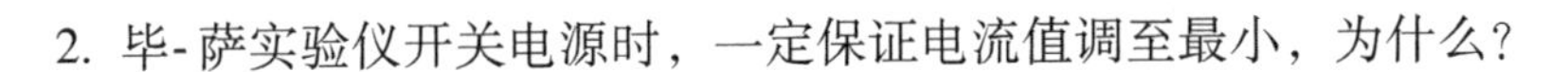

2. 毕-萨实验仪开关电源时，一定保证电流值调至最小，为什么？

【附录】

1. 长直导体激发的磁场

表 3-32-5　长直导体激发的磁场 B 与电流 I 的关系（$l=0$mm）

I/A	B/mT
0	0
1	0.038
2	0.075
3	0.113
4	0.151
5	0.190
6	0.228
7	0.265
8	0.303
9	0.342
10	0.385

表 3-32-6　长直导体激发的磁场 B 与距离 r 的关系（$I=10$A）

r/mm	B/mT
5.2	0.385
6.2	0.322
7.2	0.277
8.2	0.244
10.2	0.196
14.2	0.141
17.2	0.116
21.2	0.943
26.2	0.763
37.2	0.537
55.2	0.362

2. 圆形导体环路激发的磁场

表 3-32-7　$R=40$mm 圆形导体环路激发的磁感应强度 B 与电流 I 的关系（$x=0$）

I/A	B/mT
0	0
1	0.016
2	0.033
3	0.048
4	0.065
5	0.081
6	0.097
7	0.112
8	0.129
9	0.145
10	0.160

表 3-32-8　圆形导体环路激发的磁感应强度 B 与坐标 x 的关系

x/cm	B/mT（$R=20$mm）	B/mT（$R=40$mm）	B/mT（$R=60$mm）
-10	0.005	0.009	0.016
-7.5	0.008	0.016	0.024
-5.0	0.015	0.034	0.044

（续）

x/cm	B/mT（R=20mm）	B/mT（R=40mm）	B/mT（R=60mm）
-4.0	0.028	0.051	0.056
-3.0	0.057	0.074	0.070
-2.5	0.081	0.088	0.077
-2.0	0.117	0.105	0.085
-1.5	0.170	0.121	0.091
-1.0	0.226	0.136	0.097
-0.5	0.261	0.148	0.100
0.0	0.319	0.159	0.104
0.5	0.262	0.150	0.101
1.0	0.217	0.140	0.098
1.5	0.158	0.126	0.094
2.0	0.110	0.110	0.088
2.5	0.075	0.093	0.082
3.0	0.054	0.077	0.074
4.0	0.028	0.053	0.060
5.0	0.015	0.036	0.047
7.5	0.005	0.014	0.025
10.0	0.003	0.006	0.014

图3-32-4给出了长直导体磁感应强度 B 与电流强度 I 之间的关系。在测量精度内，测量值位于一条直线上，即：磁感应强度 B 正比于电流强度 I。

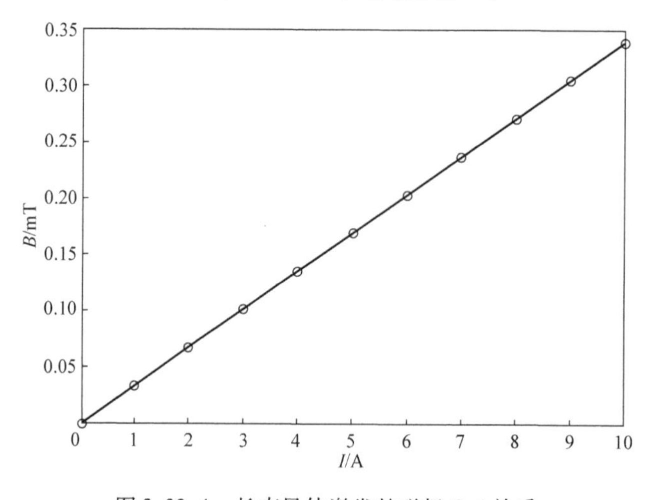

图3-32-4　长直导体激发的磁场 B-I 关系

图3-32-5给出的是根据表3-32-6中数据所画曲线。图3-32-6是对应的 $1/B$-r 曲线，由图可知，实验数值近似于一条直线。

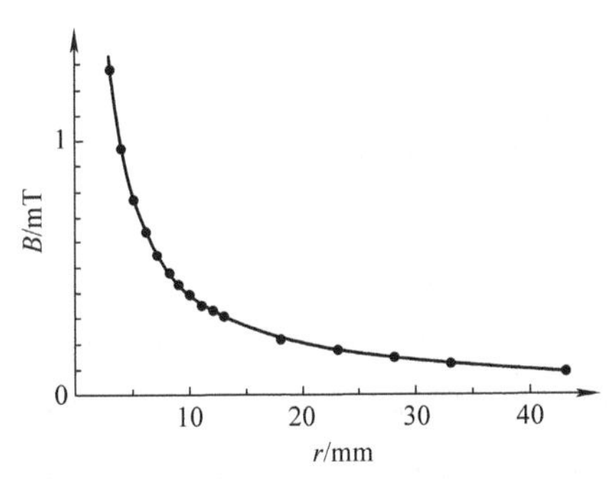

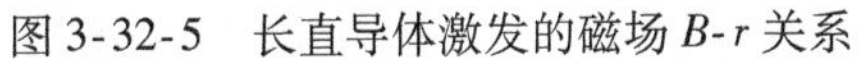
图3-32-5 长直导体激发的磁场 B-r 关系

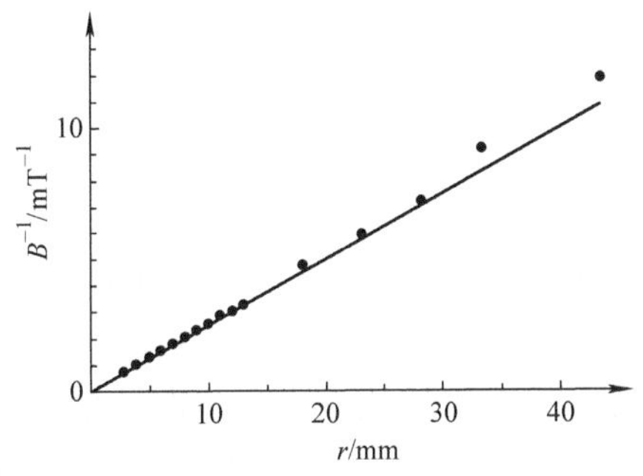

图3-32-6 长直导体激发的磁场 $1/B$-r 关系

图3-32-7 给出了圆形导体环路激发的磁感应强度 B 与电流强度 I 之间的关系，在该情形下，实验值（见表3-32-7）也同样呈直线分布，验证了磁感应强度 B 与电流强度 I 之间的正比关系。

图3-32-8 给出的是对于3个不同大小的圆形导体环路，各自激发的磁感应强度 B 与坐标 x 的关系。这些曲线是根据式（3-32-2）的计算结果。

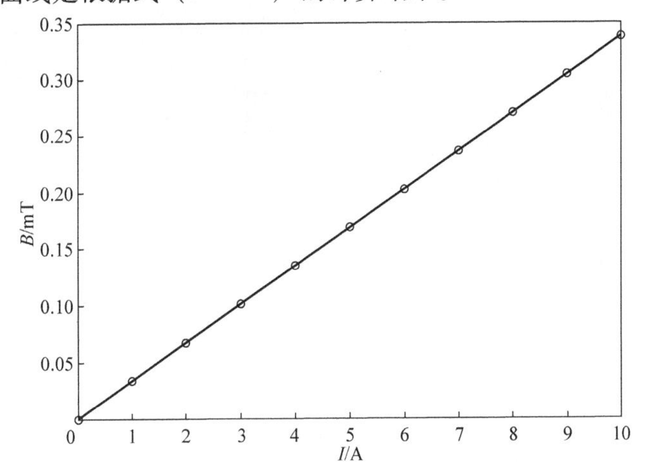

图3-32-7 圆形导体环路（直径40mm）激发的磁场 B-I 关系

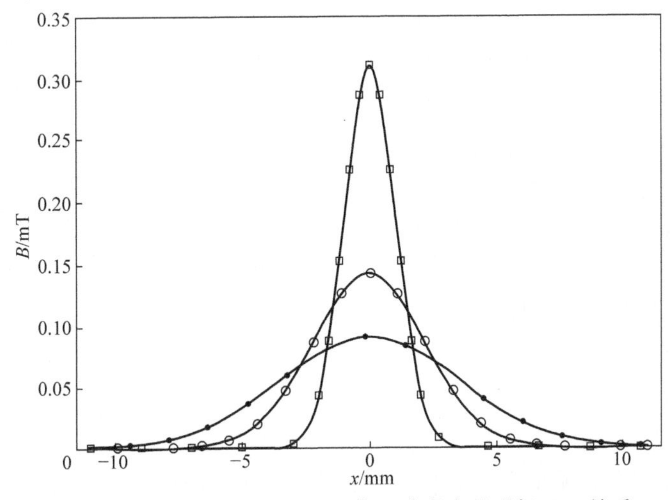

图3-32-8 不同半径的圆形导体环路激发的磁场 B-x 关系

实验33　太阳能电池的特性研究

太阳能电池（Solar Cells）也称为光伏电池，是将太阳光辐射能直接转换为电能的器件。由这种器件封装成太阳能电池组件，再按需要将一块以上的组件组合成一定功率的太阳能电池方阵，经与储能装置、测量控制装置及直流-交流变换装置等相配套，即构成太阳能电池发电系统，也称为之光伏发电系统。它具有不消耗常规能源、寿命长、维护简单、使用方便、功率大小可任意组合、无噪音、无污染等优点。世界上第一块实用型半导体太阳能电池是美国贝尔实验室于1954年研制的。经过人们60多年的努力，太阳能电池的研究、开发与产业化已取得巨大进步。目前，太阳能电池已成为空间卫星的基本电源和地面无电、少电地区及某些特殊领域（通信设备、气象台站、航标灯等）的重要电源。随着太阳能电池制造成本的不断降低，太阳能光伏发电将逐步地部分替代常规发电。近年来，在美国和日本等发达国家，太阳能光伏发电已进入城市电网。从地球上化石燃料资源的渐趋耗竭和大量使用化石燃料必将使人类生态环境污染日趋严重的战略观点出发，世界各国特别是一些发达国家对于太阳能光伏发电技术十分重视，将其摆在可再生能源开发利用的首位。太阳能光伏发电有望成为21世纪的重要新能源。有专家预言，在21世纪中叶，太阳能光伏发电将占世界总发电量的15%～20%，成为人类的基础能源之一，在世界能源构成中占有一定地位。

太阳能电池的部分应用如图3-33-1所示。

太阳能工厂

天宫一号与神八

航标灯

路灯

海洋气象监测标

中继站

太阳能计算器

光伏电站

图3-33-1　太阳能电池的部分应用

【实验目的】

1. 测量不同照度下太阳能电池的伏安特性、开路电压U_0和短路电流I_s。
2. 在不同照度下，测定太阳能电池的输出功率P和负载电阻R的函数关系。

3. 确定太阳能电池的最大输出功率 P_{max} 以及相应的负载电阻 R_{max} 和填充因数。

【实验仪器】

太阳能电池两块、插件板（A4 大小）、测试仪、一个光源（卤素灯）、一个稳压源（2～12V，100W）。

实验装置如图 3-33-2 所示。

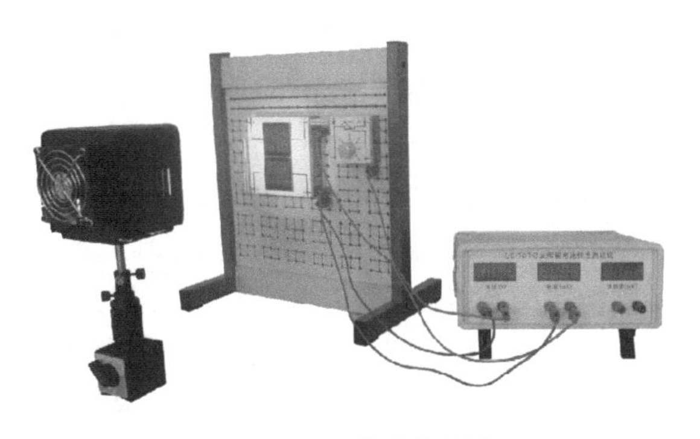

图 3-33-2　实验装置图

【实验原理】

当光照射在距太阳能电池表面很近的 PN 结时，只要入射光子的能量大于半导体材料的禁带宽度 E_g，则在 P 区、N 区和结区光子被吸收会产生电子-空穴对（见图 3-33-3）。那些在 PN 结附近 N 区中产生的少数载流子由于存在浓度梯度而要扩散。只要少数载流子离 PN 结的距离小于它的扩散长度，总有一定概率的载流子扩散到结界面处。在 P 区与 N 区交界面的两侧即结区，存在一空间电荷区，也称为耗尽区。在耗尽区中，正负电荷间形成一电场，电场方向由 N 区指向 P 区，这个电场称为内建电场。这些扩散到结界面处的少数载流子（空穴）在内建电场的作用下被拉向 P 区。同样，在结附近 P 区中产生的少数载流子（电子）扩散到结界面处，也会被内建电场迅速拉向 N 区。结区内产生的电子-空穴对在内建电场的作用下分别移向 N 区和 P 区，这导致在 N 区边界附近有光生电子积累，在 P 区边界附近有光生空穴积累。它们产生一个与 PN 结的内建电场方向相反的光生电场，在 PN 结上产生一个光生电动势，其方向由 P 区指向 N 区。这一现象称为光伏效应（Photovoltaic Effect）。

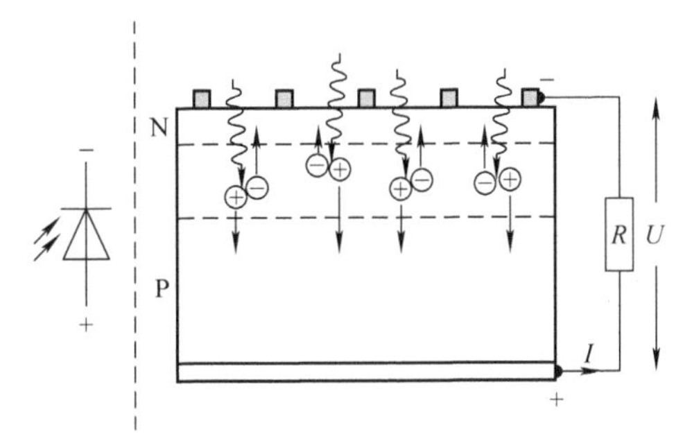

图 3-33-3　太阳能电池的工作原理

太阳能电池的工作原理是基于光伏效应的。当光照射太阳电池时，将产生一个由 N 区到 P 区的光生电流 I_S。同时，由于 PN 结二极管的特性，存在正向二极管电流 I_D，此电流方向从 P 区到 N 区，与光生电流相反。因此，实际获得的电流 I 为两个电流之差，即

$$I = I_S(\Phi) - I_D(U) \qquad (3\text{-}33\text{-}1)$$

如果连接一个负载电阻 R，电流 I 可以被认为是两个电流之差，即取决于辐照度 Φ 的负方向电流 $I_S(\Phi)$，以及取决于端电压 U 的正方向电流 $I_D(U)$。

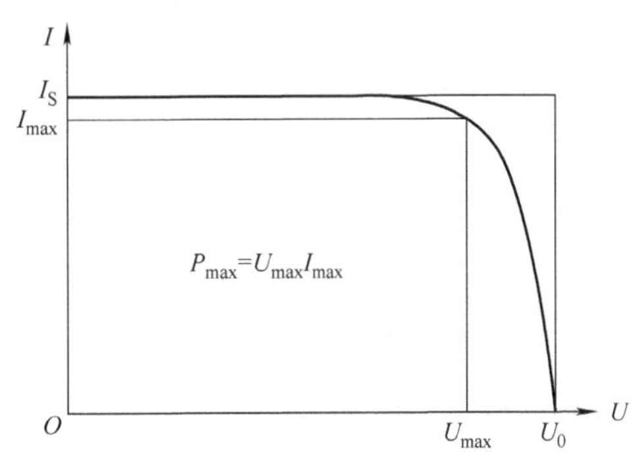

图 3-33-4　在一定光照强度下太阳能电池的伏安特性（U_{max}，I_{max}：最大功率点）

由此可以得到太阳能电池伏安特性的典型曲线（见图 3-33-4）。在负载电阻小的情况下，

太阳能电池可以看成一个恒流源，因为正向电流 $I_D(U)$ 可以被忽略。在负载电阻大的情况下，太阳能电池相当于一个恒压源，因为如果电压变化略有下降，那么电流 $I_D(U)$ 迅速增加。

当太阳能电池的输出端短路时，可以得到短路电流，它等于光生电流 I_S。当太阳电池的输出端开路时，可以得到开路电压 U_0。

在固定的光照强度下，光电池的输出功率取决于负载电阻 R。太阳能电池的输出功率在负载电阻为 R_{max} 时达到一个最大功率 P_{max}，R_{max} 近似等于太阳能电池的内阻 R_i，则有

$$R_i = U_0/I_S \tag{3-33-2}$$

这个最大的功率比开路电压和短路电流的乘积小（见图 3-33-4），它们之比为

$$F = \frac{P_{max}}{U_0 I_S} \tag{3-33-3}$$

F 称为填充因数。

此外，太阳能电池的输出功率

$$P = UI \tag{3-33-4}$$

是负载电阻

$$R = U/I \tag{3-33-5}$$

的函数。

我们经常用几个太阳能电池组合成一个太阳能电池组。串联会产生更大的开路电压 U_0，而并联会产生更大的短路电流 I_S。在本实验中，把 2 个太阳能电池串联，分别记录在 4 个不同的光照强度时电流和电压特性。光照强度通过改变光源的距离和电源的功率来实现。

【实验内容】

1. 实验前的准备工作。

1）把太阳能电池插到插件板上，用两个桥接插头把上边的负极和下面的正极连接起来，串联起 2 个太阳能电池。

2）插上电位器作为一个可变电阻，然后用桥接插头连接到太阳能电池上。

3）连接电流表，使它和电池、可变电阻串联。选择测量范围：直流 200mA。

4）连接电压表使之与电池并联，选择量程：直流 3V。

5）连接卤素灯与稳压源，使灯与电池成一线，以使电池均匀受光。

2. 接通电路，将可变电阻器阻值调为最小以实现短路，并改变卤素灯的距离和调节电源输出功率，使短路电流大约为 45mA。

3. 逐步改变负载电阻值降低电流，分别读取电流和电压值，记入表 3-33-1。

4. 断开电路，测量并记录开路电压。

5. 调节电源功率，分别使短路电流约为 35mA、25mA 和 15mA，并重复上述测量。

6. 根据表 3-33-1 中的数据，用坐标纸或 Excel 绘出 U-I 曲线。

7. 根据表 3-33-2 中的数据，用坐标纸或 Excel 绘出 P-R 特性曲线。

8. 计算表 3-33-3 中的物理量。

9. 由表 3-33-4 计算填充因数的平均值。

【数据处理】

表 3-33-1 测量太阳能电池的电压 U 和负载电阻的电流 I（短路电流 I_S，开路电压 U_0）

第一组		第二组		第三组		第四组	
I_S =	U_0 =	I_S =	U_0 =	I_S =	U_0 =	I_S =	U_0 =
I/mA	U/V	I/mA	U/V	I/mA	U/V	I/mA	U/V

表 3-33-2 根据表 3-33-1 测量的 U 和 I 值计算得到的 P 和 R 值

第一组		第二组		第三组		第四组	
R/Ω	P/mW	R/Ω	P/mW	R/Ω	P/mW	R/Ω	P/mW

表 3-33-3　对应于最大功率的负载电阻值 R_{max} 和根据式（3-33-2）计算出的内阻值 R_i

	第一组	第二组	第三组	第四组
R_{max}/Ω				
R_i/Ω				
R_{max}/R_i				

表 3-33-4　最大功率 P_{max} 和开路电压与短路电流的乘积

	第一组	第二组	第三组	第四组
P_{max}/mW				
$U_0 I_S$/ mW				
$F = P_{max}/U_0 I_S$				

【注意事项】

1. 保持太阳能电池板清洁。光源不得在电池板上聚焦一点，以免灼伤电池板。
2. 正确连接导线，谨防电池板正负极短路。
3. 正确选择电压表和电流表的量程。

【预习思考题】

1. 说明太阳能电池的短路电流与光照强度之间的关系？
2. 在一定的光照强度下，太阳能电池的输出功率 P 与负载电阻 R 之间的关系是什么？

【讨论题】

1. 太阳能电池的短路电流与光照强度之间的关系是怎么样的？
2. 在一定的负载电阻下，太阳能电池的输出功率 P 与光照强度之间的关系是什么？

实验 34　光电效应测定普朗克常量

当光照射在物体上时，光的能量只有部分以热的形式被物体所吸收，而另一部分则转换为物体中某些电子的能量，使这些电子逸出物体表面，这种现象称为光电效应。在光电效应这一现象中，光显示出它的粒子性，所以深入观察光电效应现象，对认识光的本性具有极其重要的意义。普朗克常量 h 是 1900 年普朗克为了解决黑体辐射能量分布时提出的“能量子”假设中的一个普适常数，是基本作用量子，也是粗略地判断一个物理体系是否需要用量子力学来描述的依据。

1905 年，爱因斯坦为了解释光电效应现象，提出了“光量子”假设，即频率为 ν 的光子其能量为 $h\nu$。当电子吸收了光子能量 $h\nu$ 之后，一部分消耗于电子的逸出功 A，另一部分转换为电子的动能 $\frac{1}{2}mv^2$，即

$$\frac{1}{2}mv^2 = h\nu - A \tag{3-34-1}$$

上式称为爱因斯坦光电效应方程。1916 年，密立根首次用油滴实验证实了爱因斯坦光电效应方程，并在当时的条件下，较为精确地测得普朗克常量为 $h=6.57\times10^{-34}\mathrm{J\cdot s}$，其不确定度大约为 0.5%。这一数据与现在的公认值比较，相对误差也只有 0.9%。为此，1923 年密立根因这项工作而荣获诺贝尔物理学奖。

目前利用光电效应制成的光电器件和光电管、光电池、光电倍增管等已成为生产和科研中不可缺少的重要器件。

【实验目的】

1. 了解光电效应的基本规律，验证爱因斯坦光电效应方程。
2. 掌握用光电效应法测定普朗克常量 h。

【实验仪器】

FB807 型光电效应（普朗克常量）测定仪。

1. 实验仪器构成：FB807 型光电效应（普朗克常量）测定仪由光电检测装置和测定仪主机两部分组成。光电检测装置包括光电管暗箱、汞灯灯箱、汞灯电源箱和导轨等。

2. 实验主机为 FB807 型光电效应（普朗克常量）测定仪，该测定仪是主要包含微电流放大器和直流电压发生器两大部分组成的整体仪器。

3. 光电管暗箱：安装有滤色片、光阑（可调节）、挡光罩、光电管。

4. 汞灯灯箱：安装有汞灯管、挡光罩。

5. 汞灯电源箱：箱内安装镇流器，提供点亮汞灯的电源。

6. 实验仪器的组成如图 3-34-1 所示。

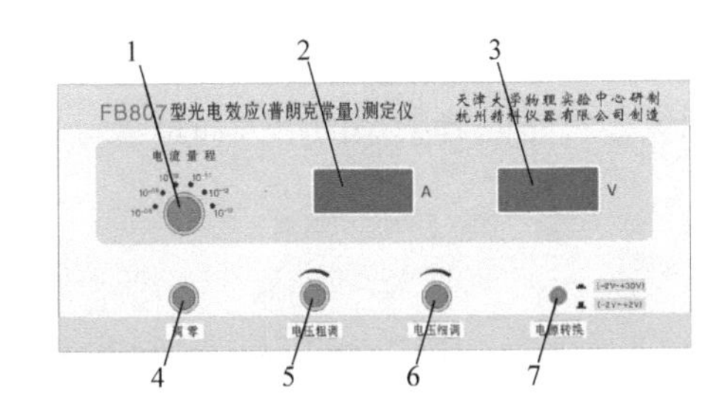

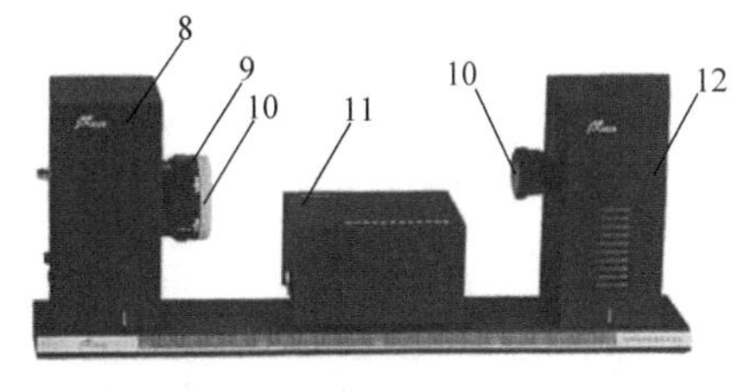

图 3-34-1　FB807 型光电效应测定仪

1—电流量程调节旋钮及其量程指示　2—光电管输出微电流指示表　3—光电管工作电压指示表
4—微电流指示表调零旋钮　5—光电管工作电压调节（粗调）　6—光电管工作电压调节（细调）
7—光电管工作电压转换按钮：按钮释放测量遏止电位差，按钮按下测量伏安特性
8—光电管暗箱　9—滤色片、光阑（可调节）总成　10—挡光罩　11—汞灯电源箱　12—汞灯灯箱

【实验原理】

光电效应的实验示意图如图 3-34-2 所示，图中 GD 是光电管，K 是光电管阴极，A 为光电管阳极，G 为微电流计，V 为电压表，E 为电源，R 为滑线变阻器，调节 R 可以得到实

验所需要的加速电位差 U_{AK}。光电管的 A、K 之间可获得从 $-U$ 到0再到 $+U$ 连续变化的电压。实验时用的单色光是从低压汞灯光谱中用干涉滤色片过滤得到，其波长分别为：365nm、405nm、436nm、546nm、577nm。

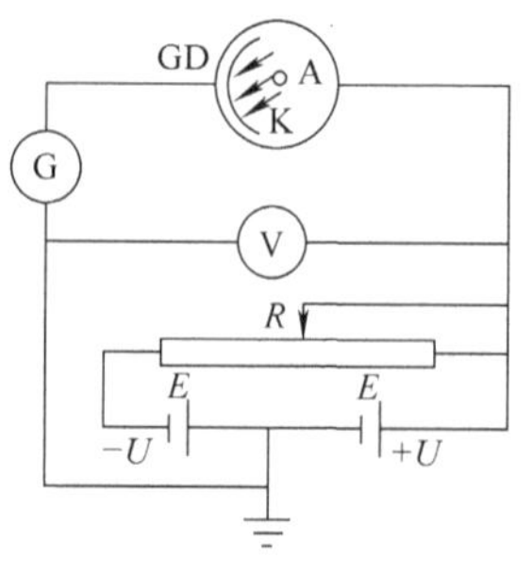

图 3-34-2　光电效应实验示意图

（1）饱和电流的大小与光的强度成正比。

无光照射阴极时，由于阳极和阴极是断路的，所以 G 中无电流通过。用光照射阴极时，由于阴极释放出电子而形成阴极光电流（简称阴极电流）。加速电位差 U_{AK}越大，阴极电流越大，当 U_{AK}增加到一定数值后，阴极电流不 再增大而达到某一饱和值 I_H，I_H 的大小和照射光的强度成正比（见图 3-34-3）。加速电位差 U_{AK}变为负值时，阴极电流会迅速减少，当加速电位差 U_{AK}小到一定数值时，阴极电流变为“0”，与此对应的电位差称为遏止电位差（也称截止电压）。这一电位差用 U_a 来表示。$|U_a|$的大小与光的强度无关，而是随着照射光的频率的增大而增大（见图 3-34-4）。

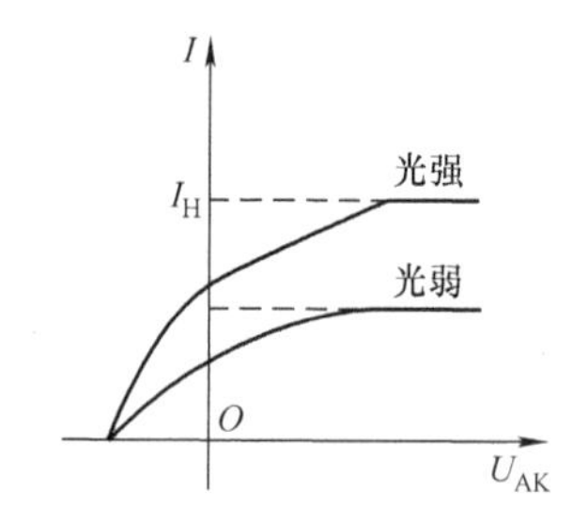

图 3-34-3　光电管的伏安特性

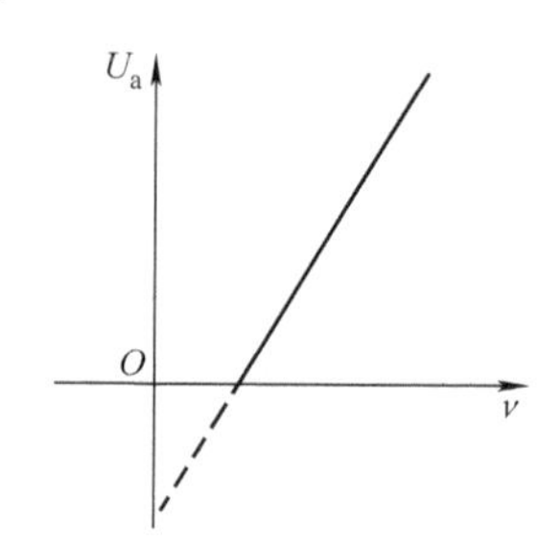

图 3-34-4　光电管遏止电位的频率特性

（2）光电子从阴极逸出时具有初动能，其最大值等于它反抗电场力所做的功，即

$$\frac{1}{2}mv^2 = eU_a$$

因为 $U_a \propto \nu$，所示初动能大小与光的强度无关，只是随着频率的增大而增大。$U_a \propto \nu$ 的关系可用爱因斯坦方程表示为

$$U_a = \frac{h\nu}{e} - \frac{A}{e} \tag{3-34-2}$$

实验时用不同频率的单色光（$\nu_1, \nu_2, \nu_3, \nu_4, \cdots$）照射阴极，测出相对应的遏止电位差（$U_{a1}, U_{a2}, U_{a3}, U_{a4}, \cdots$），然后画出 U_a-ν 图，由此图的斜率即可以求出 h。如果光子的能量 $h\nu \leqslant A$，无论用多强的光照射，都不可能逸出光电子。与此相对应的光的频率则称为阴极的红限，且用 ν_0（$\nu_0 \leqslant A/h$）来表示。实验时可以从 U_a-ν 图的截距求得阴极的红限和逸出功。本实验的关键是正确确定遏止电位差，画出 U_a-ν 图。至于在实际测量中如何正确地确定遏止电位差，还必须根据所使用的光电管来决定。下面就专门对如何确定遏止电位差的问题做简要的分析与讨论。

遏止电位差的确定：如果使用的光电管对可见光都比较灵敏，而暗电流也很小，由于阳极包围着阴极，即使加速电位差为负值，阴极发射的光电子仍能大部分射到阳极，而阳极材料的逸出功又很高，可见光照射时是不会发射光电子的，其电流特性曲线如图 3-34-5 所示，图中电流为零时的电位就是遏止电位差 U_a。然而，由于光电管在制造过程中，工艺上很难保证阳极不被阴极材料所污染（这里污染的含义是：阴极表面的低逸出功材料溅射到阳极上），而且这种污染还会在光电管的使用过程中日趋加重。被污染后的阳极逸出功降低，当从阴极反射过来的散射光照到它时，便会发射出光电子而形成阳极光电流。实验中测得的电流特性曲线是阳极光电流和阴极光电流叠加的结果，如图3-34-6的实线所示。由图3-34-6可见，由于阳极的污染，实验时出现了反向电流。特性曲线与横轴交点的电流虽然等于“0”，但阴极光电流并不等于“0”，交点的电位差 U_a' 也不等于遏止电位差 U_a。两者之差由阴极电流上升的快慢和阳极电流的大小所决定。如果阴极电流上升越快，阳极电流越小，U_a' 与 U_a 之差也越小 。从实际测量的电流曲线上看，正向电流上升越快，反向电流越小，则 U_a' 与 U_a 之差也越小。

由图3-34-6我们可以看到，由于电极结构等种种原因，实际上阳极电流往往饱和缓慢，在加速电位差减小到 U_a时，阳极电流仍未达到饱和，所以反向电流刚开始饱和的拐点电位差 U_a'' 也不等于遏止电位差 U_a。两者之差视阳极电流的饱和快慢而异。阳极电流饱和得越快，两者之差越小。若在负电压增至 U_a 之前阳极电流已经饱和，则拐点电位差就是遏止电位差 U_a。总而言之，对于不同的光电管应该根据其电流特性曲线的不同采用不同的方法来确定其遏止电位差。假如光电流特性的正向电流上升得很快，反向电流很小，则可以用光电流特性曲线与暗电流特性曲线交点的电位差 U_a' 近似地当作遏止电位差 U_a（交点法）。若反向特性曲线的反向电流虽然较大，但其饱和速度很快，则可用反向电流开始饱和时的拐点电位差 U_a'' 当作遏止电位差 U_a（拐点法）。

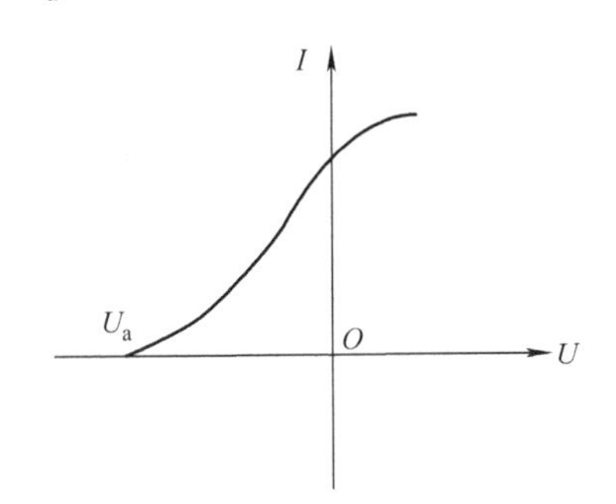

图3-34-5 光电管理想的电流特性曲线

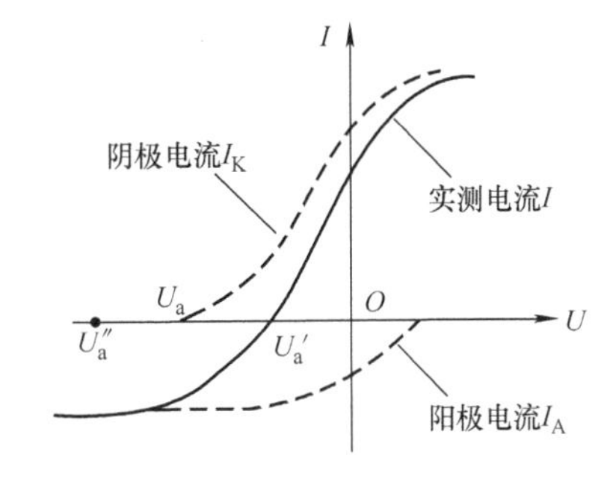

图3-34-6 光电管老化后的电流特性曲线

【实验内容】

1. 测试前准备工作

仪器连接：将FB807测试仪及汞灯电源接通（光电管暗箱调节到遮光位置），预热20min。调整光电管与汞灯距离约为40cm并保持不变。用专用连接线将光电管暗箱电压输入端与FB807测试仪后面板上电压输出连接起来（红对红，黑对黑）。将“电流量程”选择开关置于合适档位：测量遏止电位差调到10^{-13}A，做伏安特性调到10^{-10}A（或10^{-11}A）。测定仪在开机或改变电流量程后都需要进行调零，调零时应将光电管暗箱电流输出端K与测试仪微电流输入端（后面板上）断开，旋转“调零”旋钮使电流指示为000.0。调节好后，用Q9插头高频匹配电缆将信号电流输入与光电管暗盒上信号电流输出端连接起来。

2. 用FB807实验仪测定遏止电位差、伏安特性由于本实验仪器的电流放大器灵敏度高、稳定性好，光电管阳极反向电流、暗电流水平也较低，在测量各谱线的遏止电位差 U_a 时，可采用零电流法（即交点法），即直接将各谱线照射下测得的电流为零时对应的电位差 U_{AK} 的绝对值作为遏止电位差 U_a。此法的前提是阳极反向电流、暗电流和本底电流都很小，用零电流法测得的遏止电位差与真实值相差较小。且各谱线的遏止电位差都相差 ΔU，对 $U_a-\nu$ 曲线的斜率无大的影响，因此对 h 的测量不会产生大的影响。

（1）测量遏止电位差。

工作电压转换按钮于释放状态，电压调节范围是：$-2\sim+2$V，“电流量程”开关应置于 $\times10^{-13}$A 档。在不接输入信号的状态下对微电流测量装置调零。操作方法是：将暗盒前面的转盘用手轻轻拉出约 3mm，即脱离定位销，把 ϕ4mm 的光阑标志对准上面的白点，使定位销复位。再把装滤色片的转盘放在挡光位，即指示“0”对准上面的白点，在此状态下测量光电管的暗电流。然后把 365nm 的滤色片转到窗口（通光口），此时把电压表显示的 U_{AK} 值调节为 -1.999V；打开汞灯遮光盖，电流表显示对应的电流值 I 应为负值。用电压粗调和细调旋钮，逐步升高工作电压（即使负电压绝对值减小），当电压到达某一数值，光电管输出电流为零时，记录对应的工作电压 U_{AK}，该电压即为 365nm 单色光的遏止电位差。然后按顺序依次换上 405nm、436nm、546nm、577nm 的滤色片，重复以上测量步骤，一一记录 U_{AK} 值。

（2）测光电管的伏安特性曲线。

此时，将工作电压转换按钮按下，电压调节范围转变为：$-2\sim+30$V，“电流量程”开关应转换至 $\times10^{-10}$A 档，并重新调零。其余操作步骤与“测量遏止电位差”类同，不过此时要把每一个工作电压和对应的电流值加以记录，以便画出饱和伏安特性曲线，并对该特性进行研究分析。

1）观察在同一光阑、同一距离条件下 5 条伏安特性曲线。

记录所测 U_{AK} 及 I 的数据于表 3-34-2 中，在坐标纸上作对应于以上波长及光强的伏安特性曲线。

2）观察同一距离、不同光阑（不同光通量）的某条谱线的饱和伏安特性曲线。

测量并记录对同一谱线、同一入射距离，而光阑分别为 2mm、4mm、8mm 时对应的电流值于表 3-34-3 中，验证光电管的饱和光电流与入射光强成正比。

3）观察同一光阑下、不同距离（不同光强）的某条谱线的饱和伏安特性曲线。

在 U_{AK} 为 30V 时，测量并记录对同一谱线、同一光阑时，光电管与入射光在不同距离，如 300mm、350mm、400mm 等对应的电流值于表 3-34-4 中，同样可以验证光电管的饱和电流与入射光强成正比。

【数据处理】

由表 3-34-1 的实验数据，画出 U_a-ν 图，求出直线的斜率 k，即可用 $h=e\cdot k$ 求出普朗克常量 h，把它与公认值 h_0 比较，求出实验结果的相对误差 $E=(h-h_0)/h_0$，其中 $e=1.602\times10^{-19}$C，$h_0=6.626\times10^{-34}$J·s。

表 3-34-1 U_a-ν 关系

波长 λ_i/nm	365	405	436	546	577
频率 ν_i/10^{14}Hz	8.214	7.408	6.879	5.490	5.196
遏止电位差 U_{ai}/V					

表 3-34-2 I-U_{AK} 关系

U_{AK}/V												
$I/10^{-10}$A												
U_{AK}/V												
$I/10^{-10}$A												

表 3-34-3 I_M-P 关系

U_{AK} = ________ V，λ = ________ nm，L = ________ mm

光阑孔 ϕ/mm	2	4	8
$I/10^{-10}$A			

表 3-34-4 I_M-P 关系

U_{AK} = ________ V，λ = ________ nm，ϕ = ________ mm

距离 L/mm	300	350	400
$I/10^{-10}$A			

【注意事项】

1. 光电效应实验仪和汞灯光源必须预热 20min 以上，连线时务必先连接地线后连接信号线，若电流量程改变，则必须重新调零。
2. 注意保护滤光片，不得用手触摸滤光片，防止污染。
3. 如遇汞灯光源关闭，必须等待 5min 以后再次开启。

【预习思考题】

1. 从遏止电位差 U_a 与入射光的频率 ν 的关系曲线中，你能确定阴极材料的逸出功吗?
2. 本实验存在哪些误差来源？实验中如何解决这些问题?

【讨论题】

测定普朗克常量的关键是什么？怎样根据光电管的特性曲线选择适宜的测定遏止电位差 U_a 的方法?

【附录】

FB807 型光电效应（普朗克常量）测定仪说明书

FB807 型光电效应（普朗克常量）测定仪由汞灯及电源、滤色片、光阑、光电管、测定仪等构成，仪器结构如图 3-34-1 所示。仪器属手动工作模式。

一、主要技术参数

1. 微电流放大器

电流测量范围：$10^{-8} \sim 10^{-13}$A，共分 6 档，三位半数显，最小显示位10^{-14}A。

零漂：开机 20min 后、30min 内不大于满度读数的 ±0. 2%（10^{-13}A 档）。

2. 光电管工作电源

电压调节范围：$-2 \sim +2$V 档，示值精度≤1%。（电压转换按钮释放）；

$-2 \sim +30$V 档，示值精度≤5%。（电压转换按钮按下）。

3. 光电管

光谱响应范围：340～700nm；最小阴极灵敏度≥1μA/Lm；阳极：镍圈；暗电流：$I \leqslant 2 \times 10^{-12}$A（$-2\text{V} \leqslant U_{\text{AK}} \leqslant 0\text{V}$）。

4. 滤光片组

5 组：中心波长 365nm，405nm，436nm，546nm，577nm。

5. 汞灯

可用谱线：365nm，405nm，436nm，546nm，577nm。

6. 光阑

ϕ4mm，ϕ8mm，ϕ16mm 3 种规格。

7. 整体测量误差

≤3%。

二、测定仪主要功能特点

1. 测定仪主机具有稳定性好，可靠性高，抗振动等特点。

2. 测定仪提供手动测试工作方式。

3. 测定仪通过选择实验类型、改变输出电压档位的方式支持光电效应测量普朗克常量和测量光电管伏－安特性两组实验。测定仪分别提供 $-2 \sim +2$V 及 $-2 \sim +30$V 两档直流电压，分别供普朗克常量测定实验及光电管伏－安特性实验使用。

4. 测定仪主机微电流放大器分六档，最高指示分辨率为 1×10^{-14}A，最大指示值为 2μA。三位半数显表指示。

三、FB807 型光电效应（普朗克常量）测定仪操作方法

1. FB807 型光电效应（普朗克常量）测定仪后面板说明

（1）交流电源插座，用于连接交流 220V 电压，插座内带有保险管座。

（2）光电管直流电压输出接口（红、黑各一），黑色为输出电压参考点。

（3）光电管微电流信号输入接口，用 Q9 插头专用电缆连接光电管微电流输出插座。

（4）光电管微电流信号放大输出接口，用 Q9 插头电缆连接到 FB807B 后面板。

2. 测定仪调零

注意：第一次开机时，应先开机预热 20min 左右，再进行调零。

当测定仪开机或变换电流量程时，均需对测定仪进行调零。（调零时，测试信号输入连接线必须与光电管暗盒断开。）当测试仪处于调零状态时，电流指示为零偏电流值，把电压指示调为“－1. 999V”；旋转“调零”旋钮，使电流指示值为“000. 0”。调零完成后，进入测试状态。

3. 测定仪建议工作状态

伏安特性测试：电流档位：10^{-10}A；光阑：4mm，测试距离：400mm。

遏止电位差测试：电流档位：10^{-13}A；光阑：4mm，测试距离：400mm。

4. 手动测试

FB807 型光电效应（普朗克常量）测定仪用手动完成普朗克常量的测试。

注意：进行测试前，必须先用专用连接线把光电管暗盒子的微电流输出接口与测试仪的光电管微电流信号输入接口正确连接。

（1）认真阅读实验教程，了解并熟悉实验内容。

（2）检查连接，确认无误后按下电源开关，开启测试仪。

（3）按实验内容选择合适的电流量程，进行测试前调零。

（4）根据实验类型选择光电管工作电压调节工作电压，记录光电管输出电流为零时对应的工作电压数值。

（5）测量遏止电位差：电压转换按钮处于释放位置，电压调节范围是：$-2\sim+2$V，“电流量程”开关应置于$\times10^{-13}$A 档。在此状态下对微电流测量装置调零。

光阑和滤色片的调节：本实验仪已将光阑和滤色片组装在暗盒的通光口，用两个转盘分别调节光阑大小和变换滤色片。使用时先将暗盒前面的转盘用手轻轻拉出约 3mm，把 ϕ4mm（或 ϕ8mm）的光阑标志对准上面的白点，并把滤色片的转盘放在挡光位，即 0 标志对准白点。在此状态下测量光电管的暗电流。然后把 365nm 的滤色片转到窗口（通光口），打开汞灯遮光盖。此时把电压表显示 U_{AK}的值调节为 -1.999V；电流表显示与对应的电流值 I 应为负值，单位为所选择的“电流量程”。用电压调节粗调和细调旋钮，逐步升高工作电压（也就是使负电压绝对值减小），当电压变化，使光电管输出电流为零时，记录键 U_{AK}，该电压即为对应 365nm 波长单色光的遏止电位差。然后按顺序依次换上 405nm、436nm、546nm、577nm 的滤色片，重复以上测量步骤。记录 U_{AK}值。

（6）测光电管的伏安特性曲线。

此时，将工作电压转换按钮按下，电压调节范围是：$-2\sim+30$V，“电流量程”开关应转换至$\times10^{-10}$A 档，并重新调零。其余操作步骤与“测量遏止电位差”类同，不过此时要对每一不同电压对应的电流值加以记录，以便画出伏安特性曲线，并对该特性进行研究分析。

实验 35 用示波器观测铁磁材料的磁化曲线和磁滞回线

磁性材料应用广泛，从常用的永久磁铁、变压器铁心到录音、录像、计算机存存储用的磁带、磁盘等都采用磁性材料。磁滞回线和基本磁化曲线反映了磁性材料的主要特征。通过实验研究这些性质不仅能掌握用示波器观察磁滞回线以及基本磁化曲线的基本测绘方法，而且能从理论和实际应用上加深对材料磁特性的认识。

铁磁材料分为硬磁和软磁两大类，其根本区别在于矫顽磁力 H_c 的大小不同。硬磁材料的磁滞回线宽，剩磁和矫顽力大（120～20000A/m），因而磁化后，其磁感应强度可长久保持，适宜做永久磁铁。软磁材料的磁滞回线窄，矫顽力 H_c 一般小于 120A/m，但其磁导率和饱和磁感应强度大，容易磁化和去磁，故广泛用于电机、电器和仪表制造等工业部门。磁化曲线和磁带回线是铁磁材料的重要特性，也是设计电磁机构作仪表的重要依据之一。

本实验采用动态法测量磁滞回线。需要说明的是，用动态法测量的磁滞回线与静态磁滞回线是不同的，动态测量时除了磁滞损耗还有涡流损耗，因此动态磁滞回线的面积要比静态磁滞回线的面积大一些。另外涡流损耗还与交变磁场的频率有关，所以测量的电源频率不同，得到的 B-H 曲线是不同的，这可以在实验中清楚地从示波器上观察到。

【实验目的】

1. 掌握磁滞、磁滞回线和磁化曲线的概念，加深对铁磁材料的主要物理量：矫顽力、剩磁和磁导率的理解。

2. 学会用示波法测绘基本磁化曲线和磁滞回线。

3. 根据磁滞回线确定磁性材料的饱和磁感应强度 B_s、剩磁 B_r 和矫顽力 H_c 的数值。

4. 研究不同频率下动态磁滞回线的区别，并确定某一频率下的磁感应强度 B_s、剩磁 B_r 和矫顽力 H_c 的数值。

5. 改变不同的磁性材料，比较磁滞回线形状的变化。

【实验仪器】

实验使用的仪器由测试样品、功率信号源、可调标准电阻、标准电容和接口电路等组成（见图 3-35-1）。测试样品有两种，一种磁滞损耗较大，另一种较小，其他参数相同；信号源的频率在 20～250Hz 间可调；可调标准电阻 R_1 的调节范围为 0.1～11Ω；R_2 的调节范围为 1～110kΩ；标准电容有 0.1μF、1μF、20μF 三档可选。

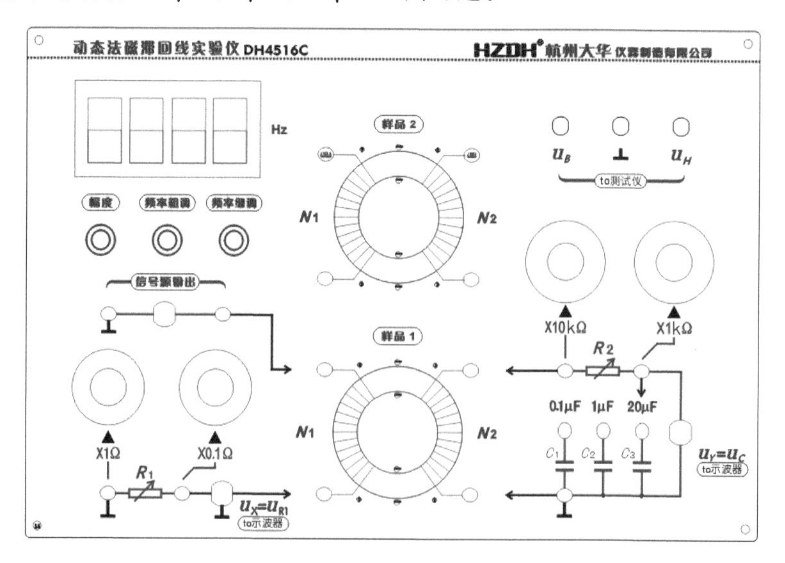

图 3-35-1　实验仪器面板图

接口电路包括 u_X、u_Y 接示波器的 X 和 Y 通道；u_B、u_H 接 DH4516A 测试仪，可自动测量 H、B、H_c、B_r 等参数，连接微机后可用微机作磁滞回线曲线，并测量 H、B、H_c、B_r 等参数。

【实验原理】

1. 磁化曲线

如果在由电流产生的磁场中放入铁磁物质，则磁场将明显增强，此时铁磁物质中的磁感应强度比单纯由电流产生的磁感应强度增大百倍，甚至在千倍以上。铁磁物质内部的磁场强度 H 与磁感应强度 B 满足关系为

$$B=\mu H$$

对于铁磁物质而言，磁导率 μ 并非常数，而是随 H 的变化而改变的物理量，且 $\mu=f(H)$，为非线性函数，所以如图 3-35-2 所示，B 与 H 也是非线性关系。

铁磁材料的磁化过程为：其未被磁化时的状态称为去磁状态，这时若在铁磁材料上加一个由小到大的磁化场，则铁磁材料内部的磁场强度 H 与磁感应强度 B 也随之变大，其 B-H 变化曲线如图 3-35-2 所示。但当 H 增加到一定值（H_s）后，B 几乎不再随 H 的增加而增加，说明磁化已达饱和，从未磁化到饱和磁化的这段磁化曲线称为材料的起始磁化曲线，如图 3-35-2 中的 OS 端曲线所示。

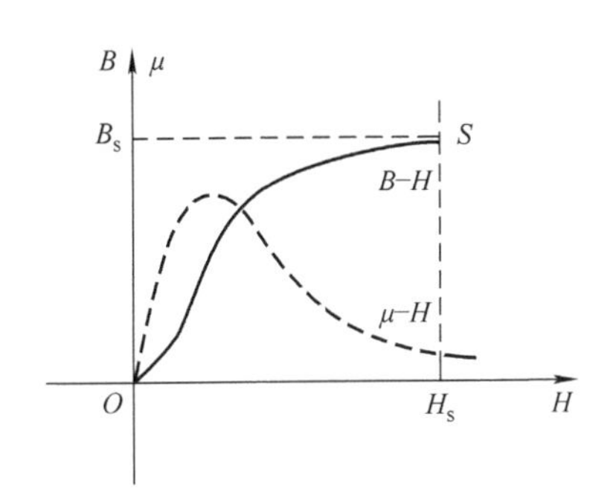

图 3-35-2 磁化曲线和 μ-H 曲线

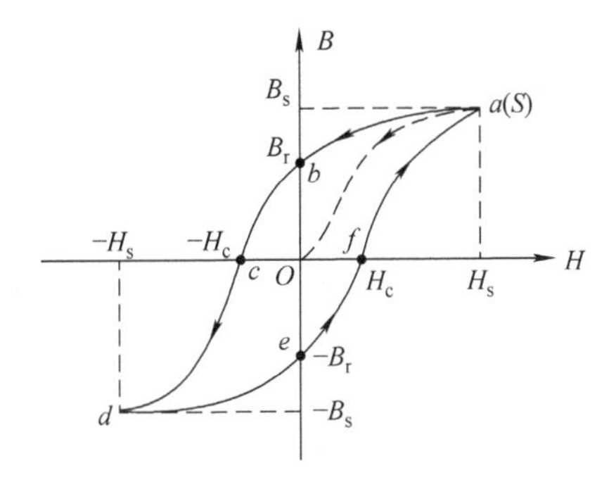

图 3-35-3 起始磁化曲线与磁滞回线

2. 磁滞回线

当铁磁材料的磁化达到饱和之后，如果将磁化场减少，则铁磁材料内部的 B 和 H 也随之减少，但其减少的过程并不沿着磁化时的 OS 段退回。从图 3-35-3 可知，当磁场撤消，即 $H=0$ 时，磁感应强度仍然保持一定数值 $B=B_r$。

若要使被磁化的铁磁材料的磁感应强度 B 减少到 0，必须加上一个反向磁场并逐步增大。当铁磁材料内部反向磁场强度增加到 $H=H_c$ 时（见图 3-35-3 上的 c 点），磁感应强度 B 才是 0，达到退磁。图 3-35-3 中的 bc 段曲线为退磁曲线，H_c 为矫顽力。如图 3-35-3 所示，当 H 按 $0\to H_s\to 0\to -H_c\to -H_s\to 0\to H_c\to H_s$ 的顺序变化时，B 相应沿 $0\to B_s\to B_r\to 0\to -B_s\to -B_r\to 0\to B_s$ 顺序变化。图中的 Oa 段曲线称起始磁化曲线，所形成的封闭曲线 $abcdefa$ 称为磁滞回线。bc 曲线段称为退磁曲线。由图 3-35-3 可知：

（1）当 $H=0$ 时，$B\neq 0$，这说明铁磁材料还残留一定值的磁感应强度 B_r，通常称 B_r 为铁磁物质的剩余感应强度（剩磁）。

（2）若要使铁磁材料完全退磁，即 $B=0$，必须加一个反方向磁场 H_c。这个反向磁场强度 H_c 称为该铁磁材料的矫顽力。

（3）B 的变化始终落后于 H 的变化，这种现象称为磁滞现象。

（4）H上升与下降到同一数值时，铁磁材料内的B值并不相同，退磁化过程与铁磁材料过去的磁化经历有关。

（5）当从初始状态$H=0$、$B=0$开始周期性地改变磁场强度的幅值时，在磁场由弱到强地单调增加过程中，可以得到面积由大到小的一簇磁滞回线，如图3-35-4所示。其中最大面积的磁滞回线称为极限磁滞回线。

（6）由于铁磁材料磁化过程的不可逆性及具有剩磁的特点，在测定磁化曲线和磁滞回线时，首先必须将铁磁材料预先退磁，以保证外加磁场$H=0$，$B=0$；其次，磁化电流在实验过程中只允许单调增加或减少，不能时增时减。在理论上，要消除剩磁B_r，只需通一反向磁化电流，使外加磁场正好等于铁磁材料的矫顽力即可。实际上，矫顽力的大小通常并不知道，因而无法确定退磁电流的大小。我们从磁滞回线得到启示，如果使铁磁材料磁化达到磁饱和，然后不断改变磁化电流的方向，与此同时逐渐减少磁化电流，直到于零，则该材料的磁化过程中就是一连串逐渐缩小而最终趋于原点的环状曲线，如图3-35-5所示。当H减小到零时，B亦同时降为零，达到完全退磁。

实验表明，经过多次反复磁化后，B-H的量值关系形成一个稳定的闭合的“磁滞回线”。通常以这条曲线来表示该材料的磁化性质。这种反复磁化的过程称为“磁锻炼”。本实验使用交变电流，所以每个状态都是经过充分的“磁锻炼”，随时可以获得磁滞回线。

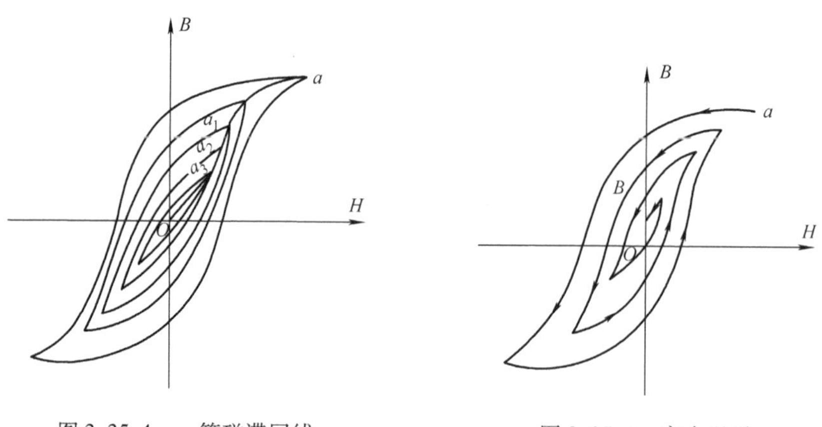

图3-35-4　一簇磁滞回线　　　图3-35-5　完全退磁

我们把图3-35-4中原点O和各个磁滞回线的顶点a_1，a_2，…，a所连成的曲线，称为铁磁性材料的基本磁化曲线。不同的铁磁材料其基本磁化曲线是不相同的。为了使样品的磁特性可以重复出现，也就是指所测得的基本磁化曲线都是由原始状态（$H=0$，$B=0$）开始，在测量前必须进行退磁，以消除样品中的剩余磁性。

在测量基本磁化曲线时，每个磁化状态都要经过充分的“磁锻炼”。否则，得到的B-H曲线即为开始介绍的起始磁化曲线，两者不可混淆。

3. 示波器显示B-H曲线的原理线路

示波器测量B-H曲线的实验线路如图3-35-6所示。

本实验研究的铁磁物质是一个环状式样，如图3-35-7所示。在式样上绕有励磁线圈N_1匝和测量线圈N_2匝。若在线圈N_1中通过磁化电流i_1，此电流在式样内产生磁场，根据安培环路定律$HL=N_1i_1$，磁场强度H的大小为

$$H = \frac{N_1 i_1}{L} \tag{3-35-1}$$

式中，L 为的环状式样的平均磁路长度（见图3-35-7中的虚线）。

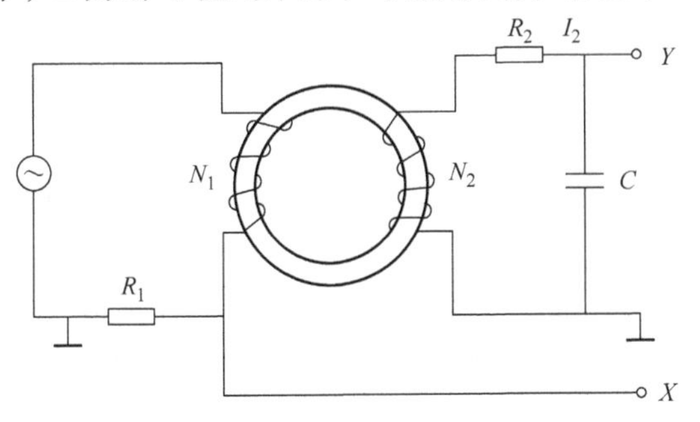

图3-35-6　测量 B-H 曲线实验线路

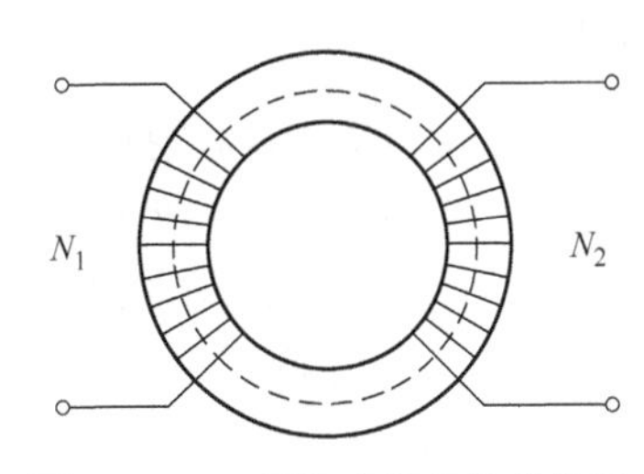

图3-35-7　环状式样的铁磁物质

由图3-35-6可知，示波器 X 轴偏转板输入电压为

$$U_X = U_R = i_1 R_1 \tag{3-35-2}$$

由式（3-35-1）和式（3-35-2）得

$$U_X = \frac{LR_1}{N_1} H \tag{3-35-3}$$

式（3-35-3）表明，在交变磁场下，任一时刻电子束在 X 轴的偏转正比于磁场强度 H。

为了测量磁感应强度 B，在次级线圈 N_2 上串联一个电阻 R_2，与电容 C 构成一个回路，同时 R_2 与 C 又构成一个积分电路。取电容 C 两端电压 U_C 至示波器 Y 轴输入，若适当选择 R_2 和 C 使 $R_2 >> 1/\omega C$，则

$$I_2 = \frac{E_2}{[R_2^2 + (1/\omega C)^2]^{\frac{1}{2}}} \approx \frac{E_2}{R_2}$$

式中，ω 为电源的角频率；E_2 为次级线圈的感应电动势。

因交变的磁场 H 的样品中产生交变的磁感应强度 B，则

$$E_2 = N_2 \frac{\mathrm{d}Q}{\mathrm{d}t} = N_2 S \frac{\mathrm{d}B}{\mathrm{d}t}$$

式中，$S\left(S = \frac{(D_2 - D_1)h}{2}\right)$ 为环式样的截面积。设磁环厚度为 h，则

$$U_Y = U_C = \frac{Q}{C} = \frac{1}{C}\int I_2 \mathrm{d}t = \frac{1}{CR_2}\int E_2 \mathrm{d}t = \frac{N_2 S}{CR_2}\int \mathrm{d}B = \frac{N_2 S}{CR_2} B \tag{3-35-4}$$

式（3-35-4）表明，接在示波器 Y 轴输入的 U_Y 正比于 B。

R_2C 构成的电路在电子技术中称为积分电路，表示输出的电压 U_C 是感应电动势 E_2 对时间的积分。为了如实地绘出磁滞回线，要求：

（1）$R_2 >> \frac{1}{2\pi f C}$；

（2）在满足上述条件下，U_C 振幅很小，不能直接绘出大小适合需要的磁滞回线。为此，需将 U_C 经过示波器 Y 轴放大器增幅后输至 Y 轴偏转板上。这就要求在实验磁场的频率范围内，放大器的放大系数必须稳定，不会带来较大的相位畸变。事实上示波器难以完全达到这个要求，因此在实验时经常会出现畸变。观测时将 X 轴输入选择“AC”，Y 轴输入选择“DC”档，并选择合适的 R_1 和 R_2 的阻值，可避免这种畸变，得到最佳磁滞回线图形。

这样，在磁化电流变化的一个周期内，电子束的径迹描出一条完整的磁滞回线。适当调节示波器 X 和 Y 轴增益，再由小到大调节信号发生器的输出电压，即能在屏上观察到由小到大扩展的磁滞回线图形。逐次记录其正顶点的坐标，并在坐标纸上把它连成光滑的曲线，就得到样品的基本磁化曲线。

【实验内容】

实验前先熟悉实验的原理和仪器的构成。使用仪器前先将信号源输出幅度调节旋钮逆时针旋到底（多圈电位器），使输出信号为最小。

标有红色箭头的线表示接线的方向，样品的更换是通过换接接线来完成的。

注意：由于信号源、电阻 R_1 和电容 C 的一端已经与地相连，所以不能与其他接线端相连接，否则会短路信号源、U_R 或 U_C，从而无法正确完成实验。

（一）显示和观察 2 种样品在 25Hz、50Hz、100Hz、150Hz 交流信号下的磁滞回线图形

1. 按图 3-35-6 所示的原理线路接线。

1）逆时针调节幅度调节旋钮到底，使信号输出最小。

2）调示波器显示工作方式为 X-Y 方式，即图示方式。

3）示波器 X 输入为 AC 方式，测量采样电阻 R_1 的电压。

4）示波器 Y 输入为 DC 方式，测量积分电容的电压。

5）选择样品 1 先进行实验。

6）接通示波器和 DH4516C 型动态磁滞回线实验仪电源，适当调节示波器辉度，以免荧光屏中心受损。预热 10min 后开始测量。

2. 示波器光点调至显示屏中心，调节实验仪频率调节旋钮，频率显示窗显示 50.00Hz。

3. 单调增加磁化电流，即缓慢顺时针调节幅度调节旋钮，使示波器显示的磁滞回线上 B 值增加缓慢，达到饱和。改变示波器上 X、Y 输入增益段开关并锁定增益电位器（一般为顺时针到底），调节 R_1、R_2 的大小，使示波器显示出典型美观的磁滞回线图形。

4. 单调减小磁化电流，即缓慢逆时针调节幅度调节旋钮，直到示波器最后显示为一点，位于显示屏的中心，即 X 和 Y 轴线的交点，如不在中间，可调节示波器的 X 和 Y 位移旋钮。

5. 单调增加磁化电流，即缓慢顺时针调节幅度调节旋钮，使示波器显示的磁滞回线上 B 值增加缓慢，达到饱和，改变示波器上 X、Y 输入增益波段开关和 R_1、R_2 的值，示波器显示典型美观的磁滞回线图形。磁化电流在水平方向上的读数为（-5.00，+5.00）格。

6. 逆时针调节（幅度调节旋钮到底），使信号输出最小，调节实验仪频率调节旋钮，频率显示窗分别显示 25.00Hz、100.0Hz、150.0Hz，重复上述 3~5 的操作，比较磁滞回线形状的变化。表明磁滞回线形状与信号频率有关，频率越高磁滞回线包围面积越大，用于信号传输时磁滞损耗也大。

7. 换实验样品 2，重复上述 2~6 步骤，观察 25.00Hz、50.00Hz、100.0Hz、150.0Hz 时的磁滞回线，并与样品 1 进行比较。

（二）测磁化曲线和动态磁滞回线，用样品 1 进行实验

1. 在实验仪上接好实验线路，逆时针调节幅度调节旋钮到底，使信号输出最小。将示波器光点调至显示屏中心，调节实验仪频率调节旋钮，频率显示窗显示 50.00Hz。

2. 退磁。

1）单调增加磁化电流，即缓慢顺时针调节幅度调节旋钮，使示波器显示的磁滞回线上 B 值增加变得缓慢，达到饱和。改变示波器上 X、Y 输入增益段开关和 R_1、R_2 的值，示波器

显示典型美观的磁滞回线图形。磁化电流在水平方向上的读数为（-5.00，+5.00）格，此后，保持示波器上 X、Y 输入增益波段开关和 R_1、R_2 值固定不变并锁定增益电位器（一般为顺时针到底），以便进行 H、B 的标定。

2）单调减小磁化电流，即缓慢逆时针调节幅度调节旋钮，直到示波器最后显示为一点，位于显示屏的中心，即 X 和 Y 轴线的交点，如不在中间，可调节示波器的 X 和 Y 位移旋钮。实验中可用示波器 X、Y 输入的接地开关检查示波器的中心是否对准屏幕 X、Y 坐标的交点。

3. 测量磁化曲线（即测量大小不同的各个磁滞回线的顶点的连线）。

单调增加磁化电流，即缓慢顺时针调节幅度调节旋钮，磁化电流在 X 方向读数为 0、0.20、0.40、0.60、0.80、1.00、2.00、2.50、3.00、4.00、5.00（单位为格），记录磁滞回线顶点在 Y 方向上读数如表3-35-1所示，单位为格，磁化电流在 X 方向上的读数为（-5.00，+5.00）格时，示波器显示典型美观的磁滞回线图形。此后，保持示波器上 X、Y 输入增益波段开关和 R_1、R_2 值固定不变并锁定增益电位器（一般为顺时针到底），以便进行 H、B 的标定。

表3-35-1 磁化曲线测量

序号	1	2	3	4	5	6	7	8	9	10	11	12
X/格	0	0.20	0.40	0.60	0.80	1.00	1.50	2.00	2.50	3.00	4.00	5.00
Y/格												

4. 测量动态磁滞回线。

在磁化电流 X 方向上的读数为（-5.00，+5.00）格时，记录示波器显示的磁滞回线在 X 坐标为 5.00、4.00、3.00、2.00、1.00、0、-1.00、-2.00、-3.00、-4.00、-5.00（单位为格）时相对应的 Y 坐标，在 Y 坐标为 4.00、3.00、2.00、1.00、0、-1.00、-2.00、-3.00、-4.00（单位为格）时相对应的 X 坐标，如表3-35-2所示。

表3-35-2 磁滞回线测量

X/格	Y/格	X/格	Y/格
5.00		-5.00	
4.00		-4.00	
3.00		-3.00	
2.00		-2.00	
1.00		-1.00	
0		0	
-0.30		0. 40	
-1.90		1.90	
-2.00		2.00	
-2.40		2.25	
-2.60		2.40	
-2.65		2.62	
-2.70		2.67	
-2.95		2.95	
-3.00		3.00	
-4.00		4.00	
-5.00		5.00	

显然 Y 最大值对应饱和磁感应强度 B_s。

$X=0$，Y 读数对应剩磁 B_r；$Y=0$，X 读数对应矫顽力 H_c。

5. 作磁化曲线。

由前所述 H、B 的计算公式为

$$H=\frac{N_1 S_X}{LR_1}X$$

$$B=\frac{R_2 C S_Y}{N_2 S}Y$$

上述公式中，2 种铁心实验样品和实验装置参数如下：

$L=0.130\text{m}$，$S=1.24\times10^{-4}\text{m}^2$，$N_1=100\text{T}$，$N_2=100\text{T}$，$R_1$、$R_2$值根据仪器面板上的选择值计算。$C=1.0\times10^{-6}\text{F}$，其中 L 为铁心实验样品平均磁路长度；S 为铁心实验样品截面积；N_1为磁化线圈匝数；N_2为副线圈匝数；R_1为磁化电流采样电阻，单位为 Ω；R_2为积分电阻，单位为 Ω；C 为积分电容，单位为 F。S_X为示波器 X 轴灵敏度，单位 V/格；S_Y为示波器 Y 轴灵敏度，单位 V/格；所以得到一组实测的磁化曲线数据，整理如表 3-35-3 所示，其中 X 轴灵敏度为 0.1V/格，Y 轴灵敏度为 20mV/格。

表 3-35-3　磁化曲线数据　　$R_1=3\Omega$　$R_2=60\text{k}\Omega$

序号	1	2	3	4	5	6	7	8	9	10	11	12
X/格	0	0.20	0.40	0.60	0.80	1.00	1.50	2.00	2.50	3.00	4.00	5.00
H/(A/m)												
Y/格	0	0.21	0.45	0.95	1.40	2.00	2.95	3.20	3.40	3.55	3.75	3.84
B/mT												

磁滞回线数据整理如表 3-35-4 所示。

表 3-35-4　磁滞回线数据

X/格	H/(A/m)	Y/格	B/mT	X/格	H/(A/m)	Y/格	B/mT
5.00		3.84		-5.00		-3.85	
4.00		3.75		-4.00		-3.74	
3.00		3.62		-3.00		-3.62	
2.00		3.45		-2.00		-3.45	
1.00		3.30		-1.00		-3.32	
0		3.10		0		-3.15	
-0.30		3.00		0.40		-3.00	
-1.90		2.00		1.90		-2.00	
-2.00		1.80		2.00		-1.75	
-2.40		1.00		2.25		-1.00	
-2.60		0		2.50		0	
-2.65		-1.00		2.62		1.00	
-2.70		-2.00		2.67		2.00	
-2.95		-3.00		2.95		3.00	
-3.00		-3.10		3.00		3.05	
-4.00		-3.70		4.00		3.68	
-5.00		-3.85		5.00		3.84	

显然 B 最大值对应饱和磁感应强度 $-B_s=-372.3\text{mT}$、$B_s=371.3\text{mT}$。

$H=0$ 时，B 读数对应剩磁 $-B_r=-299.7\text{mT}$、$B_r=304.6\text{mT}$。

$B=0$ 时，H 读数对应矫顽力 $-H_c=-66.67\text{A/m}$、$H_c=64.10\text{A/m}$。

6. 换一种实验样品进行上述实验。

7. 改变磁化信号的频率，进行上述实验。

【数据处理】

1. 根据表3-35-3的数据计算出相应的 H、B 的值。

2. 由表3-35-3作 B-H 磁化曲线图（参考曲线见图3-35-8）。

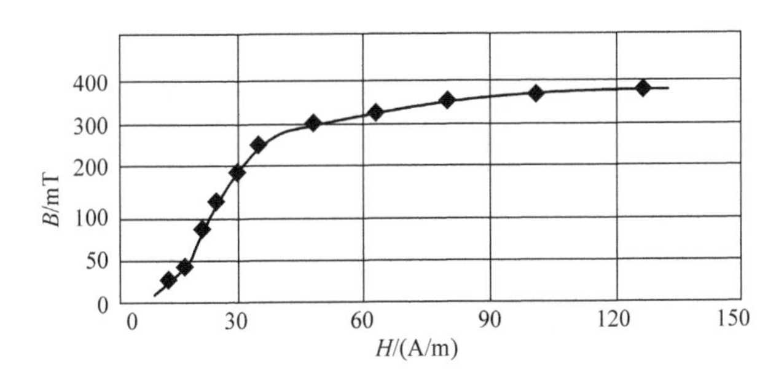

图3-35-8 B-H 磁化曲线

3. 根据表3-35-4的数据整理绘制出 B-H 磁滞回线图（参考曲线见图3-35-9）。

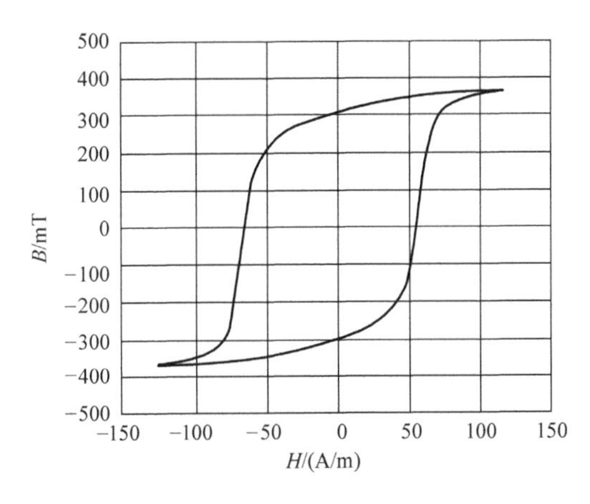

图3-35-9 B-H 磁滞回线

【注意事项】

1. 示波器使用前一定要提前校准。

2. 使用仪器前先将信号源输出幅度调节旋钮逆时针旋到底（多圈电位器），使输出信号为最小。

【预习思考题】

1. 什么是磁滞和磁滞回线现象？
2. 用示波法测绘基本磁化曲线和磁滞回线的优点是什么？

【讨论题】

1. 矫顽力的大小为什么可以作为铁磁材料分类的重要指标？
2. 为什么说磁化曲线和磁带回线是铁磁材料的重要特性，也是设计电磁机构作仪表的重要依据之一？

实验 36　物理演示实验

【实验目的】

通过本实验使学生掌握实验现象的物理原理，同时对相关的知识产生感性的认识，提高学生学习大学物理的兴趣。

【实验仪器】

力学组合教具、热学组合教具、电磁学组合教具、光学组合教具等。

【实验方法】

由教师演示并讲解，寓教于乐，提高学生学习兴趣。

【实验内容】

本演示实验共收集力、热、电、光等演示实验共 44 个。

1. 力学部分（共 13 个）

（1）驻波演示实验。

实验目的：

1）演示驻波的形成及特征。

2）演示固定端形成驻波波节。

实验装置：如图 3-36-1 所示。

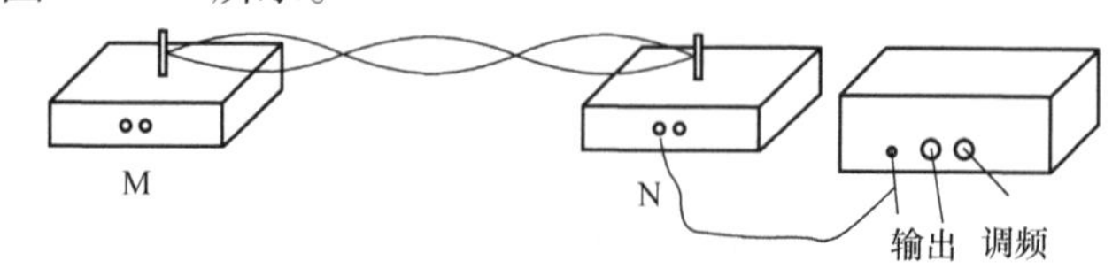

图 3-36-1　驻波演示实验装置图

（2）上滚摆演示仪。

实验装置：如图 3-36-2 所示。

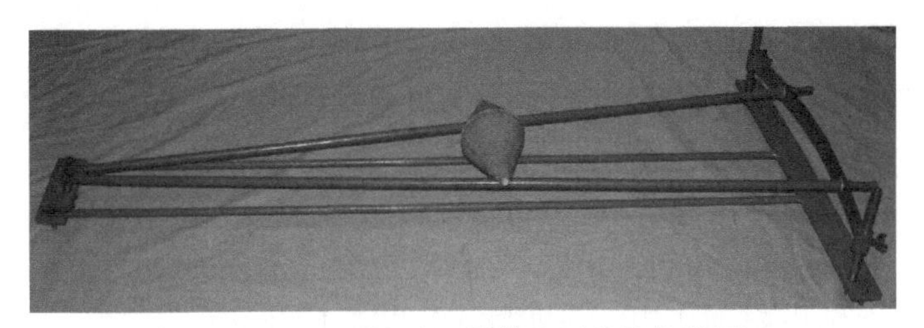

图 3-36-2 可调式双锥体上下爬坡仪装置

实验目的：学生通过观察与思考双锥体沿斜面轨道上滚的现象，加深了解在重力场中，物体总是降低重心，趋于稳定的规律。如图 3-36-3 所示，沈阳怪坡正对大山，视觉上外高里低，而实际里高外低。在让人产生视觉误差的参照环境中，大山起了最主要的作用。

（3）笛卡儿沉浮子。

实验目的：定性观察阿基米德原理——物体在液体中所受浮力的大小，等于所排开液体的重量。

实验装置：如图 3-36-4 所示。

图 3-36-3 沈阳怪坡

图 3-36-4 笛卡儿沉浮子

（4）角动量守恒。

实验目的：定性观察合外力矩为零的条件下，物体角动量守恒。

实验装置：如图 3-36-5 所示。

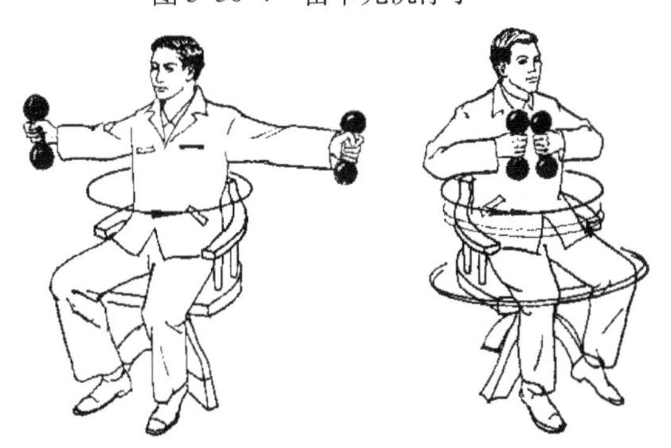

图 3-36-5 角动量守恒演示

演示方法：演示者坐在可绕竖直轴自由旋转的椅子上（不要用竖直轴上有螺旋的转椅，以免急进旋转后椅座脱落，发生危险），手握铁哑铃（也可徒手握拳），两臂平伸，在他人的帮助下使转椅转动起来，然后收缩双臂，可看到人和凳的转速显著加大。两臂再度平伸，转速复又减慢（回到初始的转速）。这是因为绕固定轴转动的物体的角动量等于其转动惯量与角速度的乘积，而外力矩等于零时，角动量守恒。当人收缩双臂时，转动惯量减小，因此角速度增加。

注意事项：人坐在转椅上时一定要使自己的重心放在转椅的转动轴上。

（5）陀螺式回转效应演示。

实验目的：演示陀螺的回转效应、回转力矩及其应用。

实验方法：右手握住车轮的手柄，左手旋转钢车轮，使其高速旋转起来。然后左手握住车轮另一侧“手柄”。双手握住“手柄”后，将车轮放在胸前使其转动（左右手不同步前后移动）。我们可观察到钢车轮并没有沿手动方向移动，而是产生回转效应。车轮在产生回转效应时，对轮轴（手握处）会产生一个附加压力。如图 3-36-6 所示，在快速转动的刚体上，回转效应会产生回转力矩，给刚体转轴以附加压力。在实际中，我们应注意刚体回转效应时所产生的回转力矩。

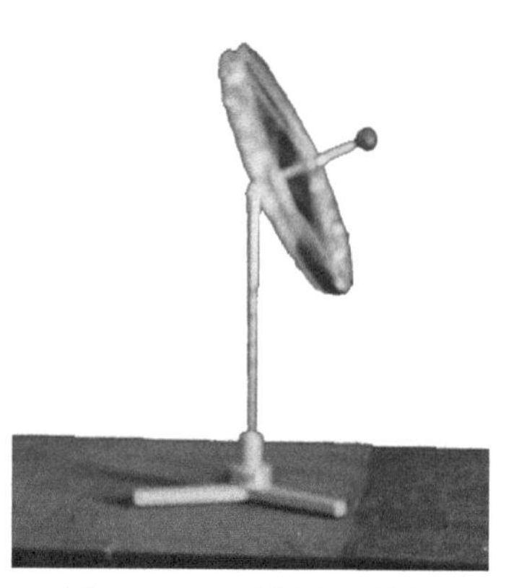

图 3-36-6　陀螺式回转仪

（6）声聚焦。

实验目的：了解凹面镜的聚焦原理。

实验方法：让一个人站在大圆盘的前面，通过小圆孔（焦点位置离凹球面中心约 32cm 处）轻轻地说话，另一个人可在另一个大圆盘的小圆孔附近听到说话的声音。

（7）鱼洗铜盆。

实验原理：当摩擦鱼洗的双耳时，鱼洗周壁会发生激烈振动，鱼洗底部则由于紧靠桌垫而不发生振动。鱼洗的振动如同圆形钟一样，都属于对称的壳体振动。手摩擦鱼洗的双耳，赋予鱼洗振动的能量。在鱼洗周壁对称振动的拍击下，鱼洗里的水发生相应的谐和振动。在鱼洗的振动波腹处，水的振动也最强烈，不仅形成水浪，甚至喷出水珠；在鱼洗的振动波节处，水不发生振动，浪花、气泡和水珠都停在不振动的水面波节线上。因此，在观赏鱼洗喷水表演时，看到鱼洗水面会有美丽水花和喷射飞溅的水珠。

图 3-36-7　鱼洗铜盆

实验方法：在鱼洗铜盆中装入 4/5 的水，把手洗干净，浸湿双手，有节奏地摩擦铜盆的双耳，观察水波的振动，盆中水面有四处上溅的水花，同时听到嗡嗡声。改变摩擦的频率，盆中水面会有六处出现上溅的水花。

实验装置：如图 3-36-7 所示。

（8）混沌摆。

实验方法：实验者用手轻轻转动丁字形的大摆，使之偏离平衡状态，静止后释放，整个系统运动起来，丁字形大摆带动位于三个顶点的小摆随之摆动，并因相互影响而呈现出摆动或转动的不规则状态，即使重复操作多次，也难以达到相同的运动状态。这种由确定性系统产生的不规则状态称为混沌状态。

实验装置：如图 3-36-8 所示。

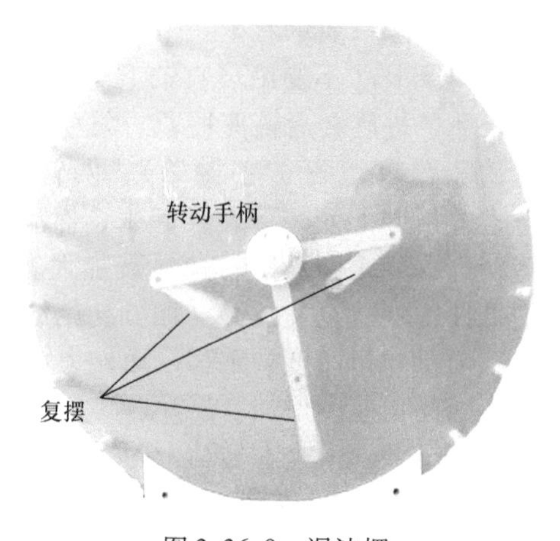

图 3-36-8　混沌摆

（9）吹硬币入杯实验。

实验目的：用硬币测吹气的速率。

实验装置：硬币、塑料杯、游标卡尺、托盘

天平。

实验方法：取一枚硬币（各种面值均可）放在普通的桌面上，使它离开桌边约3cm，然后将一只塑料杯斜放在离硬币约4cm处，如图3-36-9所示，再用嘴在硬币上表面的左边，沿水平方向用力吹气，此时硬币会突然跳起，被气流吹向前方的塑料杯内。

实验原理：是什么使硬币被抛入塑料杯内？我们知道，硬币上表面的气流速度较快，而硬币下表面和桌子之间的空气是相对静止的，即硬币下表面的空气流速几乎为零。由于硬币上、下表面的空气流速不一样，便会在硬币上下表面之间产一个压强差Δp。当吹气的速度较大时，该压强差就会在硬币的上下表面形成一个较大的向上的压力，当此压力大于硬币的重量时，可以使硬币做向上的运动。当硬币上跳到空中时，就会被嘴吹出的气流送向前方的塑料杯内。硬币上下的压强差$\Delta p=\frac{1}{2}\rho v^2$，其中$\rho$为空气密度，$\rho=1.29\text{kg/m}^3$；$v$为吹气的速率。

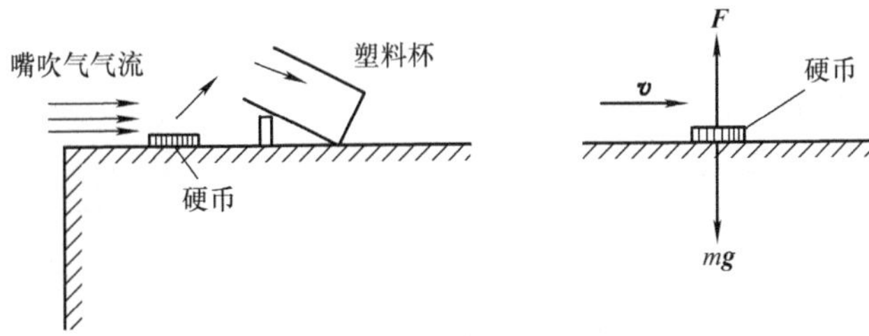

图3-36-9 实验原理图

（10）牛顿碰撞球实验。

牛顿碰撞球通常是由五个质量相同，而且可视为理想弹性体的钢球组成（五个双线摆组成，球与球之间接触但没有挤压力），如图3-36-10所示。

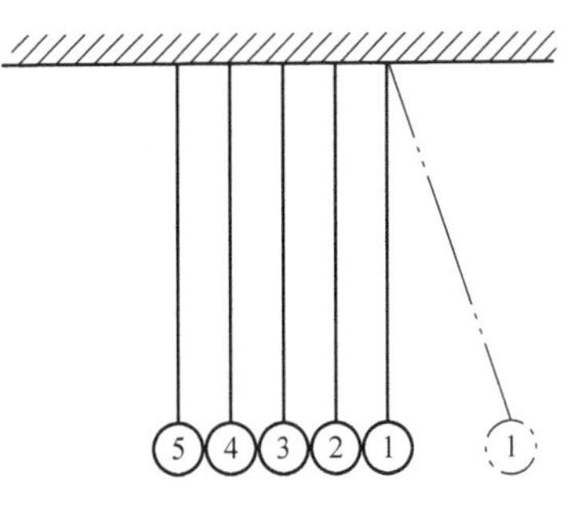

图3-36-10 混合联珠碰撞

演示实验1：将1号球向右拉开一定角度（保持其余4球不动），释放1号球，1号球与2号球碰撞，结果是5号球被弹起，其余4球静止不动，这与两个相同的小球对心碰撞的结果相似。

演示实验2：拓展该实验，拉起1、2号球并同时释放（保持两球接触），碰撞的结果是4、5号球同时被弹起（弹起的高度相同），1、2、3号球不动。类似地拉开右边三个球、四个球，当它们发生碰撞时，只有左边三个球、四个球同时向左被弹起，剩下右边的两个球、一个球保持不动。

（11）惯性实验。

实验目的：培养学生的实验技巧，使之真正领悟到惯性的本质。

实验方法：在一个玻璃瓶口的上方直立一个绣花撑子，再在绣花撑子上直立一根粉笔，如图3-36-11所示，然后用手将绣花撑子快速移开，粉笔在惯性的作用下，落入玻璃瓶中。

（12）反射神经时间测定。

实验目的：学会利用自由落体的运动规律，测定人的反应时间。

实验方法：教师用右手持反射神经测定器的上部，用左手遮挡右手，学生用一只手张开拇指和食指，放在测定器的0刻度线处，准备随时抓住下落的纸板，当看到纸板下落时用手

捏住纸板，并读取所抓部位的数据，即为人的反应时间。

(13) 普氏摆。

实验目的：了解一个与物理学、生理学、心理学密切相关的现象。

实验装置：如图3-36-12所示。

实验方法：从右侧面的小孔处用手让单摆球1在竖直平面内摆动起来，观察者在正前方50cm左右处，戴上一副特制的眼镜（左镜的透光率为右镜的0.9倍），张开双眼，通过眼镜可观察到小球做椭圆运动。小球可绕过金属立柱2运动。

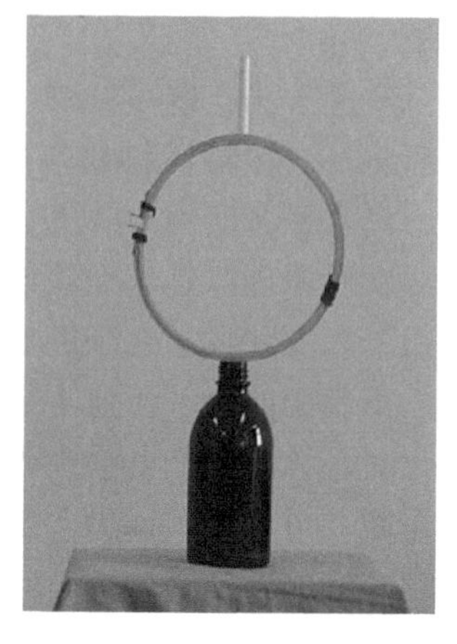

图3-36-11　惯性实验

2. 热学部分（共6个）

(1) 太阳能电池。

实验目的：通过太阳能板观察太阳能转换为电能和机械能的现象。

实验方法：用灯照射太阳能板，把开关拨到小灯泡一侧，观察小灯泡发光。再拨到电动机一侧，观察叶片能否转动。

(2) 走马灯。

实验目的：使学生了解空气热动力学的原理。

实验原理：走马灯，又名马骑灯，是中国传统玩具，内部点上灯，灯产生的热量造成气流，使轮轴转动。轮轴上有剪纸，烛光将剪纸的影投射在屏上，图像便不断走动。

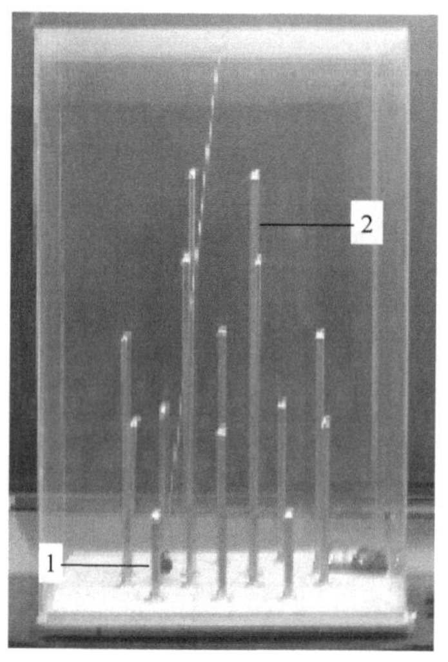

图3-36-12　普氏摆

(3) 绝热膨胀演示。

实验目的：演示气体绝热膨胀时，温度降低。

实验方法：取一个空的饮料瓶，放入少量水，吹入少量的烟雾（以看不出烟雾为好），拧紧瓶盖，用手握紧饮料瓶，然后突然松开。此为绝热膨胀过程，我们可以看到，由于体积膨胀，使瓶内温度降低，水分子会凝成水滴，附着在烟雾的小颗粒上，从而形成水雾。

(4) 内聚力演示。

实验目的：使学生通过实验了解内聚力的意义。

实验原理：内聚力是指同种物质内部相邻各部分之间的相互吸引力，这种相互吸引力是同种物质分子之间存在分子力的表现。只有在各分子十分接近时（距离小于10^{-6}cm）时才会显示出来。

(5) 光压叶片热机。

实验目的：了解一种辐射热机的结构。

仪器结构：在真空的玻璃容器中，用细针支撑起一个极轻悬挂体，其上固定着四个轻的叶片，每个叶片的颜色是一面黑，一面白，如图3-36-13所示。

实验方法：用强光照射，叶片就会开始转动（转动方向俯视为逆时针）。

(6) 利用肥皂膜演示。

a)

b)

图 3-36-13 光压叶片热机

肥皂液的配制方法：配制肥皂液很容易，用自来水加入高泡沫洗衣粉，比洗衣服的水浓度稍浓一些即可，再加入少量的甘油，只要能使铁丝框拉出的肥皂膜能够保持较长时间就可以。若效果不好，可加一些洗洁精。

可演示的实验项目有：

1）演示振动和驻波的实验；

2）演示表面张力现象；

3）演示最小能量原理。

3. 电磁学部分（共16个）

（1）摩擦起电。

实验目的：演示起电盘被带电体感应而起电的现象。

实验装置：长方形有机玻璃板一块、带绝缘柄的金属板（起电盘）一个、20cm × 20cm丝绸一块，如图 3-36-14 所示。

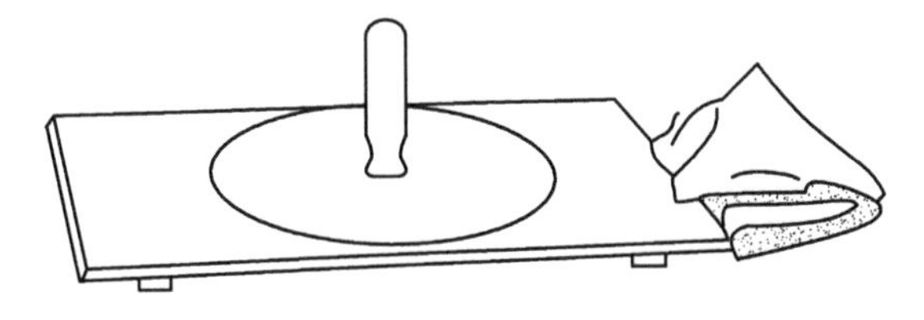

图 3-36-14 起电盘

演示方法：

1）用一块干净的丝绸急促地摩擦有机玻璃板，此时板上带正电。

2）将起电盘置于有机玻璃板的上方，如图 3-36-14 所示。虽然起电盘与有机玻璃板相接触，但两个面不会是完全密合的，仅有少数点相接触，因此电荷的转移不是主要的，主要的仍是感应起电。由于起电盘与有机玻璃板靠得很近，感应现象十分显著。

3）用手触摸起电盘，这时人会感觉到轻微的电击。这是由于起电盘的正电荷所产生的电压较高，人作为导体而使起电盘与大地放电的结果。放电后，起电盘上的正电荷消失。

4）把手移走，把起电盘提起。此时起电盘带负电。将这个起电盘与大型静电计接触，则能看到静电计会张开一定的角度。起电盘所带电荷可用于静电屏蔽实验。

（2）带电体相互作用。

实验目的：

1）演示带电体间的相互作用力；

2）演示自由电荷与束缚电荷不能中和，而自由电荷与自由电荷却可以中和。

实验装置：如图 3-36-15 所示。

演示方法：

1）将高压电源的正负高压输出端分别与金属圆板相接，改变低压直流电源输出电压的大小，就可观察到两极板间吸引力随带电量的增加而增加，当两圆板间的电压增大到一定值时将产生放电现象使上板振动起来。

2）在两极板间插入一块导电板，同样可观察到上述现象。

3）在两极板间插入一块绝缘板，这时上极板吸附在绝缘板上不再分开。

（3）静电屏蔽。

实验目的：本实验用金属丝笼演示静电屏蔽现象。

实验装置：如图 3-36-16 所示。

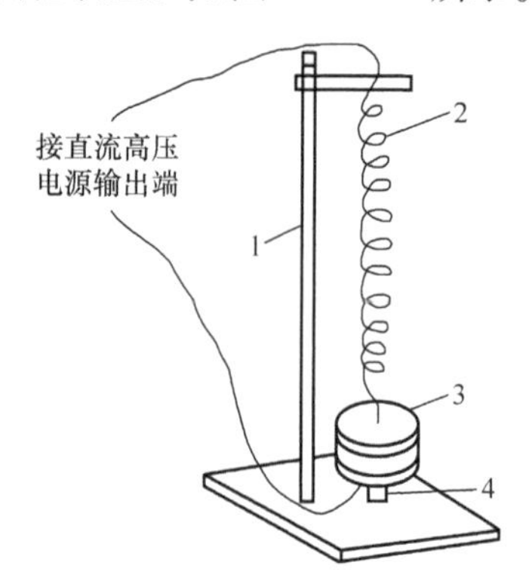

图 3-36-15　带电体相互作用演示

图 3-36-16　静电屏蔽演示

实验方法：用带丝须的金属丝笼将验电器罩起来，让它带电可以看到笼内的验电器金箔合拢，而且笼内丝须不张开，而笼外的丝须张开，说明笼内电场为零，笼的内表面电荷分布为零，由此可见金属笼的屏蔽作用。

（4）有机玻璃棒吸引木棒、橡胶棒、铁棒。

实验目的：使学生了解带电物体吸引轻小物体的原因。

实验装置：有机玻璃棒、丝绸、墨水瓶、木棒、橡胶棒、铁棒。

实验方法：把墨水瓶放在桌子上，分别将木棒、橡胶棒、铁棒置于墨水瓶盖上，使之保持水平。然后用经过丝绸摩擦后的有机玻璃棒分别去接近木棒、橡胶棒、铁棒。这时会发现木棒、橡胶棒、铁棒会受到有机玻璃棒的吸引。

（5）法拉第冰桶。

实验目的：了解静电平衡的条件。

1）在导体空腔（即法拉第冰桶）中悬放一个带电体后，导体空腔的内、外表面被感应出等量异号电荷。

2）导体空腔带电后（腔内没有其他带电体），在静电平衡下电荷仅分布在外表面上。

实验装置：法拉第冰桶（带有圆孔直径 $d=2\text{cm}$ 的圆柱形导体空腔）、有机玻璃板一块、带绝缘柄的金属小球（小球直径 $d<2\text{cm}$），如图3-36-17所示。

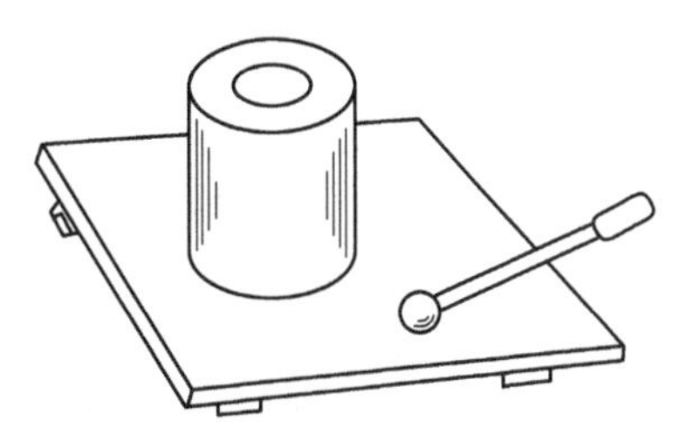

图3-36-17 法拉第冰桶实验

实验方法：

1）用导线将法拉第冰桶与验电器相接。将带绝缘柄的金属小球与起电机的正极（或负极）接触，使之带有正电（或负电），然后将它放进冰桶里，但不要与之接触。这时验电器的箔片张开，将带电小球从冰桶中取出（注意不要与冰桶接触），验电器的箔片重新闭合。

2）将带有正电（或负电）的金属小球放在法拉第冰桶中，并与其内壁接触，这时验电器的箔片张开，然后将小球从冰桶中取出，验电器的箔片张角不变。或者将法拉第冰桶直接与静电起电机相接，再用带绝缘柄的金属小球去接触冰桶的内表面，然后再与验电器顶板接触，验电器的箔片不张开。如果金属球与冰桶外表面接触，再与验电器顶板接触，则验电器的箔片张开。

以上现象说明：当带电导体腔内没有其他带电体时，在静电平衡下，电荷只分布在导体的外表面。

（6）避雷针工作原理。

演示方法：

1）将图3-36-18中绝缘支架上的两个金属平板与起电机的两极相接（上极板接负高压，而下极板接正高压效果最明显）。调整尖端物体、球形物体与上极板的距离，尖端物体稍高一些。

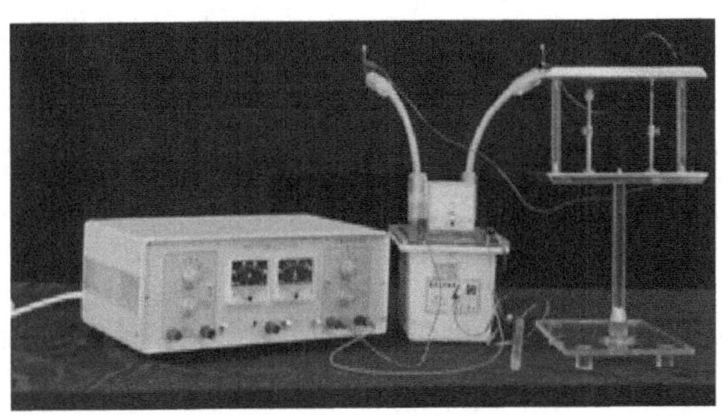

图3-36-18 避雷针实验

2）摇动起电机，当极板间电压超过21kV时，尖端物体与上板间形成火花而放电。放电后，极板间电压消失，复又被起电机充电。上述过程重复出现，在尖端物体与上板之间形成断续火花放电，可听到噼啪声，并看到跳动的火花。

（7）静电撞球。

实验目的：演示电荷的相互作用及静电感应现象。

实验装置：如图3-36-19所示。

演示方法：按图将①、②圆盘分别接在直流高压电源的正、负高压输出端，这时乒乓球③做往返运动，敲击两极板发出声响。将①板接正高压输出端，用导线将②板与地连接

（接地），同样出现上述现象。

（8）电风吹焰。

实验目的：了解尖端放电现象。在带电导体尖端处，电荷面密度最大，因而附近的电场强度也最强，这样会导致空气电离，产生尖端放电现象。本实验用四种方法演示这一现象。

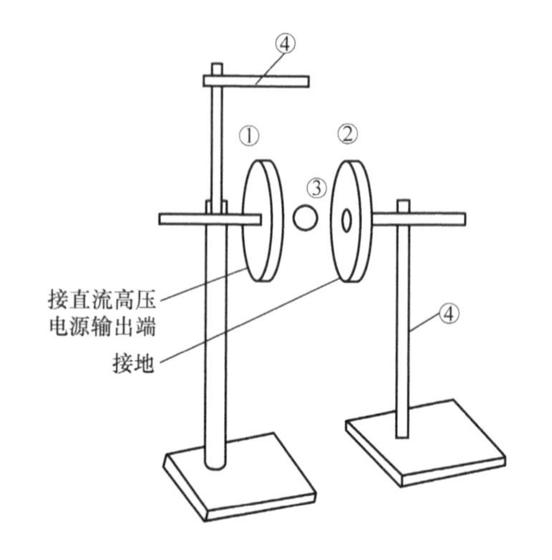

图 3-36-19　静电撞球演示

实验装置：高压直流电源、有机玻璃支架、蜡烛等，如图 3-36-20 所示。

实验方法：接通电源，使针形导体带电。由于导体尖端附近电场强度最强，在强电场的作用下，附近的空气中残存的离子发生加速运动，这些被加速的离子与空气分子相碰撞时，使空气中的分子电离，从而产生大量的离子。与尖端上电荷异号的离了，因受到吸引而趋向尖端，最后与尖端上的电荷中和；而与尖端上电荷同号的离子，则受到排斥而飞向远方形成“电风”，把附近的蜡烛火焰吹向一边甚至吹灭蜡烛火焰。

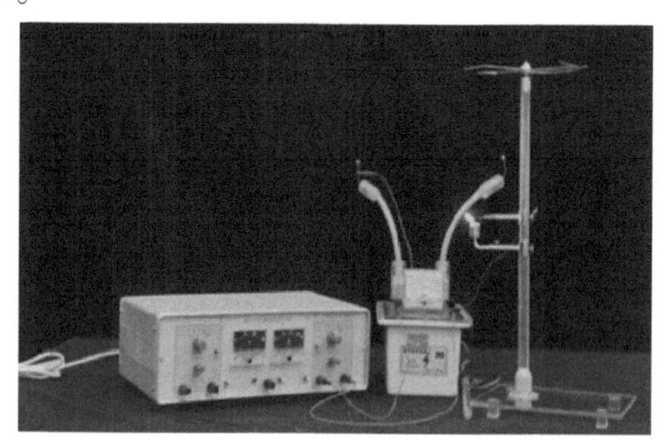
图 3-36-20　电风吹蜡烛、富兰克林轮实验

（9）富兰克林轮。

实验装置：如图 3-36-20 所示。

演示方法：

1）将高压直流电源的一个电极接在富兰克林转轮下方的金属支承轴上。

2）接通电源，与轮的尖端所带电荷同号的离子被排斥而飞向远方；与尖端所带电荷异号的离子被吸引而趋向尖端，并和尖端上的电荷中和。根据动量守恒，富兰克林轮将会沿着尖端指向相反的方向转动。

（10）辉光放电球。

实验目的：了解导体、电介质对电场的影响，了解辉光放电现象。

实验方法：把直流稳压电源接上，扳动开关 1 接通电源，球内会产生辐射状的辉光，如图 3-36-21 所示。然后用手轻触玻璃球，在手和球内电极之间会形成很强的放电通道，产生较强的辉光柱。

图 3-36-21　辉光放电球

（11）范氏起电机。

范氏起电机的结构，如图 3-36-22 所示。

电极球被高绝缘的有机玻璃筒支承，内有上、下两个辊，下辊与电动机相连，通过胶带带动上辊。开始时，上辊与胶带摩擦而产生的负电荷被上辊旁的集电梳收集，从而在电极球上蓄积起很高的电势。同时，胶带与上辊摩擦而产生的正电荷则由胶带送到下辊，被下辊旁的集电梳收集入地。而下辊产生的负电荷，由胶带运送到上辊，被集电梳所收集。如此循环地重复上述整个过程。

图 3-36-22　范氏起电机

(12) 高压带电作业。

实验目的：演示高压带电作业，用以说明电位与电位差。

实验装置：如图 3-36-23 所示。

演示方法：

1）将高压电塔模型上的输电线与静电高压电源相连，静电高压电源可用手摇静电起电机或电动范氏起电机。

2）打开高压电源开关，表演者手持与绝缘凳上的铝板连接的导线，赤脚站在高压绝缘凳上，将与绝缘凳上的铝板连接的导线挂钩靠近高压输电线，这时会看到有电火花出现，然后将挂钩挂在高压输电线上，于是表演者与高压线电位相同，这时表演者可以随意接触高压线进行不停电检修操作，这就是高压带电作业的原理。此时表演者与地之间有很大的电势差，表演者不可接触与地相连的人和导体。

图 3-36-23　高压带电作业演示实验

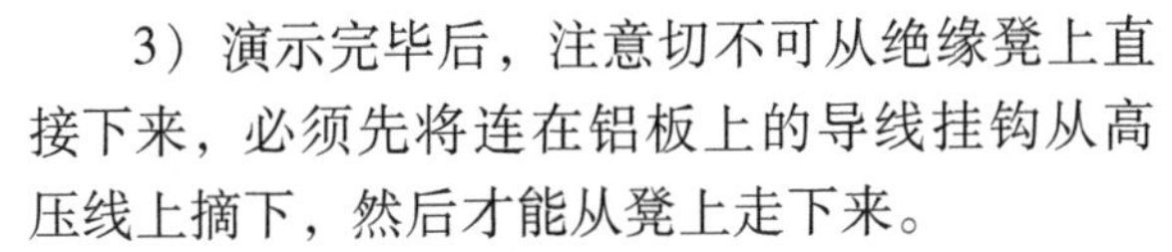

3）演示完毕后，注意切不可从绝缘凳上直接下来，必须先将连在铝板上的导线挂钩从高压线上摘下，然后才能从凳上走下来。

(13) 通断电自感。

实验目的：通过通电自感演示与断电自感演示，知道由于导体中自身电流的变化而产生电磁感应的现象称为自感现象。

实验装置：如图 3-36-24 所示。

实验方法：

1）通电自感现象。接通电源（直流 6V），将单刀双掷开关扳向通电自感位置，按下触点开关，调整可变电阻的阻值使两灯泡的亮度相同，即线圈的直流电阻值与变阻器的阻值相同。断开触点开关，重新按下触点开关，这时可以看到灯泡①逐渐亮，灯泡②立刻亮。稳定后两者亮度相同。

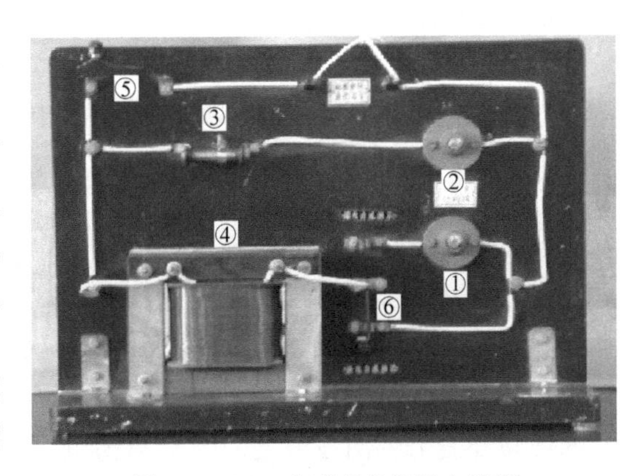

图 3-36-24　自感现象演示电路图

2）断电自感现象。首先，将单刀双掷开关扳向断电自感位置，按下触点开关，调整可变电阻的阻值使灯泡②的亮度较暗。然后，松开触点开关，这时会看到灯泡②并不立即熄灭，而是突然更亮一下，然后才熄灭。

(14) *RC* 暂态过程。

实验目的：

1）演示 *RC* 电路放电的时间常数；

2）演示电阻 *R* 及电容 *C* 的变化对时间常数的影响。

实验原理：通过调节电容 C 及电阻 R 的大小反映时间常数的大小。已充电的 RC 电路在放电时，电压随时间变化的关系为 $U(t)=Ee^{-\frac{t}{RC}}$。若 RC 电路的时间常数大，则灯泡亮的时间长，反之则短，灯泡亮的时间长短则直接反映了时间常数的大小。

实验装置：如图 3-36-25 所示。

实验方法：

1）演示电容 C 变化时的时间常数。

将 R 旋至最小，以保证继电器吸合，然后将 S_1 掷于 a 处充电，由于充电也需要时间，所以应保持一段时间，尤其是对大电容。当充电完成后将 S_1 掷于 b 处，进行放电。通过换接开关 S_2，从 1 号电容到 5 号电容，分别对其充放电（通过 S_1），观察灯泡发光的时间长短，可以看出电容越小，发光时间越短；电容越大，灯泡发光时间越长。此方法可以非常直观地反映时间常数的大小。

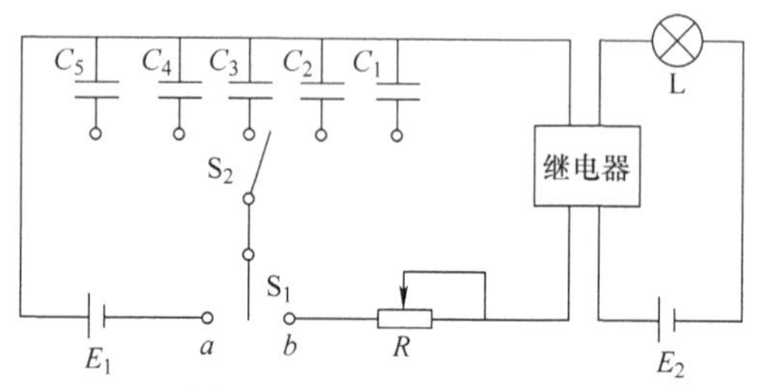

图 3-36-25　RC 暂态过程

2）演示电阻 R 变化时的时间常数。

选定一个电容，最好是一号电容（10000μF），改变阻值 R 的大小，对电容充放电。观察灯泡发光的时间长短，可以发现电阻越大，发光时间越长。但当电阻过大时，电阻分压过大，继电器则无法吸合，灯泡不发光。（若选电容小的，由于充电量少，放电时间短，继电器刚刚吸合，则放电完毕，观察不到灯泡发光）。注意，在放电开始前，应该先将电位器的阻值 R 调至最小，等灯泡发光后，再逐渐增大 R 以增加时间常数。

（15）电磁波的干涉、衍射、驻波演示。

实验目的：使学生掌握电磁波的干涉、衍射、驻波现象。

实验装置：电磁波的干涉、衍射、驻波仪，仪器包括电磁波发射器、接收器、接收振子，如图 3-36-26 所示。

实验方法：

1）电磁波的干涉和驻波。如果存在两个相干的振荡发射体，且发射体之间有一定的距离，则它们发射的电磁波就会产生干涉现象。用接收振子探测，就会观察到接收的电磁波信号在不同地点的强弱变化。图 3-36-26中的直射电磁波和反射电磁波相遇，它们相互干涉就形成了驻波，驻波具有明显的波腹和波节，两波节之间的距离为电磁波波长的 1/2，测量波节间距离即可测量出波长。

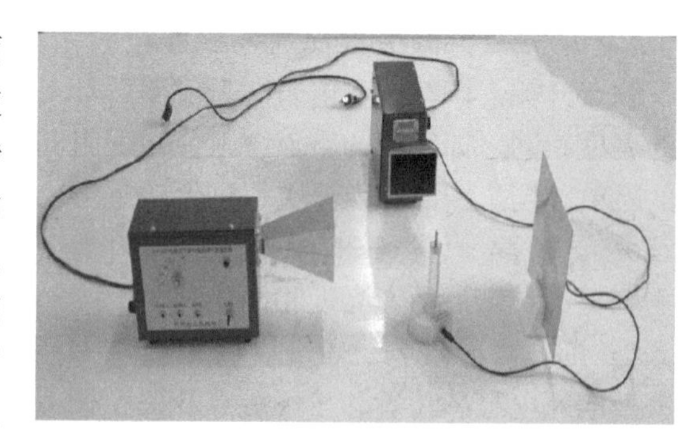

图 3-36-26　电磁波发射器、接收器、接收振子

2）电磁波的衍射。把一个物体放在电磁波的传播路径上时，就会引起部分电磁波传播方向的弯曲，这种现象称为衍射。实验时，在发射器的正前方放置一块金属板，接收振子在金属板后方移动，可接收到减弱了的电磁波信号。

（16）对比式楞次定律演示。

实验目的：通过直观的实验演示，加深学生对楞次定律的理解。

实验装置：如图 3-36-27 所示。

演示方法：左手持磁铁块，右手持铝块，分别从两个铝管的上端口同时释放。磁铁块在管 1 下落过程中，在铝管的管壁内产生横向流动的感生电流，根据楞次定律可知，感生电流总是反抗引起感生电流的原因，因此下落磁铁块将不断地受到磁场力的阻碍作用，而缓慢下降。铝块在铝管下落过程中，没有感生电流产生，所以不受电磁阻尼的作用，而以重力加速度 g（管壁的摩擦力和空气阻力很小忽略）匀加速快速下落。所以在两铝管下端开口处，可以比较磁块与铝块的下落先后。

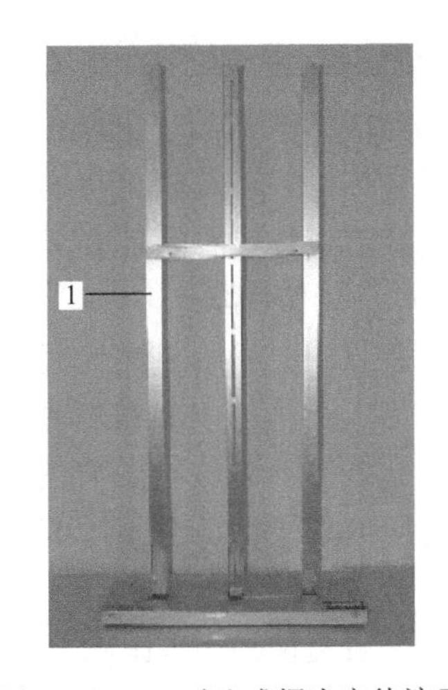

图 3-36-27 对比式楞次定律演示

4. 光学部分（共 9 个）

（1）窥视无穷。

实验目的：探究平面镜多次成像规律。

实验装置：如图 3-36-28 所示。

实验原理：观察窗口的一侧镶有半透半反玻璃，另一侧镶有反射镜，这样，二者都会对一个光点进行多次反射，在观察者看来，就会有许多个光点由近及远地排开。光点的颜色和运动是受电路控制的，因而增加了趣味性。

图 3-36-28 窥视无穷

（2）三维立体画。

三维立体画是利用人眼立体视觉现象制作的绘画作品。普通绘画和摄影作品，包括计算机制作的三维动画，只是运用了人眼对光影、明暗、虚实的感觉得到立体的感觉，而没有利用双眼的立体视觉，一只眼看和两只眼看都是一样的。充分利用双眼立体视觉的立体画，将使你看到一个精彩的世界。

1）立体视觉和立体画原理。人的双眼有一定距离，这就造成物体的影像在两眼中有一些差异，如图 3-36-29 所示，由于物体与眼睛的距离不同，两眼的视角会有所不同，再加上视角的不同所看到的影像也会有一些差异，所以大脑会根据这种差异感觉到立体的影像。

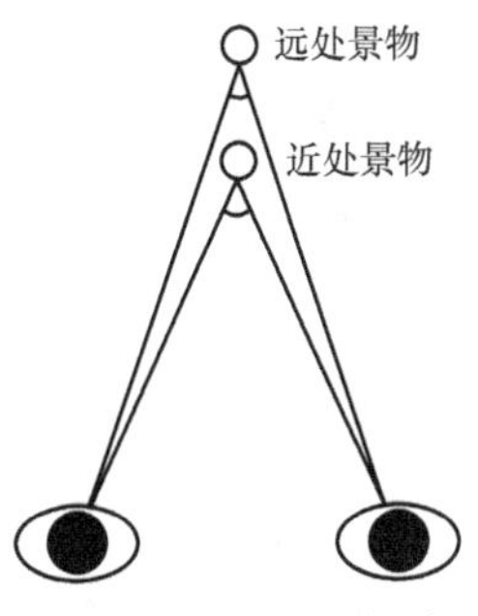

图 3-36-29 两眼视角

三维立体画就是利用这个原理，在水平方向生成一系列重复的图案，当这些图案在两只眼睛中重合时，就看到了立体的影像。让我们再看图 3-36-30，从中我们可以看到，重复图案的距离决定了立体影像的远近，生成三维立体画的程序就是根据这个原理，依据三维影像的远近，生成不同距离的重复图案。

2）立体画的观看。立体画有两种形式，第一种是由相同的图案在水平方向以不同间隔排列而成，看起来是远近不同的物体，如图 3-36-31 所示的立体画可用任意一种图像处理软件制作，如 Photoshop、Windows 画笔等；另一种立体画较复杂，在这种立体画上并不能直接看到物体的形象，画面上只有杂乱的图案，制作这样的立体画需要应用程序来设计制作。两种立体画的看法是一样的，原理都是使左眼看到左眼的影像，让右眼看到右眼的影像。具体

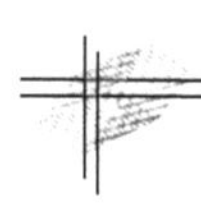

的方法是当你看立体画时，要想象你在欣赏玻璃橱窗中的艺术品，也就是说你不要看屏幕上的立体画，而是要把屏幕看成是玻璃橱窗中的玻璃，你要看的是玻璃之内的影像。

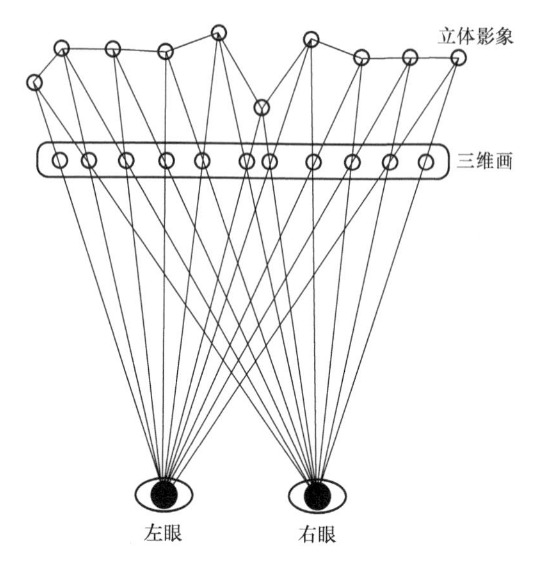

图 3-36-30　立体画的形成

（3）反射起偏。

实验目的：演示自然光经玻璃平面界面反射，当入射角等于布儒斯特角时，反射光束中的光振动（光波电磁波的电矢量）就没有平行于入射平面的分量，只有垂直于入射平面的分量，从而起到起偏的作用。可让学生建立反射起偏的物理图像。

实验仪器：平面玻璃起偏器、激光器。

实验光路图：如图 3-36-32 所示。

实验原理：当自然光倾斜地投射到两种介质（例如空气和玻璃）的分界面上时，反射光和透射（折射）光一般都是部分偏振光，如图 3-36-33a 所示，但入射角为布儒斯特角（由空气向玻璃入射约为 57°）时，反射光是线偏振光，透射光为部分偏振光，如图 3-36-33b所示。图中以短线表示平行于入射面的光振动，圆点表示垂直于入射面的光振动，圆点和短线的数量表示偏振程度。

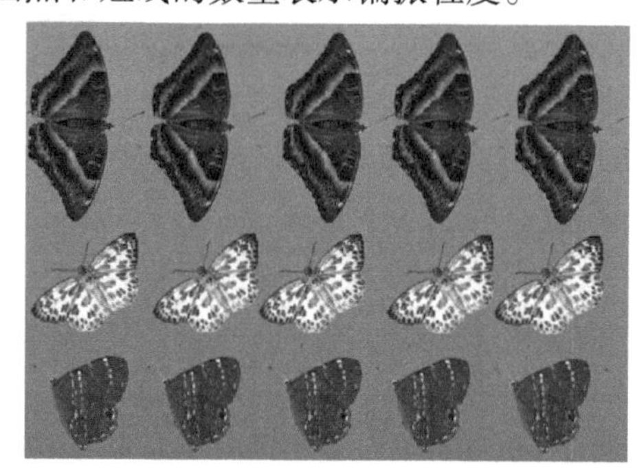

图 3-36-31　立体画

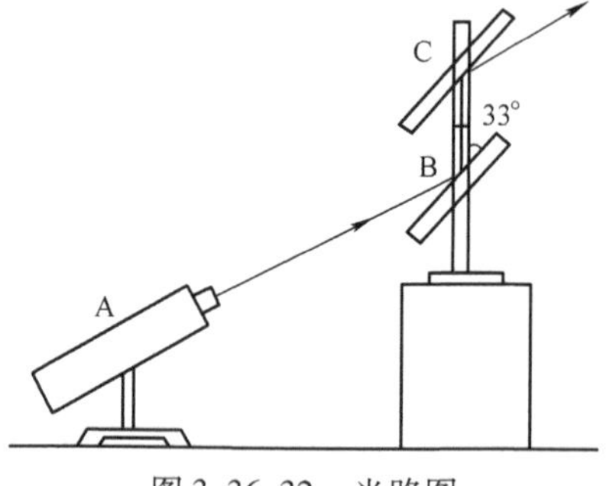

图 3-36-32　光路图

（4）显色起偏。

实验原理：在两偏振片间插入一块厚度为 d 的波晶片，三个元件的平面彼此平行，光线正入射到这一系统上。对于给定的波晶片，它具有一定的 n_o-n_e 和 d，如果某单色光的波长 λ_1 满足

$$\delta_1=\frac{2\pi}{\lambda_1}(n_o-n_e)d=2k\pi(k\text{ 为整数})$$

若此时两偏振片正交，则对 λ_1 的单色光消光；若两偏振片平行，则 λ_1

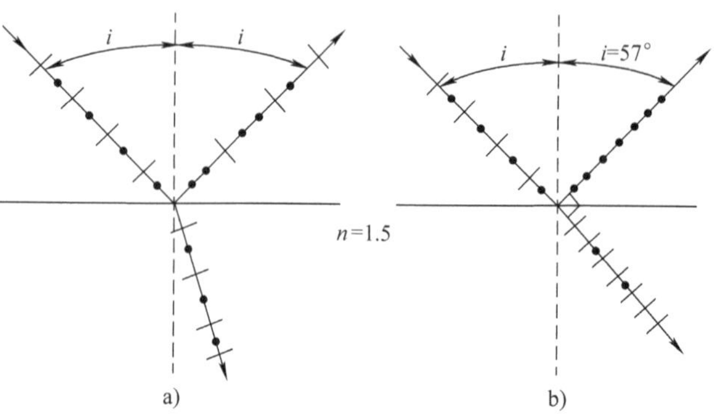

图 3-36-33　反射起偏原理图

的单色光光强最大。而对另外一种波长为 λ_2 的单色光，可能有

$$\delta_2=\frac{2\pi}{\lambda_2}(n_o-n_e)d=(2k+1)\pi \quad (k\text{ 为整数})$$

若此时两偏振片正交，对 λ_2 的单色光有最大的光强；若两偏振片相平行，则波长为 λ_2 的单色光消光。如果入射光中同时包含波长为 λ_1 和 λ_2 的光，则两偏振片正交时，显示出波长为 λ_2 的颜色；两者平行时，显示出波长为 λ_1 的颜色。

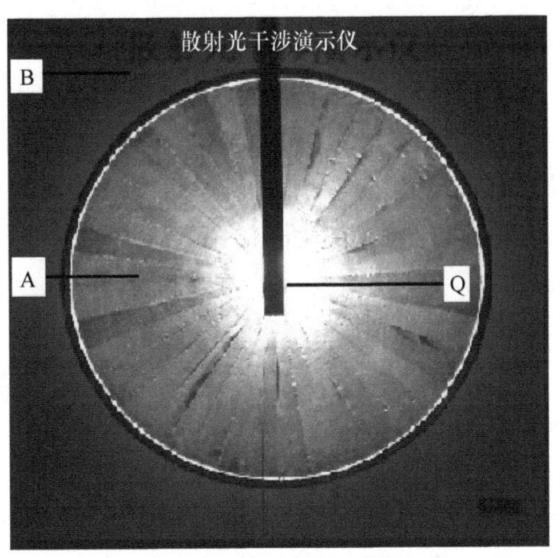

图 3-36-34 散射光干涉演示

（5）散射光干涉。

实验装置：如图 3-36-34 所示。

实验方法：接通电源，观察者就在远离曲率中心适当的地方（4 ~ 10m 远），视线过点光源并通过凹球面顶点，进行实地观察，就可以在过光源的竖直平面上捕捉到散射光干涉环，当用波长丰富的白光照射时，就可以看到同心的彩色圆环，零级条纹是光源的反射像，并且与光源重合，其中心是白色的（各种波长光零级相重合），其余各级干涉环的颜色由紫到红（角半径大小与$\sqrt{\lambda}$成正比），一般可看到大约 6 个彩色干涉环。演示这种干涉现象，不需要进行复杂的调节，也不需要在暗房中，在明亮的大教室中，就可以很容易看到彩色干涉环。

（6）小孔衍射。

实验目的：演示单缝、双缝、圆孔、三角形孔、正方形孔、圆屏、一维光栅的衍射条纹。

演示方法：

1）将有单缝、双缝、圆孔、细线、圆屏、光栅的光刻片放置于图中的二维调节支架上。如图 3-36-35 所示。

2）不用柱面扩束镜，通过分光反射镜使激光直接投射到光刻片上，移动二维调节支架，可观察到单缝、双缝、圆孔、三角形孔、正方形孔、圆屏、一维光栅产生的衍射条纹。

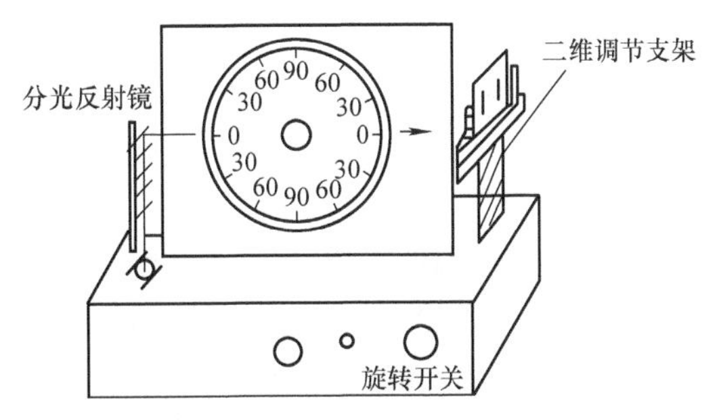

图 3-36-35 小孔衍射

（7）双曲面镜成像。

实验目的：演示双曲面镜的光学成像原理。

实验原理：将两个曲面镜相对，形成上下结合的光学碗。将实物放置于碗底部，物体的像将呈现在空中，给人以看得见、摸不着的感觉。光路图如图 3-36-36 所示。在下曲面镜曲率中心 A 的位置、球面反射镜中心轴的下方，倒置一物体，则在上曲面镜曲率中心 B 的位置、球面反射镜中心轴的上方会产生一与物体同样大小的、正立的实像。这是因为曲率半径的长度为 2 倍焦距，根据几何光学原理中球面反射镜或凸透镜的成像规律，当物距为 2 倍焦

距时，则像距也为2倍焦距，像的放大倍数为1，即物与像大小相同，但是上下左右颠倒。上述即为双曲面镜的成像原理。

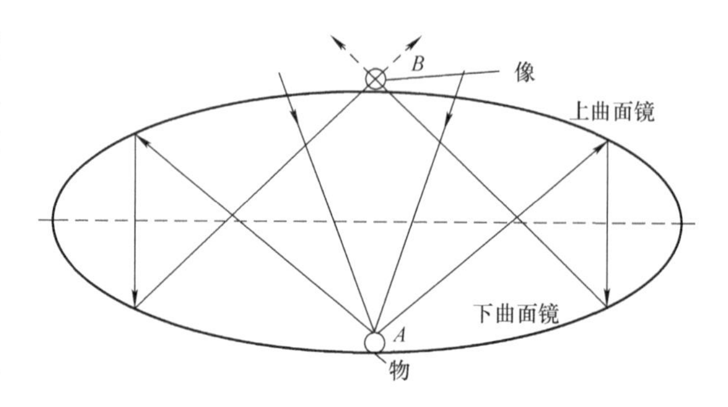

图3-36-36　双曲面镜成像光路图

实验装置：如图3-36-37所示。

实验操作：在下曲面镜曲率中心的位置放一个物体，放物体过程中绝对不能用手触摸或用毛巾等擦拭反射镜表面。

（8）激光再现全息相片观看。

图3-36-37　双曲面镜成像实验

全息照相术：在普通照相术中，一束普通的光从物体上反射，落到能感光的照相底片上，底片上感光之处变黑，如此便形成一张负片。由负片再形成正片，它是一种平坦的二维图像。假定将这样的一束光一分为二，一部分射中一个物体，且在反射时带有因该物体的影响而产生的规则性。另一部分则为一块平面镜所反射，它完全没有任何不规则性。记下这两束光之间干涉情况及干涉图案的底片仿佛什么也没有，但是如果使光透过它，那么这些光就会呈现出上述干涉特征，并产生一个三维像，然后就可以从各种不同角度用普通的方法将它拍摄下来。

（9）视错觉演示。

图3-36-38　视错觉演示

实验目的：随着物理学与心理学之间的不断相互渗透，逐渐形成一种边缘学科，称为心理物理学。它研究的主要内容是客观量和主观量之间的关系，即视觉与感觉之间的关系。通过对心理物理学现象的观察与实验，有利于深入了解感觉的机制。

实验装置：转速为10r/min的电动机，它可带动直径为0.5cm的竖直圆柱沿一定方向转动。圆柱的上端固定一个梯形平面窗，如图3-36-38所示。

实验方法：接通开关，通过竖直圆柱带动梯形窗沿一个确定方向转动，观察者在距梯形窗3～5m远处，用手将一只眼睛遮住，用另一只眼睛注视梯形窗，过一段时间就会感觉到，梯形窗不是朝一个方向转动，而是以观察者到竖直轴所构成的平面左、右不停地摆动。

上述现象属于心理因素的范畴，人们的眼睛所看到的是主观现象，并不能解释客观现象。

附　　录

附表 A　基本物理常量

名称	数值
真空中的光速	$c = 2.99792458 \times 10^{8} m \cdot s^{-1}$
电子的电荷量	$e = 1.6021892 \times 10^{-19} C$
普朗克常量	$h = 6.626176 \times 10^{-34} J \cdot s$
阿伏伽德罗常量	$N_A = 6.022045 \times 10^{23} mol^{-1}$
原子质量单位	$u = 1.6605655 \times 10^{-27} kg$
电子的静止质量	$m_e = 9.109534 \times 10^{-31} kg$
电子的荷质比	$e/m = 1.7588047 \times 10^{11} C \cdot kg^{-1}$
法拉第常量	$F = 9.648456 \times 10^{4} C \cdot mol^{-1}$
氢原子的里德伯常量	$R_H = 1.096776 \times 10^{7} m^{-1}$
普适气体常量	$R = 8.31441 J \cdot mol^{-1} \cdot K^{-1}$
玻耳兹曼常量	$k = 1.380662 \times 10^{-23} J \cdot K^{-1}$
引力常量	$G = 6.6720 \times 10^{-11} N \cdot m^{2} \cdot kg^{-2}$
标准大气压	$p_0 = 101325 Pa$
冰点的热力学温度	$T_0 = 273.15 K$
标准状态下声音在空气中的速度	$v_{声} = 331.46 m \cdot s^{-1}$
标准状态下干燥空气的密度	$\rho_{空气} = 1.293 kg \cdot m^{-3}$
标准状态下水银的密度	$\rho_{水银} = 13595.04 kg \cdot m^{-3}$
标准状态下理想气体的摩尔体积	$V_m = 22.41383 \times 10^{-3} m^{3} \cdot mol^{-1}$
真空电容率	$\varepsilon_0 = 8.854188 \times 10^{-12} F \cdot m^{-1}$
真空的磁导率	$\mu_0 = 12.566371 \times 10^{-7} H \cdot m^{-1}$
钠光谱中黄线的波长	$\lambda = 589.3 \times 10^{-9} m$
在 15℃、101325Pa 时，镉光谱中红线的波长	$\lambda_{cd} = 643.84696 \times 10^{-9} m$

附表 B 国际单位制词头

因数		词头名称	符号	
			中文	国际
倍数	10^{18}	艾可萨（exa）	艾	E
	10^{15}	拍它（peta）	拍	P
	10^{12}	太拉（tera）	太	T
	10^{9}	吉咖（giga）	吉	G
	10^{6}	兆（mega）	兆	M
	10^{3}	千（kilo）	千	k
	10^{2}	百（hecto）	百	h
	10^{1}	十（deca）	十	da
分数	10^{-1}	分（deci）	分	d
	10^{-2}	厘（centi）	厘	c
	10^{-3}	毫（milli）	毫	m
	10^{-6}	微（micro）	微	μ
	10^{-9}	纳诺（nano）	纳	n
	10^{-12}	皮可（pico）	皮	p
	10^{-15}	飞母托（femto）	飞	f
	10^{-18}	阿托（atto）	阿	a

附表 C 一些常用的物理数据表（表 C-1 ~ 表 C-14）

表 C-1 20℃时常用固体和液体的密度

物质	密度 ρ/kg · m^{-3}	物质	密度 ρ/kg · m^{-3}
铝	2698.9	水晶玻璃	2900 ~ 3000
铜	8960	普通玻璃	2400 ~ 2700
铁	7874	冰（0℃）	880 ~ 920
银	10500	甲醇	792
金	19320	乙醇	789.4
钨	19300	乙醚	714
铂	21450	汽车用汽油	710 ~ 720
铅	11350	氟利昂-12	1329
锡	7298	变压器油	840 ~ 890
汞	13546.2	甘油	1260
钢	7600 ~ 7900	蜂蜜	1435
石英	2500 ~ 2800	蓖麻油	970

表 C-2　在标准大气压下不同温度时水的密度

温度 t/℃	密度 $\rho/\mathrm{kg\cdot m^{-3}}$	温度 t/℃	密度 $\rho/\mathrm{kg\cdot m^{-3}}$	温度 t/℃	密度 $\rho/\mathrm{kg\cdot m^{-3}}$
0	999.841	17	998.774	34	994.371
1	999.900	18	998.595	35	994.031
2	999.941	19	998.405	36	993.68
3	999.965	20	998.203	37	993.33
4	999.973	21	997.992	38	992.96
5	999.965	22	997.770	39	992.59
6	999.941	23	997.538	40	992.21
7	999.902	24	997.296	41	991.83
8	999.849	25	997.044	42	991.44
9	999.781	26	996.783	50	988.04
10	999.700	27	996.512	60	983.21
11	999.605	28	996.232	70	977.78
12	999.498	29	995.944	80	971.80
13	999.377	30	995.646	90	965.31
14	999.244	31	995.340	100	958.35
15	999.099	32	995.025		
16	999.943	33	994.702		

表 C-3　在海平面上不同纬度处的重力加速度

纬度 φ/（°）	$g/\mathrm{m\cdot s^{-2}}$	纬度 φ/（°）	$g/\mathrm{m\cdot s^{-2}}$
0	9.78049	50	9.81079
5	9.78088	55	9.81515
10	9.78204	60	9.81924
15	9.78394	65	9.82294
20	9.78652	70	9.82614
25	9.78969	75	9.82873
30	9.79338	80	9.83065
35	9.79746	85	9.83182
40	9.80180	90	9.83221
45	9.80629		

注：表中所列数值是根据公式 $g=9.780409\ (1+0.005288\sin^2\varphi-0.000006\sin^2 2\varphi)$ 算出的，其中 φ 为纬度。

表 C-4　20℃时某些金属的弹性模量（杨氏模量）

金属	弹性模量 E/GPa
铝	60 ~ 70
钨	407
铁	166 ~ 206
铜	103 ~ 127
金	77
银	69 ~ 80
锌	78
镍	203
铬	235 ~ 245
合金钢	206 ~ 216
碳钢	196 ~ 206
康铜	160

注：弹性模量的值与材料的结构、化学成分及其加工制造方法有关。因此，在某些情形下，E 的值可能与表中所列的平均值不同。

表 C-5 固体的线膨胀系数

物质	温度或温度范围/℃	$\alpha/10^{-6}℃^{-1}$
铝	0～100	23.8
铜	0～100	17.1
铁	0～100	12.2
金	0～100	14.3
银	0～100	19.6
钢［0.05%（w_C）］①	0～100	12.0
康铜	0～100	15.2
铅	0～100	19.2
锌	0～100	32
铂	0～100	9.1
钨	0～100	4.5
石英玻璃	20～200	0.56
玻璃	20～200	9.5
花岗石	20	6～9
瓷器	20～700	3.4～4.1

① 百分数为质量分数。

表 C-6 液体的比热容

液体	温度/℃	比热容/$kJ \cdot kg^{-1} \cdot K^{-1}$
乙醇	0	2.30
	20	2.47
甲醇	0	2.43
	20	2.47
乙醚	20	2.34
水	0	4.220
	20	4.182
氟利昂-12	20	0.84
变压器油	0～100	1.88
汽油	10	1.42
	50	2.09
汞	0	0.1465
	20	0.1390

表 C-7 20℃时与空气接触的液体的表面张力系数

液体	$\sigma/mN \cdot m^{-1}$
航空汽油（10℃时）	21
石油	30
煤油	24
松节油	28.8
水	72.75
肥皂溶液	40
氟利昂-12	9.0
蓖麻油	36.4

液体		$\sigma/mN \cdot m^{-1}$
甘油		63
汞		513
甲醇	常温	22.6
	0℃时	24.5
乙醇	常温	22.0
	60℃时	18.4
	0℃时	24.1

表 C-8　在不同温度下与空气接触的水的表面张力系数

温度/℃	σ/mN·m^{-1}	温度/℃	σ/mN·m^{-1}	温度/℃	σ/mN·m^{-1}
0	75.62	16	73.34	30	71.15
5	74.90	17	73.20	40	69.55
6	74.76	18	73.05	50	67.90
8	74.48	19	72.89	60	66.17
10	74.20	20	72.75	70	64.41
11	74.07	21	72.60	80	62.60
12	73.92	22	72.44	90	60.74
13	73.78	23	72.28	100	58.84
14	73.64	24	72.12		
15	73.48	25	71.96		

表 C-9　不同温度时水的黏度

温度/℃	黏度 η/μPa·s	温度/℃	黏度 η/μPa·s
0	1787.8	60	469.7
10	1305.3	70	406.0
20	1004.2	80	355.0
30	801.2	90	314.8
40	653.1	100	282.5
50	549.2		

表 C-10　液体的黏度

液体	温度/℃	η/μPa·s	液体	温度/℃	η/μPa·s
汽油	0	1788	甘油	−20	134×10^6
	18	530		0	121×10^5
甲醇	0	817		20	1499×10^3
	20	584		100	12945
乙醇	−20	2780	蜂蜜	20	650×10^4
	0	1780		80	100×10^3
	20	1190	鱼肝油	20	45600
乙醚	0	296		80	4600
	20	243	汞	−20	1855
变压器油	20	19800		0	1685
蓖麻油	10	242×10^4		20	1554
葵花子油	20	50000		100	1224

表 C-11　某些金属和合金的电阻率及其温度系数

金属或合金	电阻率/μΩ·m	温度系数/℃⁻¹	金属或合金	电阻率/μΩ·m	温度系数/℃⁻¹
铝	0.028	42×10^{-4}	锡	0.12	44×10^{-4}
铜	0.0172	43×10^{-4}	汞	0.958	10×10^{-4}
银	0.016	40×10^{-4}	伍德合金	0.52	37×10^{-4}
金	0.024	40×10^{-4}	钢[<0.10%~0.15%(w_C)]	0.10~0.14	6×10^{-3}
铁	0.098	60×10^{-4}			
铅	0.205	37×10^{-4}	康铜	0.47~0.51	$(-0.04\sim+0.01)\times10^{-3}$
铂	0.105	39×10^{-4}	铜锰镍合金	0.34~1.00	$(-0.03\sim+0.02)\times10^{-3}$
钨	0.055	48×10^{-4}	镍铬合金	0.98~1.10	$(0.03\sim0.4)\times10^{-3}$
锌	0.059	42×10^{-4}			

注：电阻率跟金属中的杂质有关，因此表中列出的只是20℃时电阻率的平均值。

表 C-12　不同金属或合金与铂（化学纯）构成热电偶的温差电动势（热端在100℃，冷端在0℃时）

金属或合金	温差电动势/mV	连续使用温度/℃	短时使用最高温度/℃
95%(Ni)+5%(Al,Si,Mn)	-1.38	1000	1250
钨	+0.79	2000	2500
铁	+1.87	600	800
康铜[60%(Cu)+40%(Ni)]	-3.5	600	800
康铜[56%(Cu)+44%(Ni)]	-4.0	600	800
制导线用铜	+0.75	350	500
镍	-1.5	1000	1100
80%(Ni)+20%(Cr)	+2.5	1000	1100
90%(Ni)+10%(Cr)	+2.71	1000	1250
90%(Pt)+10%(Ir)	+1.3	1000	1200
90%(Pt)+10%(Rh)	+0.64	1300	1600
银	+0.72	600	700

注：1. 表中的“+”或“-”表示：该电极与铂组成热电偶时，其温差电动势是正或负。当温差电动势为正时，在处于0℃的热电偶一端电流由金属（或合金）流向铂。

2. 为了确定用表中所列任何两种材料构成的热电偶的温差电动势，应当取这两种材料的温差电动势的差值。例如，铜-康铜热电偶的温差电动势等于+0.75-（-3.5）=4.25mV。

表 C-13　常温下某些物质相对于空气的光的折射率

物质	波长		
	H_α 线 (656.3nm)	D 线 (589.3nm)	H_β 线 (486.1nm)
水（18℃）	1.3314	1.3332	1.3373
乙醇（18℃）	1.3609	1.3625	1.3665

（续）

物质	波长		
	H_α 线 （656.3nm）	D 线 （589.3nm）	H_β 线 （486.1nm）
二氧化碳（18℃）	1.6199	1.6291	1.6541
冕玻璃（轻）	1.5127	1.5153	1.5214
冕玻璃（重）	1.6126	1.6152	1.6213
燧石玻璃（轻）	1.6038	1.6085	1.6200
燧石玻璃（重）	1.7434	1.7515	1.7723
方解石（寻常光）	1.6545	1.6585	1.6679
方解石（非常光）	1.4846	1.4864	1.4908
水晶（寻常光）	1.5418	1.5442	1.5496
水晶（非常光）	1.5509	1.5533	1.5589

表 C-14　常用光源的谱线波长表　　（单位：nm）

光源	谱线	光源	谱线	光源	谱线
H（氢）	656.28 红 486.13 绿蓝 434.05 蓝 410.17 蓝紫 397.01 蓝紫	Ne（氖）	650.65 红 640.23 橙 638.30 橙 626.65 橙 621.73 橙 614.31 橙 588.19 黄 585.25 黄	Hg（汞）	623.44 橙 579.07 黄 576.96 黄 546.07 绿 491.60 绿蓝 435.83 蓝 407.78 蓝紫 404.66 蓝紫
He（氦）	706.52 红 667.82 红 587.56（D_3）黄 501.57 绿 492.19 绿蓝 471.31 蓝 447.15 蓝 402.62 蓝紫 388.87 蓝紫	Na（钠）	589.592（D_1）黄 I 588.995（D_2）黄 II	He-Ne 激光	632.8 橙

参 考 文 献

［1］张全昌，等．大学物理实验［M］．哈尔滨：哈尔滨工程大学出版社，2009.
［2］孙为民．物理演示实验［M］．哈尔滨：哈尔滨地图出版社，2007.
［3］杨述武，孙迎春，沈国土，等．普通物理实验（2）：电磁学部分［M］．5 版．北京：高等教育出版社，2015.
［4］王云才．大学物理实验教程［M］．4 版．北京：科学出版社，2016.
［5］池红岩，王影，朱波．大学物理实验［M］．北京：机械工业出版社，2020.